O cérebro
no mundo digital

CÓPIA NÃO AUTORIZADA É CRIME
ABDR
ASSOCIAÇÃO BRASILEIRA DE DIREITOS REPROGRÁFICOS
RESPEITE O DIREITO AUTORAL

MARYANNE WOLF

O cérebro
no mundo digital

Tradução
Rodolfo Ilari
Mayumi Ilari

Capa
Alba Mancini

Diagramação
Gustavo S. Vilas Boas

Ilustrações de miolo
Catherine Stoodley

Revisão de tradução
Mirna Pinsky

Revisão
Lilian Aquino

Dados Internacionais de Catalogação na Publicação (CIP)

Wolf, Maryanne
O cérebro no mundo digital : os desafios da leitura na nossa era / Maryanne Wolf; tradução Rodolfo Ilari, Mayumi Ilari. – São Paulo : Contexto, 2019.
256 p. : il.

ISBN: 978-85-520-0144-7
Título original: Reader, come home: the reading brain in a digital world.

1. Livros e leitura – Inovações tecnológicas 2. Livros e leitura – Aspectos psicológicos 3. Neurociências 4.Linguística I. Título II.Ilari, Rodolfo III. Ilari, Mayumi

19-0762 CDD 418.4019

Angélica Ilacqua CRB-8/7057
Índices para catálogo sistemático:
1. Livros e leitura – Aspectos psicológicos

2019

EDITORA CONTEXTO
Diretor editorial: *Jaime Pinsky*

Rua Dr. José Elias, 520 – Alto da Lapa
05083-030 – São Paulo – SP
PABX: (11) 3832 5838
contato@editoracontexto.com.br
www.editoracontexto.com.br

À minha mãe e melhor amiga, Mary Elizabeth Beckman Wolf
(26 de junho de 1920 - 5 de dezembro de 2014)

Se pudéssemos modificar a estrutura e os circuitos do cérebro, teríamos um grande divisor de águas em termos do que somos, decidimos e pensamos [...]. Estamos em uma fase diferente de evolução; o futuro da vida está agora em nossas mãos. Já não se trata apenas de evolução natural, mas de uma evolução guiada pelo homem.

Juan Enriquez e Steve Gullans
(*Evolving Ourselves: How Unnatural Selection and Nonrandom Mutation Are Changing Life on Earth*,
New York, Current, 2017, 180, 259)

A questão não é qual será o futuro dos livros em um mundo de leitura digital. A questão é o que acontecerá com os leitores que éramos.

Verlyn Klinkenborg ("Some Thoughts About E-Reading",
New York Times, 14 de abril de 2010)

SUMÁRIO

CARTA NÚMERO 1
A leitura, o canário na mente 9

CARTA NÚMERO 2
Debaixo do grande chapéu:
Uma visão não usual do cérebro leitor 25

CARTA NÚMERO 3
A leitura profunda... está em perigo? 49

CARTA NÚMERO 4
"O que acontecerá com os leitores que fomos?" 87

CARTA NÚMERO 5
Criar filhos numa época digital 125

CARTA NÚMERO 6
Do colo para os computadores de colo (laptops)
nos cinco primeiros anos. Não vá tão depressa 149

CARTA NÚMERO 7
A ciência e a poesia no aprendizado (e no ensino) da leitura 175

CARTA NÚMERO 8
Construindo um cérebro duplamente letrado 197

CARTA NÚMERO 9
De volta ao livro 221

Agradecimentos 241

Créditos 247

A autora 251

CARTA NÚMERO 1

A LEITURA, O CANÁRIO NA MENTE

> A cada tantos parágrafos, Fielding volta a chamar por você, como se quisesse certificar-se de que você não fechou o livro, e agora eu estou interpelando você, uma vez mais, *fantasma atento*, figura silenciosa e escura, em pé *no limiar destas palavras*
>
> Billy Collins [itálicos meus][1]

Caro Leitor,

Você está no limiar de minhas palavras; juntos, estamos na passagem para mudanças galácticas[2] que vão ocorrer em poucas gerações. Estas cartas são um convite que faço para considerar um conjunto improvável de fatos referentes à leitura e ao cérebro leitor, cujas implicações vão levar a mudanças cognitivas importantes em você, na próxima geração e possivelmente na nossa espécie. Minhas cartas convidam também a olhar para outras mudanças, mais sutis, e a considerar se você se afastou sem perceber do conforto que a leitura era outrora para você. Para a maioria de nós, essas mudanças já começaram.

Comecemos por um fato enganadoramente simples que tem inspirado meu trabalho sobre o cérebro leitor durante os últimos dez anos, e partamos dele: *os seres humanos não nasceram para ler.*[3] A aquisição do letramento é uma das façanhas epigenéticas mais importantes do *Homo sapiens.* Até onde sabemos, nenhuma outra espécie realizou essa façanha. O ato de ler acrescentou um circuito inteiramente novo ao repertório do nosso cérebro de hominídeos.

O longo processo evolutivo de aprender a ler bem e em profundidade mudou nada menos que a estrutura das conexões desse circuito, e isso fez com que mudassem as conexões do cérebro, com a consequência de transformar a natureza do pensamento humano.

O que lemos, como lemos e por que lemos são fatores de mudanças do modo como pensamos, mudanças essas que prosseguem atualmente num ritmo mais rápido. No curso de apenas seis milênios, a leitura se tornou o fator catalisador de transformação do desenvolvimento nos indivíduos e nas culturas letradas. A qualidade de nossa leitura não é somente um índice da qualidade de nosso pensamento, é o melhor meio que conhecemos para abrir novos caminhos na evolução cerebral de nossa espécie. Há muito em jogo no desenvolvimento do cérebro leitor e nas rápidas mudanças que caracterizam atualmente suas sucessivas evoluções.

Basta você olhar para si próprio. Provavelmente, você já percebeu como a qualidade da atenção mudou à medida que lê mais e mais em telas e recursos digitais. Provavelmente, você sentiu uma sensação aflitiva de que alguma coisa sutil está faltando ao tentar mergulhar num livro de que já gostou. Como um membro fantasma, você se lembra de quem era enquanto leitor, mas não consegue convocar aquele "fantasma atento" com a mesma alegria que sentia outrora, ao ser transportado de um lugar fora de você para aquele espaço íntimo. As crianças têm ainda mais dificuldade, porque sua atenção é continuamente distraída e inundada por estímulos que não chegarão nunca a consolidar-se em seus repositórios de conhecimentos. Isso significa que o próprio fundamento de sua capacidade para derivar analogias e inferências durante a leitura será cada vez menos desenvolvido. Os jovens cérebros leitores estão mudando sem que a maioria das pessoas se incomode, muito embora mais e mais dos nossos jovens leiam apenas aquilo que lhes é exigido, e muitas vezes nem mesmo isso: "MC; NL" (muito comprido; não li).*

Em nossa transição quase completa para uma cultura digital, estamos passando por mudanças que nunca imaginamos que se-

* N.T.: *MC/NL* - A expressão inglesa e seu acróstico são *Too Long / Didn't Read* e *TL/DR*.

riam as consequências colaterais da maior explosão de criatividade, inventividade e descoberta em nossa história. Conforme relato nestas cartas, encontramos motivos tanto para entusiasmo quanto para preocupação, quando atentamos para as mudanças específicas que estão ocorrendo no cérebro leitor neste momento ou que prometem acontecer de maneiras diferentes daqui a poucos anos. O motivo é que a passagem de uma cultura baseada no letramento para uma cultura digital difere radicalmente de outras passagens anteriores de uma forma de comunicação para outra. À diferença do que aconteceu no passado, dominamos tanto a ciência quanto a tecnologia necessárias para identificar mudanças potenciais no modo como lemos – e, portanto, no modo como pensamos – antes que essas mudanças estejam completamente arraigadas na população e sejam aceitas sem que compreendamos suas consequências.

A construção desse conhecimento pode oferecer a base teórica necessária para alterar a tecnologia de modo a corrigir suas próprias fraquezas, seja por meio de modalidades mais refinadas de leitura, seja pela criação de abordagens de desenvolvimento híbrido de adquiri-la. Portanto, aquilo que podemos aprender sobre o modo como diferentes formas de ler impactam a cognição e a cultura tem implicações profundas para os cérebros leitores que virão. Contando com esse conhecimento, seremos capazes de contribuir de modo mais inteligente e mais bem informado para intervir nos circuitos de leitura que estão mudando em nossos filhos, e nos filhos de nossos filhos.

Eu os convido a adentrar os pensamentos que reuni sobre leitura e sobre o cérebro em mudança, como o faria com um amigo que estivesse em minha porta, com expectativa e satisfação por nossas trocas sobre o significado do ler, começando pela história de como a leitura se tornou tão importante para mim. Naturalmente, quando eu aprendi a ler em criança, eu não refletia sobre leitura. Como Alice, simplesmente mergulhei no abismo do País das Maravilhas adentro e desapareci pela maior parte de minha infância. Quando jovem, também não refleti sobre leitura. Simplesmente fui Elizabeth

Bennet, Dorothea Broke e Isabel Archer* sempre que tive chance. Algumas vezes, me tornei homens como Alyosha Karamazov, Hans Castorp e Holden Caulfield.** Mas eu sempre era transportada para lugares muito distantes da cidadezinha de Eldorado, Illinois, e sempre vivia emoções que jamais poderia ter imaginado de outro modo.

Mesmo quando fui aluna pós-graduanda de literatura, não pensei muito a respeito de leitura. Em vez disso, eu destrinchava atentamente cada palavra, cada sentido oculto nas *Duino Elegies*[4] de Rilke e nos romances de George Eliot e John Steinbeck, e me sentia explodindo com percepções mais agudas do mundo, ansiosa por cumprir minhas responsabilidades nele.

Em relação a elas, fracassei miserável e memoravelmente em nosso primeiro encontro. Com todo o entusiasmo que pode ter uma professora jovem e pouco preparada, entrei numa parceria ao estilo do Peace Corps [5] numa zona rural do Havaí, em companhia de um pequeno e maravilhoso grupo de futuros professores. Nessa condição, eu ficava todos os dias na frente de 24 crianças incrivelmente lindas. Elas olhavam para mim com absoluta confiança, e nós nos olhávamos com uma afeição recíproca e total. Por algum tempo, essas crianças e eu ficamos desatentos ao fato de que eu poderia mudar as circunstâncias de suas trajetórias de vida se pudesse ajudálas a ser alfabetizadas, diferentemente do que acontecia com muitas pessoas em suas famílias. Então, somente então, comecei a pensar seriamente sobre o que significa a leitura. Isso mudou o rumo de minha vida.

---

* N.T.: Elizabeth Bennet é a protagonista feminina do romance *Orgulho e preconceito*, da escritora inglesa Jane Austen (1775-1817) • Dorothea Broke é a heroína de *Middlemarch* (1871–72), uma das principais obras da escritora britânica Mary Ann Evans, conhecida pelo pseudônimo George Eliot. *Middlemarch* é a história do casamento falido de Dorothea com o pastor Edward Casaubon, um marido de mente limitada, incapaz de entender sua energia e curiosidade intelectual. • Isabel Archer é a protagonista do romance *Retrato de uma senhora* (1881), do escritor americano naturalizado inglês Henry James (1843-1916).

** N.T.: Alyosha Karamazov é uma das personagens centrais do romance *Os irmãos Karamazov*, de Fiódor Dostoiévski.•Hans Castorp é o jovem engenheiro, protagonista do romance *A montanha mágica* (1924), de Thomas Mann. • Holden Caulfield é o anti-herói que protagoniza o romance *O apanhador no campo de centeio* (1951), do americano J. D. Salinger. Escrito inicialmente para adultos, tornou-se leitura corrente de adolescentes e colegiais e é hoje um dos livros mais publicados no mundo.

Com súbita e completa clareza, vi o que aconteceria se essas crianças não conseguissem dominar o ato aparentemente simples de passar para uma cultura baseada no letramento. Elas nunca cairiam no abismo nem experimentariam os deliciosos prazeres de mergulhar na leitura. Elas não descobririam Dinotopia, Hogwarts, Middle Earth ou Pemberley.* Nunca brigariam noites afora com ideias grandes demais para caber em seus pequenos mundos. Nunca experimentariam a grande mudança que faz passar da leitura sobre personagens como o Lightning Thief e Matilda** à crença na possibilidade de ser a gente mesmo os heróis ou heroínas. E, mais importante que tudo, nunca teriam noção das infinitas possibilidades no interior de seus próprios pensamentos, que emergem completas de cada novo encontro com mundos diferentes dos delas. Percebi, num estalo, que todas aquelas crianças, minhas por um ano, poderiam não alcançar nunca seu potencial pleno como seres humanos se nunca aprendessem a ler.

Daquele momento em diante, comecei a pensar para valer na capacidade que é própria da leitura de mudar o rumo da vida dos indivíduos. Aquilo de que eu não tinha ideia então era a natureza profundamente gerativa da língua escrita e o que esta significa, literal e fisiologicamente – para gerar novos pensamentos não só para uma criança, mas também para nossa sociedade. Também não tinha

---

* N.T.: Dinotopia é a ilha fabulosa em que convivem seres humanos e dinossauros, descrita nos livros *Dinotopia: A Land Apart from Time* (1992) e *Dinotopia: The World Beneath* (1996), do escritor norte-americano James Gurney. Sucesso de livraria, esses livros forneceram matéria para filmes e séries televisivas. • A Escola de Magia e Bruxaria de Hogwarts é a escola de mágica para adolescentes em que se passa parte dos primeiros livros da série Harry Potter, da escritora J. K. Rowling. • Middle Earth é o continente utópico dos romances de J.R.R. Tolkien *O Hobbit* (1937) e *O senhor dos anéis* (1968). • Pemberley é a propriedade rural de Fitzwilliam Darcy, o protagonista masculino do romance *Orgulho e preconceito*. Uma visita a Pemberly altera a imagem que Elizabeth Bennet, a protagonista feminina, faz daquela personagem.

** N.T.: *The Lightning Thief* (tradução brasileira: *O Ladrão de Raios*) mistura aventura e mitologia grega. Seu protagonista é o adolescente Percy Jackson, filho de Netuno e de uma mortal. Semideus, Percy se envolve numa ação destinada a evitar a guerra entre o deus dos mares e o deus dos raios. • Matilda é a personagem-título do livro infantil de mesmo nome do inglês Roald Dahl (1916-1990), autor também de *A fantástica fábrica de chocolate* e *James e o pêssego gigante*. Trata-se de uma menina fantasticamente precoce para sua idade e dotada do poder da telecinesia, que usa para desmascarar os vilões com que cruza, desfazer intrigas que a envolvem e proteger os amigos.

nenhum vislumbre da extraordinária complexidade cerebral que a leitura envolve, e de como o ato de ler incorpora, como nenhuma outra função, a capacidade quase milagrosa do cérebro de ir além de suas capacidades originais, geneticamente programadas, como a visão e a linguagem. Isso viria mais tarde, como virá nestas cartas. Reformulei todo meu plano de vida e passei do amor pelas palavras escritas para a ciência que há por baixo delas. Propus a mim mesma o objetivo de compreender como os seres humanos adquirem as palavras escritas e como usam a língua escrita em proveito de seu próprio desenvolvimento intelectual e do desenvolvimento intelectual das gerações futuras.

Nunca olhei para trás. Passaram-se décadas desde que fui professora das crianças de Waialua, que cresceram e têm seus próprios filhos. Por causa delas me tornei uma neurocientista cognitiva e uma pesquisadora da leitura. Mais exatamente, estudo aquilo que o cérebro faz quando lê, e por que algumas crianças e adultos têm uma dificuldade maior do que outros para aprender a ler. Há para isso muitas razões, desde causas externas como o ambiente empobrecido das crianças, até razões mais biológicas, como as diferenças na organização do cérebro para a linguagem na dislexia (um fenômeno sobre o qual pesa uma incompreensão brutal). Mas esses assuntos apontam para direções diferentes das de meu trabalho e aparecerão somente de relance neste livro.

Estas cartas estão voltadas para uma direção diferente de meu trabalho sobre o cérebro leitor: a plasticidade intrínseca que lhe subjaz e as implicações inesperadas que afetam todos nós. Minhas primeiras suspeitas da importância do que está envolvido na plasticidade dos circuitos da leitura surgiram há mais de uma década, quando comecei algo que eu imaginava ser uma tarefa relativamente limitada: relatar como pesquisadora as contribuições da leitura para o desenvolvimento humano em *Proust and the squid: the story and science of the reading brain*.[6] Minha intenção inicial era descrever o grande arco de desenvolvimento do letramento e proporcionar uma conceitualização nova da dislexia que descreveria recursos do cérebro frequentemente desperdiçados, quando as pessoas não compreendem indivíduos cujos cérebros têm para a língua uma organização diferente.

Mas uma coisa inesperada tinha acontecido enquanto eu estava escrevendo esse livro: a própria leitura tinha mudado. Aquilo que eu conhecia enquanto neurocientista cognitiva e psicóloga do desenvolvimento sobre o modo como evolui a língua escrita tinha começado a mudar diante de meus olhos e sob meus dedos, e sob os olhos e dedos de todas as outras pessoas. Por sete anos, eu tinha estudado as origens das escritas sumérias e dos alfabetos gregos, analisando dados de imagens do cérebro, enquanto meu próprio cérebro estava profundamente enterrado na pesquisa. Quando terminei, levantei a cabeça para olhar em volta e me senti como se fosse Rip Van Winkle.* Nos sete anos que eu tinha dedicado a descrever como o cérebro aprendeu a ler ao longo de uma história de quase seis mil anos, toda a nossa cultura baseada no letramento tinha começado a se transformar numa cultura muito diferente, de base digital.

Eu estava perplexa. Reescrevi os primeiros capítulos de meu livro, de caráter histórico, para mostrar os impressionantes paralelos entre nossas mudanças culturais atuais para uma cultura digital e a transição parecida pela qual passaram os gregos desde a cultura oral para sua extraordinária cultura escrita. Isso foi relativamente simples, graças à orientação crítica que recebi de meu colega Steven Hirsh,[7] especialista em letras clássicas e extremamente generoso. Não foi nada simples, porém, usar a pesquisa disponível sobre o cérebro leitor experiente para predizer sua próxima adaptação. E foi aí que parei em 2007. O papel que eu me propusera de narradora das descobertas do mundo da pesquisa sobre as mudanças da mente de que a leitura é capaz tinha saído de meu alcance.

Naquele momento, praticamente, não havia pesquisas em curso sobre a formação de um cérebro leitor digital. Não havia estu-

* N.T.: Personagem-título de um conto de Washington Irving (1783-1859), Rip Van Winkle adormece antes da Independência Americana e acorda vinte anos depois, num país completamente mudado.

dos significativos sobre aquilo que estava acontecendo nos cérebros das crianças (ou dos adultos) enquanto aprendem a ler imersos por seis ou sete horas diárias num meio dominado por recursos digitais (desde então, essa estimativa quase dobrou para muitos de nossos jovens). Eu sabia como a leitura modifica o cérebro, e como a plasticidade do cérebro permite que ele seja moldado por fatores externos – como o uso de um sistema de escrita particular, por exemplo, o inglês, em oposição ao chinês. À diferença de estudiosos do passado, como Walter Ong[8] ou Marshall McLuhan, eu nunca tinha enfocado as influências exercidas pela mídia (por exemplo, o livro em oposição à tela) sobre a estrutura desse circuito maleável. Mas ao terminar de escrever *Proust and the Squid*, mudei. Fiquei impressionada pelo modo como a organização dos circuitos do cérebro leitor pode ser alterada pelas características singulares da mídia digital, particularmente nos jovens.

A origem não natural e, sim, cultural do letramento – primeiro aspecto enganosamente simples a considerar sobre a leitura – significa que os jovens leitores não têm um programa de base genética para desenvolver esses circuitos. Os circuitos do cérebro leitor são formados e desenvolvidos por fatores tanto naturais como ambientais, incluindo a mídia em que a capacidade de ler é adquirida e desenvolvida. Cada mídia de leitura favorece certos processos cognitivos em detrimento de outros. Traduzindo: o jovem leitor tanto pode desenvolver todos os múltiplos processos de leitura profunda que estão atualmente corporificados no cérebro experiente, completamente elaborado; ou o cérebro leitor iniciante pode sofrer um "curto-circuito" em seu desenvolvimento; ou pode adquirir redes completamente novas em circuitos diferentes. Haverá profundas diferenças em como lemos e em como pensamos, dependendo dos processos que dominam a formação do circuito jovem de leitura das crianças.

Isso nos traz para o momento presente e para as perguntas difíceis e mais específicas que surgem a propósito das crianças criadas num meio digital, e para nós próprios: irão os novos leitores desenvolver os processos de assimilação mais lenta, alimentados pelos meios de comunicação que utilizam material impresso, enquanto absorvem e adquirem capacidades cognitivas novas, realçadas pelas mídias digitais? Por exemplo, não poderia acontecer que a combinação da leitura em formatos digitais com a imersão diária numa variedade de experiências digitais – desde as mídias sociais até os jogos virtuais – impeça a formação dos processos cognitivos mais demorados, como o pensamento crítico, a reflexão pessoal, a imaginação e a empatia que fazem parte da leitura profunda?[9] Não é possível que a mistura de distrações que estimulam continuamente a atenção das crianças e o acesso imediato a múltiplas fontes de informação acabem dando aos jovens leitores menos incentivos, seja para construírem seus próprios repertórios de conhecimentos, seja para pensarem criticamente por si sós?

Em outras palavras, sem que seja essa a intenção de ninguém, não é possível que a confiança crescente de nossos jovens nos provedores de informação venha a ser a maior ameaça para a construção pelo cérebro jovem de seus próprios alicerces de conhecimento e do desejo da criança de pensar ou imaginar por conta própria? Ou será que essas novas tecnologias oferecerão a melhor e mais completa ponte já criada para formas cada vez mais sofisticadas de conhecimento e imaginação, que habilitarão nossas crianças a saltar para novos mundos de conhecimento, que nós não conseguimos sequer imaginar neste momento? Desenvolverão eles um leque de circuitos cerebrais muito diferentes? Se esse for o caso, quais serão as implicações desses diferentes circuitos para nossa sociedade? A própria diversidade de tais circuitos será benéfica para todos? Pode um leitor individual adquirir conscientemente circuitos diversos, como o fazem os falantes bilíngues que leem diferentes escritas?

Examinar sistematicamente – em seus aspectos cognitivos, linguísticos, fisiológicos e emocionais – o impacto das várias mídias sobre a aquisição e manutenção do cérebro leitor é a melhor preparação para garantir a preservação de nossas capacidades mais críticas, tanto nos jovens como em nós mesmos. Precisamos compreender as contribuições cognitivas profundamente importantes do cérebro experiente atual, à medida que acrescentamos novas dimensões perceptuais e cognitivas a seus circuitos. Nenhuma abordagem binária da formação ou da preservação do cérebro leitor experiente será suficiente para dar conta das necessidades da próxima geração ou da nossa. As questões envolvidas não podem ser reduzidas simplesmente a diferenças entre mídias baseadas em materiais impressos e mídias baseadas na tecnologia. Como escreveram os futurólogos Juan Enriquez e Steve Gullans em *Evolving Ourselves: How Unnatural Selection and Nonrandom Mutation Are Changing Life on Earth*,[10] há escolhas que temos que fazer em nossa evolução e que são mais sujeitas ao homem do que à natureza. Essas escolhas só ficarão claras se pararmos para compreender exatamente o que está envolvido em cada mudança que importa. Tendo você como parceiro (ou parceira) neste diálogo, pretendo criar nestas cartas um momento fora do tempo para encarar as questões e as escolhas que temos pela frente, antes que as mudanças do cérebro do leitor estejam arraigadas, sem possibilidade de volta.

Pode ser que, contrariando a intuição, eu tenha buscado no passado um gênero estranho e mesmo anacrônico – um livro de cartas – para tratar de questões de um futuro que está mudando a todo momento. Faço-o por razões que brotam de minha experiência de leitora e autora. A carta propicia uma espécie de pausa mental em que podemos pensar juntos e, tendo sorte, experimentar um tipo especial de encontro, aquilo que Proust chamava "o milagre fértil da comunicação",[11] que acontece sem que ninguém levante da cadeira. Mais precisamente quanto a esse gênero, em minha juventude, as *Cartas a um jovem poeta*[12] de Reiner Maria Rilke* me influenciaram profundamente. Mas à medida que eu envelhecia, o que mais me emocionava nessas cartas não era mais sua linguagem lírica, e sim o exemplo de sua extrema gentileza para com um aspirante a poeta com quem Rilke não tinha nunca se encontrado: Franz Xaver Kappus, uma pessoa a quem ele foi se afeiçoando cada vez mais somente gra-

* N.T.: Fala-se mais das *Cartas a um jovem poeta*, de R. M. Rilke, no terceiro capítulo deste livro.

ças às cartas. Não tenho dúvida de que essas cartas mudaram a ambos. Poderia haver uma definição melhor de leitor? Um modelo melhor de autor? Espero o mesmo para nós.

As *Seis propostas para o próximo milênio** de Ítalo Calvino[13] mexeram comigo da mesma maneira, muito embora essas *propostas*, que transcendem qualquer noção convencional de "carta", para nosso azar, tenham ficado, inacabadas. Tanto as cartas como os *apontamentos* são gêneros que trazem o empenho de Calvino em "iluminar" questões cuja enorme gravidade poderia, de outro modo, tornar sua discussão demasiado pesada para muitos. As cartas autorizam pensamentos que, mesmo sendo urgentes como aqueles que serão descritos aqui, contêm inefáveis traços de leveza e participação que garantem a base para um verdadeiro diálogo entre o autor e o leitor – tudo voltado para fazer brotar em você novos pensamentos, que irão em direções diferentes dos meus.

Curiosamente, estive envolvida por algum tempo num diálogo desse tipo. Depois que escrevi *Proust and the Squid*, recebi centenas de cartas de leitores de todos os tipos: figuras literárias famosas preocupadas com seus leitores; neurocirurgiões preocupados com seus estudantes de Medicina nos hospitais universitários de Boston; estudantes do ensino médio que haviam sido obrigados a ler um trecho de meu livro no exame de estado de Massachusetts! Me emocionou o fato de que os estudantes tenham ficado surpresos por me ver preocupada com sua geração. Essas cartas me mostraram que aquilo que tinha começado como um livro sobre história e ciência da leitura tinha-se transformado num alerta sobre problemas que hoje se tornaram reais. O ato de refletir sobre os principais assuntos com que se debatiam os escritores de minhas cartas me preparou para selecionar os temas de cada carta deste livro, e também para a escolha deste gênero.

---

* N.T.: Nesse livro, o italiano Ítalo Calvino reúne seis conferências que escreveu, mas não chegou a apresentar na Universidade de Harvard, devido à sua morte ocorrida em 1985. A obra foi publicada inicialmente em italiano e depois em inglês e também em português. O título inglês fala em *memos (apontamentos)*. Preferimos usar *propostas*, como no título original e na edição brasileira.

Com este livro, espero ir muito mais longe do que fui em trabalhos passados. Dito isto, cada carta refletirá tudo aquilo que já fiz antes, particularmente as pesquisas que relatei em meus artigos e livros mais recentes, recuperáveis através das extensas notas de fim de capítulo, que expandem algumas das discussões deste livro. A Carta 2 baseia-se no material mais amplo dessa pesquisa, mas é também a mais despreocupada das cartas, com sua síntese flagrantemente mirabolante dos conhecimentos atuais sobre o cérebro leitor. Espero esclarecer com ela não só por que a plasticidade dos circuitos do cérebro leitor subjaz à complexidade crescente de nosso pensamento, mas também como esse circuito está mudando. Na Carta 3, vou levar você para o interior dos processos essenciais que constituem a leitura profunda – desde as habilidades empáticas e inferenciais do leitor, até a análise crítica e o próprio *insight*. Essas três primeiras cartas proporcionam uma base comum para considerar como as características de vários meios de comunicação, notadamente a leitura do impresso e da tela, começaram a refletir-se não somente nas redes maleáveis do cérebro, mas também em *como lemos* e *no que lemos* atualmente.

As implicações da plasticidade de nossos cérebros leitores não são nem simples nem transitórias. As conexões entre como e o que lemos e o que está escrito têm importância crucial para a sociedade de hoje. Num meio que nos defronta continuamente com um excesso de informações, a grande tentação de muitos é se retirar para depósitos conhecidos de informações facilmente digeríveis, menos densas, intelectualmente menos exigentes. A ilusão de estarmos informados por um dilúvio diário de informações dimensionadas eletronicamente para o olho pode dificultar uma análise crítica de nossas realidades complexas. Na Carta 4, enfrento esses problemas de maneira direta, e discuto como uma sociedade democrática depende do uso infatigável dessas capacidades críticas, e quão rapidamente elas podem atrofiar-se em cada um de nós, sem que percebamos.

Nas Cartas 5 a 8, eu me transformo numa "paladina da leitura" para as futuras crianças do mundo. Descrevo então uma série de questões, como a necessidade de preservar os diferentes papéis que a leitura desempenha em sua formação intelectual, socioemocional e ética e a preocupação com aspectos da condição da criança que estão desaparecendo. Dadas suas preocupações mais peculiares, muitos pais e avós me pediram que formulasse o equivalente das três perguntas de Kant:[14] O que sabemos? O que teríamos que fazer? O que podemos esperar? Nas Cartas 6 a 8, exponho uma proposta para o desenvolvimento, apresentando minhas melhores ideias sobre cada uma dessas questões, chegando a um plano bastante inesperado para a criação de um cérebro duplamente letrado.

Nesse sentido, não será proposta nenhuma solução binária neste livro. Um dos frutos mais importantes de minha pesquisa envolve a decisão de trabalhar por um letramento global,[15] no qual advogo abertamente o uso de *tablets*, e faço sugestões, como um meio de corrigir o não letramento, particularmente para crianças sem escolas, ou em escolas inadequadas. Não sou contra a revolução digital. Na verdade, é de primordial importância acompanhar os impactos crescentes das diferentes mídias, se tivermos que preparar nossas crianças, onde quer que vivam, para que leiam em profundidade e bem, em qualquer mídia.

Todas estas cartas vão preparar você, leitor (leitora), para considerar os muitos problemas cruciais envolvidos, começando com você mesmo. Na última carta, peço-lhe que pense a respeito disto: quem são os "bons leitores" nesta nossa época de mudanças; e reflita em seu íntimo sobre o papel incomensuravelmente importante que eles exercem numa sociedade democrática – papel esse que nunca foi tão importante quanto é hoje. Nestas páginas, os sentidos das palavras "bom leitor" têm pouco a ver com o grau de eficiência com que as pessoas decodificam palavras; têm tudo a ver com ser fiel àquilo que Proust já descreveu como o cerne do ato de ler, ou seja, ir além da sabedoria do autor, para que cada um descubra a sua própria.

Não há atalhos para alcançar a condição de bom leitor, mas há vidas que a impulsionam e a encorajam. Aristóteles escreveu[16] que a boa sociedade tem três vidas: a vida do conhecimento e da produtividade; a vida do entretenimento e do lazer, com o qual os gregos tinham uma relação toda especial; e finalmente a vida da contemplação. Isso também vale para o bom leitor. Na Carta final elaboro como esse leitor – como a boa sociedade – personifica cada uma das três vidas apontadas por Aristóteles, mesmo quando a terceira vida, a da contemplação, é diariamente ameaçada em nossa cultura. Colocando-me nas perspectivas da neurociência, da literatura e do desenvolvimento humano, defenderei que essa forma de ler é a nossa melhor oportunidade de dar à próxima geração a base para a vida mental única e autônoma que será necessária num mundo que nenhum de nós é capaz de imaginar completamente. Os processos vastos e abrangentes que subjazem ao *insight* e à reflexão no cérebro leitor de hoje representam nosso melhor complemento e antídoto para as mudanças cognitivas e emocionais, sequelas dos múltiplos benefícios trazidos pela era digital.

Portanto, em minha última carta, que será também a mais pessoal, você e eu iremos nos encarar e nos perguntar se temos as três vidas do bom leitor, ou se, sem perceber, perdemos a capacidade de entrar em nossa terceira vida e, dessa forma, perdemos nossa "morada da leitura". Nesse ato de exame, vou sugerir que o futuro da espécie humana pode conservar melhor – e passar adiante – as mais altas formas de nossa inteligência, solidariedade e sabedoria coletivas, alimentando e protegendo a dimensão contemplativa do cérebro leitor.

Kurt Vonnegut compara o papel que o artista tem na sociedade àquele que o canário tem nas minas:* ambos nos alertam sobre a iminência de um perigo. O cérebro leitor é o canário em nossas mentes. Seríamos os piores insensatos se ignorássemos o que ele tem para nos ensinar.

---

* N.T.: Um dos perigos das minas de carvão sempre foi o grisu, um gás que se desprende das paredes das galerias e que, por ser altamente inflamável, pode causar explosões e levar à morte em segundos inteiras equipes de trabalhadores. Para detectar os vazamentos desse gás, os mineiros levavam para o fundo das minas pequenas gaiolas com canários. Mais sensíveis que os seres humanos, esses animaizinhos morriam assim que começava um vazamento, e sua morte era aviso de explosão iminente.

Você não vai concordar comigo o tempo todo, e é assim que teria que ser. Como São Tomás de Aquino, eu encaro a discordância como o lugar em que "ferro afia ferro".[17] Esse é o objetivo primordial de minhas cartas: que elas se tornem um lugar em que minhas melhores ideias e as do leitor possam encontrar-se, às vezes em choque, afiando-se reciprocamente no processo. Meu segundo objetivo é que você tenha as evidências e as informações necessárias para entender as escolhas de que dispõe ao construir um futuro para sua descendência. Meu terceiro objetivo é simplesmente aquilo que Proust esperou para cada um de seus leitores:

> pareceu-me que eles não seriam "meus leitores", mas leitores deles próprios, com meu livro sendo simplesmente uma espécie de lente de aumento... Eu gostaria de dar-lhes meios para ler o que há no fundo deles mesmos.[18]

Sinceramente,

Sua Autora

NOTAS

1 B. Collins, "Dear Reader", em *The Art of Drowning* , Pittsburgh, University of Pittsburgh Press, 1995, p. 3.

2 Mudanças galácticas: refiro-me aos estudos de futurólogos como Enriquez e Gullans, *Evolving ourselves: How Unnatural Selection and Nonrandom Mutation are Changing Life on Earth,* e também a um estudo dos astrofísicos da Northwestern University que indicou recentemente que cada um de nós contém o material (átomos de carbono, nitrogênio, oxigênio, etc.) não só de nossa própria galáxia, mas também de outras galáxias. Veja-se *Monthly Notices of the Royal Astronomical Society,* 20 de julho de 2017.

3 "Human beings were never born to read" são as primeiras palavras de meu livro *Proust and the Squid: The Story and Science of the Reading Brain,* New York, Harper Collins, 2007.

4 R. M. Rilke, *Duineser Elegien,* tradução para o inglês de A. Poulin, Jr. *Duino Elegies,*Boston, Houghton Mifflin, 1977.

5 *Peace Corps-like stint in rural Hawaii*: Este é o projeto patrocinado pela Universidade Notre Dame no âmbito do programa CILA. Eric Ward e eu, e também Henry e Tony Lemoine nos oferecemos para ser professores voluntários numa escola de Waialua, Havaí, uma localidade em cuja escola faltavam professores, e onde a maioria dos pais chegara vindo das Filipinas para trabalhar nas plantações de cana-de-açúcar.

6 Ver Wolf, *Proust and the Squid: The Story and Science of the Reading Brain.*

7 Steven Hirsh: professor de Letras Clássicas na Tufts University, a quem serei sempre grata por sua orientação de quase um ano em um grupo de estudos sobre Sócrates e Platão.

8 W. Ong, *Orality and Literacy,*Londres, Methuen, 1982.

[9] *Parte de uma leitura profunda*: Esta expressão foi usada inicialmente por Sven Birkerts em *Gutenberg Elegies*, e mais recentemente por mim com um sentido mais específico (cognitivo). Veja-se M. Wolf e M.Barzillai, "The Importance of Deep Reading", *Educational Leadership*, 66: 6 (2009): 32-37. Sou grata a Nicholas Carr por ter incorporado de maneira geral esses termos em seu livro, intitulado adequadamente *The Swallows*.

[10] Enriquez e Gullans, *Evolving Ourselves*, London, Portfolio, 2015.

[11] M. Proust, *On Reading*, tradução para o inglês de W. Burford,New York, Macmillan, 1971, p. 31; o original francês foi publicado em 1906 por J. Autret.

[12] *Cartas a um jovem poeta*: R. M. Rilke, *Letters to a Young Poet*, tradução para o inglês de M. D. H. Norton, New York, W. W. Norton, 1954. Veja-se também *Briefe an einen jungen Dichter*, Wiesbaden: Insel-Verlag, 1952. Essas cartas foram trocadas com Franz Xaver Kappus entre os anos 1902 e 1908.

[13] I. Calvino, *Six Memos for the Next Millennium*, Cambridge, MA: Harvard University Press, 1988.

[14] As três perguntas de Kant: Ver J. S. Dunne, *Love's Mind: An Essay on Contemplative Life*, Notre Dame, Indiana University of Notre Dame Press, 1993.

[15] *Letramento global*: Vejam-se os trabalhos que meus colegas do Projeto A Global Literacy estão produzindo no último capítulo de M. Wolf, *Tales of Literacy for the 21st Century*, Reino Unido, Oxford University Press, 2016. Esses trabalhos foram apresentados em quatro encontros na Pontifícia Academia das Ciências na Cidade do Vaticano. Os capítulos incluem M. Wolf et al., "The Reading Brain, Global Literacy, and the Eradication of Poverty", *Proceedings of Bread and Brain Education and Poverty*, Cidade do Vaticano, Pontifícia Academia de Ciências Sociais, 2014; M. Wolf et al., "Global Literacy and Socially Excluded Peoples", *Proceedings of the emergency of the socially excluded*, Cidade do Vaticano, Pontifícia Academia de Ciências Sociais, 2013.

[16] Ver Dunne, *Love's Mind.*

[17] J. Pieper, *The Silence of St. Thomas*, tradução para o inglês de John Murray e Daniel O'Connor, South Bend, In, St. Augustine's Press, 1957, p. 5.

[18] "It seemed to me that they would not be 'my readers', but readers of their own selves, my book being merely a sort of magnifying glass... I would furnish them with the means of reading what lay inside themselves". Proust é citado nesta tradução em M. Edmundson, *Why Reading?*, New York, Bloomsbury, 2004, p. 4.

DEBAIXO DO GRANDE CHAPÉU: UMA VISÃO NÃO USUAL DO CÉREBRO LEITOR

The Brain – is wider than the Sky –
For – put them side by side –
The one the other will contain
With ease – and you – beside

The Brain is deeper than the sea –
For – hold them – Blue to Blue
The one the other will absorb –
As sponges – Buckets – do –

The Brain is just the weight of God –
For – Heft them – Pound for Pound –
And they will differ – if they do –
As Syllable from Sound –*

Emily Dickinson[1]

Caro Leitor,

Emily Dickinson é minha favorita entre os poetas americanos do século XIX. Ela já era minha poeta favorita antes que eu me desse conta do muito que escreveu sobre o cérebro, sempre do mais improvável e limitado posto de observação, sua janela do segundo

* N.T.: O Cérebro – é maior do que o Céu – / Porque – ponha-os lado a lado – / Um ao outro vai conter / // Com facilidade – e Você – ao lado / O Cérebro é mais fundo que o mar – / Porque – segure-os – Azul sobre Azul // Um ao outro vai absorver – / Como as esponjas – os Baldes – fazem – / O Cérebro é exatamente do peso de Deus – / Porque – levante-os – Libra por Libra – / E eles serão diferentes – se for –/ Como a Sílaba é diferente do Som. (tradução livre)

andar na Main Street de Amherst, Massachusetts. Quando escreveu "Conte toda a verdade, mas conte-a enviesada,[2] o Sucesso está no Circuito", ela nunca poderia ter sabido dos inúmeros circuitos do cérebro. Mas, como os grandes neurologistas do século XIX, ela tinha uma compreensão intuitiva das capacidades proteicas do cérebro, "maiores que o Céu", isto é, da habilidade quase milagrosa do cérebro de ultrapassar seus limites para desenvolver funções novas, nunca antes imaginadas.

O neurocientista David Eagleman escreveu recentemente que as células do cérebro são "conectadas entre si numa rede tão espantosamente complexa que desbanca a linguagem humana e exige novas extensões da matemática [...] as conexões num único centímetro cúbico de tecido cerebral são tantas quantas as estrelas da Galáxia da Via Láctea".[3] É a capacidade de realizar esse número desconcertante de conexões que permite ao nosso cérebro ir além de suas funções originais para formar um circuito para a leitura[4] completamente novo. Um novo circuito era necessário porque ler não é nem natural, nem inato; muito pelo contrário, é uma invenção não natural e cultural que existe, se tanto, há seis mil anos. Em qualquer "relógio da evolução", a história da leitura ocupa pouco mais do que o proverbial tique antes da meia-noite, mas ainda assim oferece um conjunto de habilidades tão importante em sua capacidade de mudar nossos cérebros, que está acelerando o desenvolvimento de nossa espécie, para melhor e às vezes para pior.

A construção de um cérebro leitor

Tudo começa com o princípio da "plasticidade dentro de limites" no projeto do cérebro. O que mais me deixa maravilhada não são as múltiplas funções sofisticadas do cérebro, mas a sua capacidade de ir além de suas funções originais (que recebemos como parte de nosso equipamento biológico) – como a visão e a linguagem – para desenvolver capacidades totalmente desconhecidas, como as de ler e de lidar com números. Para tanto, ele cria um novo conjunto de caminhos, conectando e às vezes realocando componentes de suas estruturas básicas mais antigas a novas funções. Pense-se no que faz o eletricista quando lhe pedem que coloque uma fiação nova numa casa antiga, acrescentando uma luminária moderna que não tinha sido prevista. Sem desmerecer o eletricista, nosso cérebro executa nossa reinstalação de um modo muito mais engenhoso. Ao ser defrontado com algo novo que tem que ser aprendido, ele não só realoca seus componentes originais (isto é, as estruturas e os neurônios responsáveis por funções essenciais como a visão e a audição), mas consegue reequipar alguns grupos de neurônios dessas mesmas áreas para satisfazer as necessidades específicas da nova função.

Não é por coincidência, porém, que os grupos neuronais que têm suas funções mudadas compartilham funções semelhantes com a função nova. Como notou o neurocientista parisiense Stanislas Dehaene, o cérebro recicla[5] e mesmo realoca redes neuronais que são cognitiva ou perceptualmente relacionadas às novas funções. Isso é um maravilhoso exemplo da plasticidade de nosso cérebro dentro de limites.

Essa habilidade em formar circuitos recém-reciclados permite-nos aprender toda sorte de atividades não planejadas geneticamente – desde fazer a primeira roda, até aprender o alfabeto ou surfar na rede, ao mesmo tempo em que ouvimos a banda Coldplay e mandamos tuítes. Nenhuma dessas atividades jamais teve uma conexão fixa ou tem genes especificamente dedicados a seu desenvolvimento; são invenções culturais que envolvem intervenções corticais. Ainda assim, há implicações significativas e mesmo difíceis no fato de que a leitura não tem conexões fixas como a linguagem tem.

Em contraste com a leitura, a linguagem oral é uma das nossas funções humanas mais elementares. Como tal, possui genes específicos, que se desdobram com assistência mínima para produzir nossas capacidades de falar, ouvir e pensar por meio de palavras. Na linguagem, a natureza é alimentada pela necessidade seguindo uma ordem que é praticamente a mesma em qualquer parte do mundo. É por isso que a criancinha, se for colocada no ambiente típico de qualquer linguagem, aprenderá a falar aquela linguagem sem necessidade de instrução. Isso é algo prodigioso.

Não é assim para desenvolvimentos recém-chegados, como a leitura. Claro que há genes dedicados a capacidades básicas, como a linguagem e a visão, que acabam sendo reaproveitados na formação do circuito de leitura, mas esses genes, por si só, não produzem a capacidade de ler. Para nós, seres humanos, ler é algo que tem que ser aprendido. Isso significa que precisamos de um ambiente que nos ajude a desenvolver e conectar um sortimento complexo de processos básicos e não tão básicos, de modo que cada jovem cérebro possa formar seu próprio circuito de leitura novo em folha.

Quero sublinhar aqui um fato essencial: assim como não existe um projeto genético prévio para a leitura, *não existe nenhum circuito de leitura ideal*. Pode haver vários. À diferença do que acontece com a aquisição da linguagem, a inexistência de um projeto prévio para os circuitos da leitura significa que sua formação está sujeita a uma variação considerável, baseada nas exigências da língua particular do leitor e dos ambientes em que se dá o aprendizado. Por exemplo, um circuito de cérebro leitor baseado nos caracteres chineses[6] tem semelhanças e também diferenças perceptíveis em relação a um cérebro que lê um alfabeto. Um erro grande e fundamental – que teve muitas consequências infelizes para crianças, professores e pais pelo mundo afora – é a crença de que a leitura é natural para os seres humanos e que ela simplesmente emergirá, completa como acontece com a linguagem, quando a criança estiver pronta. Não é o caso;[7] para a maioria de nós, os princípios básicos dessa invenção não natural e cultural precisam ser ensinados.

Felizmente, nascemos com um cérebro que, devido ao seu projeto básico, está bem preparado para aprender uma grande quantidade de coisas não naturais. O mais conhecido princípio desse projeto, a *neuroplasticidade*,[8] subjaz a praticamente tudo o que há de interessante a respeito da leitura – desde a formação de um novo circuito pela conexão de componentes mais antigos até a reciclagem dos neurônios existentes e o acréscimo de ramificações novas e elaboradas ao circuito, ao longo do tempo. Mais importante para a presente discussão, todavia, é que a plasticidade também subjaz ao motivo pelo qual o circuito do cérebro leitor é inerentemente maleável (ou seja, passível de mudar conforme a leitura) e é influenciado por alguns fatores ambientais chave, a saber: *aquilo que lê* (tanto o sistema de escrita particular como o conteúdo), *como ele lê* (a mídia particular, por exemplo, o impresso ou a tela e seus efeitos sobre o modo de ler) e *como é formado* (métodos de instrução). O ponto crucial da questão é que a plasticidade do cérebro nos permite formar não só circuitos cada vez mais sofisticados e expandidos, mas também circuitos cada vez menos sofisticados, dependendo dos fatores ambientais.

O segundo princípio remete às contribuições do psicólogo Donald Hebb,[9] da segunda metade do século XX, que ajudaram a conceber o modo como as células formam grupos de trabalho ou conglomerados de células, o que contribui para especializá-las para determinadas funções. Durante a leitura, grupos de trabalho de células neurais em cada uma das partes estruturais de cada circuito (como a visão e a linguagem) aprendem a executar algumas das funções mais altamente especializadas. Esses grupos especializados constroem as redes que nos permitem ver os menores traços das letras ou ouvir os elementos mais sutis nos sons da língua (ou *fonemas*) literalmente em milissegundos.

Mais especificamente e igualmente importante, a especialização das células habilita cada grupo de trabalho de neurônios a tornar-se automático em sua região específica, e virtualmente automático em suas conexões com os outros grupos ou redes no circuito de leitura. Em outras palavras, para que a leitura aconteça, deve haver automatismo na velocidade do som para as redes neuronais em nível local (isto é, em regiões estruturais como o córtex visual), e isso, por sua vez, permite que haja conexões igualmente rápidas entre inteiras expansões estruturais do cérebro (conectando, por exemplo, regiões visuais a regiões afetas à linguagem). Portanto, sempre que designamos uma única letra que seja, estamos ativando redes inteiras de grupos neuronais específicos no córtex visual, que correspondem a redes inteiras de grupos de células baseados na linguagem, igualmente específicos, que correspondem a redes de grupos específicos de células articulatório-motoras – tudo com uma precisão de milissegundos. Multiplique esse quadro por centenas e centenas de vezes quando a tarefa for a de representar o que você leitor está fazendo enquanto lê esta carta com atenção e compreensão completa (ou mesmo incompleta) dos significados envolvidos.

Essencialmente, a combinação desses três princípios forma a base daquilo que alguns de nós jamais suspeitariam: um circuito de leitura que incorpora *inputs* de dois hemisférios, quatro lobos em cada hemisfério (frontal, temporal, parietal e occipital) e todas as cinco camadas do cérebro (desde o telencéfalo na posição mais alta, e o diencéfalo, adjacente abaixo; passando pelas camadas intermediárias do mesencéfalo, até chegar aos níveis mais baixos, do metencéfalo e do mielencéfalo). Quem ainda aceita a crença arcaica de que usamos somente uma parte mínima de nossos cérebros ainda não se inteirou do que fazemos quando lemos.

Circuit du Soleil*

Se nós, enquanto sociedade, tivermos de lidar com todas as implicações das mudanças que estão acontecendo com nosso cérebro leitor plástico, precisaremos nos meter "debaixo do chapéu" do circuito da leitura. Ou se houver alguma descrença de sua parte, debaixo da tenda. Para trazer a lume as múltiplas operações que acontecem simultaneamente no cérebro leitor cada vez que lemos uma única palavra, não consigo imaginar uma metáfora visual melhor do que um circo com três picadeiros circulares. Não apenas um circo com três picadeiros, mas um circo cheio de atores e criaturas fantásticas, só imagináveis sob a lona do Cirque du Soleil, onde a magia supera a credibilidade! Com a ajuda de Catherine Stoodley, neurocientista e artista talentosa, é essa a experiência que quero proporcionar a você.

* N.T.: Este título evoca propositalmente o nome da companhia Cirque du Soleil, que, originária do Canadá, tem hoje grupos estáveis em várias partes do mundo, e já se apresentou nos cinco continentes, oferecendo espetáculos circenses coloridos e de altíssima qualidade técnica.

DESDE O GRANDE TOPO

Imagine-se num poleiro alto e redondo bem no topo de uma enorme tenda de circo, olhando para o espetáculo que acontece abaixo; a partir desse ponto de observação, a formação do circuito da leitura assemelha-se muito àquilo que se passa nas apresentações simultâneas de um circo com três picadeiros. Mas em nosso circo da leitura haverá cinco picadeiros com grupos de artistas fantasticamente trajados, prontos para executar a gama dos processos necessários para se ler uma única palavra. Por sorte nossa, a meu pedido, estamos vendo por enquanto somente aquilo que acontece no hemisfério esquerdo e, ainda mais importante, tudo em câmara lenta, de modo que você possa observar o que se passa sem ter a vista embaralhada pelas velocidades quase automáticas envolvidas na ação.

Volte sua atenção em primeiro lugar para os grupos de artistas nos três círculos grandes e superpostos e depois para os dois círculos ligeiramente menores, ligados àqueles. Cada um dos círculos maiores descreve as amplas regiões subjacentes à Visão, à Linguagem e à Cognição, e representa um dos componentes originais que estão conectados com os circuitos novos. O primeiro dos dois anéis menores representa as funções Motoras, cujos artistas são necessários para a articulação dos sons da fala e algumas outras atividades surpreendentes que serão expostas em breve. Não admira que esse círculo esteja conectado não só com a Linguagem, mas também, mais surpreendentemente, com a Cognição. O outro anel, relacionado com a Linguagem e também com a Cognição, tem funções Afetivas e conecta a grande gama de nossos sentimentos a nossos pensamentos e palavras. Volte agora seu olhar para a caixa de vidro iluminada mais longe à esquerda, onde "VIPs" de todos os tipos parecem estar realizando coisas muito importantes. Essa caixa é, por assim dizer, nosso centro executivo pessoal, onde se realizam várias formas de atenção, memória, produção de hipóteses e tomadas de decisões numa área logo atrás de nossas testas, chamada córtex pré-frontal.

Imagine que esses círculos maiores estão superpostos a grandes regiões estruturais que incluem as várias camadas do cérebro (veja

Figura 1,[10] um dos inimitáveis desenhos de Stoodley que focaliza a camada superior do cérebro, a cortical). O círculo da Visão ocupa uma boa parte do lobo occipital no hemisfério esquerdo e parte do hemisfério direito, ao menos para nossos sistemas alfabéticos. Como os círculos da Linguagem e da Cognição, o círculo visual incorpora áreas do mesencéfalo e do cerebelo para coordenar todas as suas atividades em velocidades quase automáticas. Contrastando com as necessidades visuais do sistema de leitura alfabético, os sistemas de escrita *kanji* do chinês e do japonês[11] usam uma porção significativamente maior das regiões visuais do hemisfério direito para processar todos os caracteres visualmente complexos que seus leitores precisam lembrar, e conectá-los com conceitos.

O círculo da Linguagem ocupa um amplo território com regiões em camadas múltiplas em ambos os hemisférios, particularmente

FIGURA 1

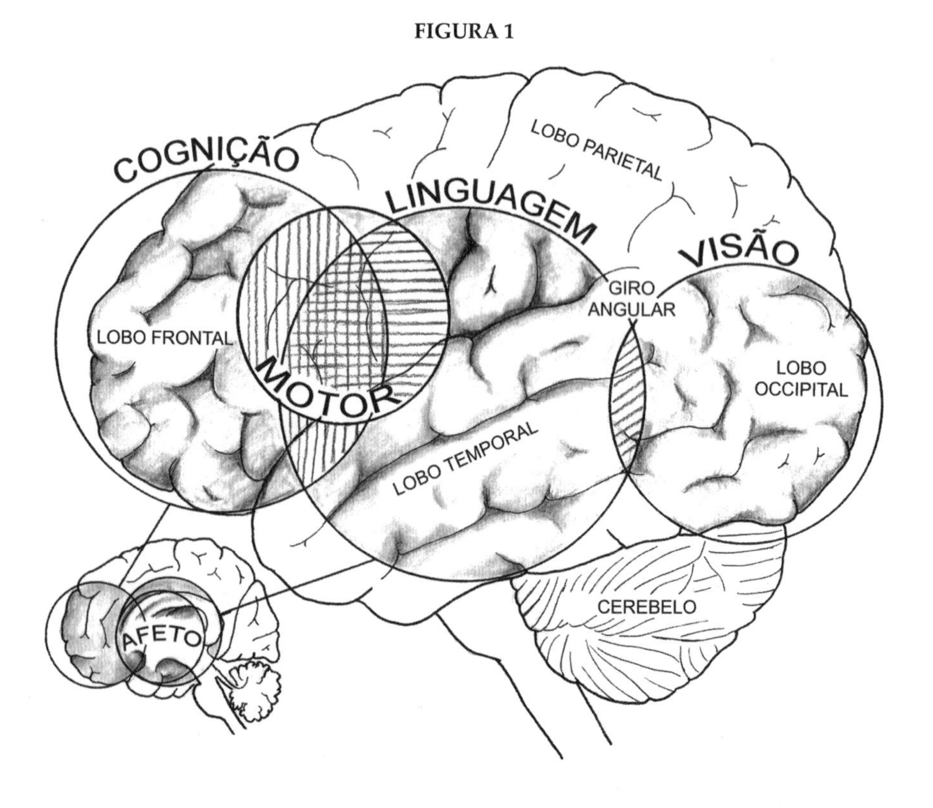

os lobos parietais e temporais adjacentes à Visão, e também áreas no lobo frontal adjacentes às áreas Motoras. Similarmente, o círculo da Cognição e o círculo do Afeto (que se localiza mais profundamente e tem algumas de suas redes formadas mais abaixo, no diencéfalo ou segunda camada do cérebro, que fica imediatamente abaixo do córtex cerebral) têm uma superposição considerável com as áreas de Linguagem.

A proximidade e superposição de muitos componentes desses círculos são uma analogia física do grande alinhamento e interdependência das funções. A imagem dos círculos representa nosso primeiro e rudimentar vislumbre do circuito de leitura para o sistema de escrita do inglês.

FOCOS DE ATENÇÃO

Olhemos agora mais de perto para aquilo que acontece dentro das camadas dos círculos quando lemos uma palavra isolada. Como por obediência a uma ordem, uma enorme imagem de uma palavra que ainda não conseguimos decifrar corretamente é iluminada através da aba maior da parte superior da lona, bem abaixo do nível de nossos olhos. Temos que mudar nossa atenção rapidamente para seguir os feixes repentinamente iluminados de vários refletores que acabam de ser ligados pela caixa de controle pré-frontal. Os sistemas atencionais do cérebro são o equivalente biológico de refletores:[12] a menos que as luzes estejam ligadas, nada mais pode acontecer. Mas notem que há refletores de vários tipos. Isso porque o cérebro precisa ser capaz de alocar formas diferentes de atenção a cada um dos numerosos passos ou processos envolvidos na leitura. Poucas pessoas percebem até que ponto a atenção é central para cada função que realizamos, e que formas múltiplas de atenção são acionadas, antes mesmo que nossos olhos comecem a ver a palavra. Os primeiros refletores, que funcionam como um sistema atencional de orientação,[13] têm três tarefas, todas de execução rápida. Em primeiro lugar, ajudam-nos a *desligar* do que nos ocupava – processo que acontece no lobo parietal de nosso córtex (isto é, na camada mais alta do telencéfalo). Em segundo lugar, eles nos ajudam a *deslocar nossa atenção* para o que estiver à nossa frente – neste caso, a palavra específica que está na aba da lona. O ato de deslocar nossa atenção visual realiza-se no fundo de nosso cérebro médio (isto é, no mesencéfalo ou terceira camada). Em terceiro lugar, contribuem para *focalizar* nossa nova atenção, e assim alertam o circuito de leitura como um todo para que se prepare para a ação. Este último foco da atenção prévio à leitura acontece em uma área especial abaixo do córtex, que funciona como um dos maiores quadros de distribuição do cérebro: o importante tálamo, localizado no diencéfalo ou segunda camada de cada hemisfério.

Para que a ação real comece no circuito, porém, ainda precisamos de um conjunto mais específico de refletores, organizado pelo sistema executivo de atenção da caixa de controle pré-frontal, situado em ambos os lobos frontais. Esse sistema crucial gerencia tudo aquilo que vem a seguir, numa espécie de mesa de trabalho cognitiva. Entre outras coisas, retém desde o começo nossa informação sensorial na memória de trabalho, para que possamos integrar as diferentes formas de informação que estão aí reunidas, sem perder o controle de nenhuma delas. É isso que nos permite fazer coisas tão diferentes como resolver problemas de matemática "de cabeça" ou lembrar os algarismos de um número de telefone, as letras de uma palavra ou as palavras de uma frase. Há uma relação muito estreita entre o sistema atencional e os vários tipos de memória.

O ANEL DA VISÃO

Depois de todo esse direcionamento preliminar de nossa atenção, acontece uma coisa impressionante. A ação pela qual estávamos esperando começa! Sai rapidamente das retinas algo que se parece com dois grupos de ciclistas para cada olho, compostos de atores em trajes brilhantes montados em monociclos gigantes. Esses grupos estão prestes a percorrer em seus veículos sobre rodas a mais alta e longa das ligações que cruzam toda a extensão do cérebro, desde as retinas nos olhos até o ponto mais distante nas regiões mais posteriores do cérebro, os lobos occipitais. Os grupos dos dois olhos partem juntos, mas logo se separam, num cruzamento em forma de X chamado *quiasma óptico*, que apropriadamente faz lembrar um cruzamento de trilhos ferroviários. Nesse cruzamento, os quatro conjuntos de grupos se separam, de modo que um conjunto de ciclistas para cada olho segue um caminho oposto através de múltiplas camadas do cérebro até chegar às áreas visuais no fundo de ambos os hemisférios. O modo como estão organizados significa que cada olho manda um grupo de seus ciclistas para cada hemisfério. É um projeto genial, com grandes vantagens evolutivas. Pense nisso: mesmo que tenhamos um olho só, temos dois hemisférios que nos fornecem informações visuais essenciais.

Os quatro grupos de ciclistas precisam fazer várias paradas durante o caminho, mas parecem infatigáveis, já que levam sua informação na velocidade da luz. Em 50 milissegundos eles chegam com suas mensagens a uma área muito particular dos lobos occipitais chamada *córtex visual estriado*, que deve seu nome às listras criadas por suas seis camadas que alternam matéria branca e matéria cinzenta.

Depois de chegar à quarta camada dessa região cortical, os ciclistas se dispersam (ver Figura 2). Imediatamente todo o anel da Visão nos lobos occipitais entra num turbilhão de atividade. A informação recebida dos ciclistas do arame suspenso é transferida rapidamente para aglomerados de criaturas minúsculas com forma de globo que parecem vagamente... bem, com pequenos olhos com braços e pés. Um grupo desses globos diligentes identifica a mensagem dos ciclistas como um conjunto de "letras" e passa imediatamente essa informação para criaturas com forma de globos de regiões mais profundas do córtex que sinalizam que elas são letras reais e válidas. Um outro grupo se apressa em examinar os traços que formam as letras (por exemplo, linhas, círculos e diagonais) e as identifica como as bem conhecidas letras do inglês *t* + *r* + *a* + *c* + *k*+ *s*.

Quase imediatamente quando o segundo grupo reconhece as letras e as localiza na palavra, múltiplas ações são realizadas por outras equipes de neurônios especializados que se colocam em atividade. Alguns globos atuam somente sobre letras isoladas, ao passo que outros reagem a padrões de letras encontrados nas palavras, como os padrões *ack* e *tr* encontrados em *tracks*; outros identificam as partes significativas mais comumente usadas das palavras, os chamadas *morfemas* (por exemplo, os prefixos e sufixos como o *-s* do plural no nosso exemplo). Fica claro que cada equipe de trabalho neste anel tem seu próprio domínio territorial e trabalha rápida e habilmente somente sobre essas pequenas porções altamente específicas de informação visual. Não podemos deixar de observar que alguns grupos de globos parecem placidamente desinteressados ou pelo menos subutilizados, com pouca ativação, quando veem nossa palavra. Alguns deles identificam somente as palavras inteiras que aparecem com maior frequência, como *stop* e *the* – que são frequentemente chamadas de palavras para a vista (*sight words*), que não precisam de mais análise por parte de outros neurônios visuais. Outros são obviamente reservados a outros traços visuais.

O que não é nada óbvio é como os artistas sobre rodas localizam de maneira tão rápida e precisa grupos de globos neuronais que estão preparados para identificar suas porções particulares de informação visual. Talvez, sem surpresas a esta altura, haja por trás desse mistério outro conjunto de princípios de design notáveis – a saber, a organização e representação[14] retinotópica.[15] Na organização retinotópica, há na retina neurônios altamente diferenciados que acionam neurônios particulares que lhes correspondem nas áreas visuais. Como se tivessem seu próprio sistema de GPS, a habilidade velocíssima dos ciclistas para localizar os neurônios corretos permite que sua transmissão de informações tenha um caráter extremamente exato e rápido. No caso das letras, os blocos retinais precisam aprender a fazer essas conexões ao longo de múltiplas exposições, num longo processo de desenvolvimento.

FIGURA 2

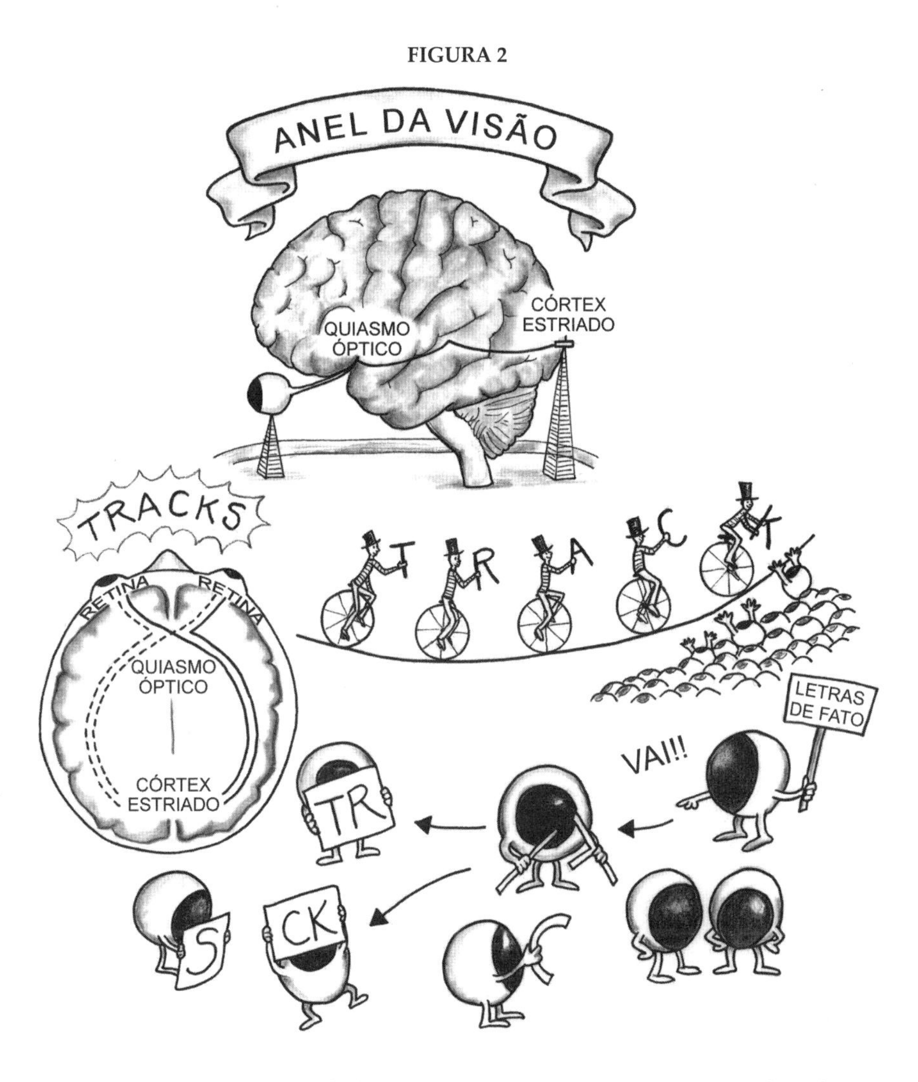

Este aprendizado é facilitado pela capacidade que é própria do cérebro de fazer representações (entenda-se re-apresentações) de padrões como as letras. O córtex visual de um leitor experiente é repleto de representações de letras, bem como de padrões de letras comuns e partes de palavras (por exemplo, os morfemas que constituem raízes, prefixos e sufixos de nossas palavras) e mesmo de muitas palavras bem conhecidas. É difícil imaginar isso num primeiro momento, mas essas representações possuem uma realidade física em nossas redes neuronais. Mesmo que nos limitemos a imaginar[16] uma letra sem vê-la, os grupos de neurônios especializados no córtex visual que correspondem à representação dessa letra vão disparar, como se nós víssemos realmente a tal letra. É isso que está acontecendo agora em nosso circo com a palavra que está na aba da lona: devido à organização retinotópica de nossos olhos, os neurônios correspondentes no córtex visual já estão configurados para trabalhar quase automaticamente sobre a informação que chega das células da retina.

Se pensarmos em termos de evolução, esses princípios organizacionais, que são de uma eficiência impressionante, fazem muito sentido e, com toda a probabilidade, garantiram a sobrevivência de muitos de nossos antepassados antes que a leitura chegasse a ser inventada. Basta pensar na rapidez com que nossa espécie, no passado, precisou identificar o rastro dos predadores – uma rapidez imediata. O reconhecimento imediato é facilitado exponencialmente pelas representações visuais em nosso cérebro. O que é fascinante de se pensar é que nossa atual organização retinotópica, que foi sendo reciclada em cada novo leitor de modo a incluir letras e palavras, não poderia ser a mesma (e de fato não era) no córtex de nossos remotos antepassados, e não é a mesma em qualquer pessoa analfabeta de hoje. Nos indivíduos iletrados, a maior parte dos grupos de trabalho neuronais que usamos hoje para as letras e palavras são amplamente associados a tarefas visualmente semelhantes, mas funcionalmente diferentes, como a identificação de objetos ou rostos. Esse é um excelente exemplo de como, aprendendo a ler, o cérebro redefine os objetivos de certas redes usadas originalmente para identificar pequenos traços em objetos e faces, aplicando-as a reconhecer traços igualmente pequenos em letras e palavras.

O ANEL DA LINGUAGEM

Agora precisamos voltar ao circo. Bem neste momento, notamos que acontecem várias coisas surpreendentes à medida que novos grupos de neurônios do círculo da Linguagem começam a disparar entrando em ação – e a palavra-chave, aqui, é *disparar*. Uma quantidade de atores voando e girando saltam em redor da área do anel da Linguagem, que margeia a Visão no lugar em que os lobos occipital e temporal se tocam.[17] Com certeza, serão necessários muitos grupos neuronais para garantir, em primeiro lugar, que a informação visual (isto é, as letras) se conecte rapidamente com a informação correta baseada no som ou no fonema e, em segundo lugar, que essa informação esteja conectada com todos os possíveis sentidos e associações da palavra.

O inglês tem cerca de 44 fonemas diferentes[18] (dependendo do dialeto usado), representados aqui por 44 pequeníssimos atores que saltitam impacientemente no anel da Linguagem que se expande dinamicamente. Como pôneis nos boxes antes da corrida, os diminutos atores estão ansiosos pela chegada do momento em que alguns deles serão conectados a seus parceiros visuais em *t* + *r* + *a* + *c* + *k* + *s*. Percebemos que alguns conglomerados de atores se parecem com pares ou trios de irmãos siameses. São os responsáveis por sons comuns que se misturam, como os sons *tr* na palavra *tracks* que vai se revelando. Também acontece que os sons de uso mais frequente têm uma vantagem na localização no anel, no sentido de serem escolhidos antes em qualquer processo de acoplamento.

Há uma razão para isso. Logo à esquerda, em nossa visão periférica, vemos como a caixa de controle parece estar realçando as probabilidades mais verossímeis de quais letras ou grupos de letras terão que ser escolhidos. Claramente, nada que diz respeito ao cérebro leitor experiente é deixado ao acaso; em vez disso, tudo se baseia em probabilidades e predições que, por sua vez, se baseiam no contexto e no conhecimento prévio.[19] Depois dessa orientação inicial a partir das áreas pré-frontais, explode o pandemônio no momento em que os atores do fonema correspondente encontram os sons correspondentes ao *input* dos grupos visuais. A palavra *tracks* é o sinal, e os fogos de artifício começam!

Sente-se alegria pelo circo afora, com grupos inteiros de atores que se juntam ao espetáculo nos anéis da Linguagem e da Cognição. Acrobatas mergulham em cambalhotas na frente das palavras, gritando cada um todas as variedades de sentidos possivelmente interessantes:[20] "animal tracks, sport tracks, railway tracks?".* Os acrobatas nos hipnotizam com sua flexibilidade, passando de um sentido possível e frequente a palavras de uso mais raro e então a novas outras possibilidades: "tracks of tears, audio tracks, school tracks, one-track mind, eye-tracking, track lighting?"

Como se todos esses sentidos de base semântica não fossem o bastante, mímicos sorridentes transpondo os anéis da Linguagem e do Motor, apreendem o verbo *tracks*, e propõem outras possibilidades. Há algo como um tomar fôlego num setor que até aqui não tínhamos considerado, o anel Motor adjacente. Aí, um grupo irrequieto de mímicos em fantasias exóticas aparece pronto, preparado para articular a palavra ou, bem mais misteriosamente, representá-la por gestos.[21] Sem obviamente mover os neurônios próximos que controlam os músculos dos lábios, da laringe e da língua, eles estão se preparando para simular movimentos dos músculos das pernas e mãos conforme o sentido da palavra seja um verbo de ação ou mais abstrato: "tracks an animal, tracks a crime, tracks data trends, tracks a hurricane".

Atrás dos acrobatas e dos mímicos e de seus rodopios, são visíveis na lateral do palco centenas de outros agrupamentos de acrobatas e mímicos, todos na mesma "vizinhança semântica".[22] Alguns deles estão muito perto do anel, preparados para pular nele com palavras e conceitos relacionados, atendendo a uma

---

* N.T.: A partir deste ponto, a autora utiliza a palavra inglesa *track(s)* como um exemplo privilegiado do processamento da linguagem pelo cérebro. Em inglês, *track(s)* funciona ora como substantivo ora como verbo, tendo em cada uma dessas categorias vários sentidos. Mantivemos os exemplos originais dando, caso a caso, a tradução. As ocorrências de *track(s)* no original são *animal tracks* = rastros de animais, *sport tracks* = pistas de atletismo, *railway tracks* = trilhos de trem, *tracks of tears* = caminhos de lágrimas, *audio tracks* = trilhas sonoras, *school tracks* = cada uma das diferentes terminalidades oferecidas num mesmo nível de ensino (ex. tecnologia, biologia, humanidades no ensino médio), *one-track mind* = pessoa que tem fixação por um determinado assunto, *eye-tracking* = rastreamento visual, *track lighting* = luminária com focos de luz dispostos em sequência, *tracks an animal* = segue a pista de um animal; *tracks a crime* = detecta um crime, *tracks data trends* = detecta tendências implícitas nos dados, *tracks a hurricane* = monitora os movimentos de um furacão.

chamada em milissegundos. Há grupos de palavras preparadas para entrar em cena simplesmente porque soam como a palavra *tracks* em aliteração (por exemplo, *treats, trams, trains, tricks*)* ou porque têm terminações que são rimas possíveis (ex: *packs, sacks, lacks* e mesmo *wax*).

ANEL DA COGNIÇÃO E ANEL DO AFETO

E, como para levar nossa atenção para bem longe dos intérpretes solistas do anel da Linguagem, trapezistas voadores de vestimentas brilhantes saltam uns por cima de outros, elevando nossa consciência a pensamentos lembrados e completamente diferentes, nos amplos espaços inexplorados, acenando-nos para que adentremos as regiões superpostas no anel da Cognição. Enquanto os vultos do trapézio derivam entrando e saindo, ouvimos que sussurram para nós perguntas sobre contextos para a palavra *tracks* que não tínhamos aventado à primeira vista. Há uma cena da infância em que um trenzinho resfolega nos trilhos (*tracks*) que sobem e descem imponentes colinas, resmungando "*I think I can, I think I can*" ("Acho que consigo, Acho que consigo"). Outro trenzinho em trilhos muito semelhantes é de um azul brilhante, e é chamado Thomas, o Motor do Tanque. Em mais outra cena, homens musculosos enormes estão rachando troncos para construir dormentes de ferrovia, o que nos traz à memória os Estados Unidos do século XIX (ver a Figura 3).

Sentimentos da infância começam a surgir em nós simultaneamente a essas imagens e, com eles, o anel do Afeto começa a pulsar com diferentes sentimentos associados aos pensamentos e palavras ativos nos outros anéis. Mas não só os sentimentos da infância são despertados; um grupo de atores aparece cada vez mais nitidamen-

* N.T.: As palavras *treats, trams, trains, tricks, packs, sacks, lacks* e *wax* (= guloseimas, bondes, trens, enganos, pacotes, saco(la)s, ausências, cera) são homófonas de *tracks*, ou seja, têm pronúncia semelhante.

te do outro lado do anel da Cognição. Gradualmente, percebemos que se trata de um grupo de pessoas com roupas de frio, que olham horrorizadas para o rosto de uma linda mulher russa com longos cabelos negros e com uma sacola vermelha: é Anna Karenina,[23] prestes a atirar-se sobre os trilhos (*tracks*)!* Mas, assim que os sentimentos familiares de medo, empatia ou tristeza emergem do anel do Afeto, a cena escurece e nossa atenção parte em outra direção.

Surge, agora, uma aparição estranha, quase fantasmagórica, empoleirada acima de uma área chamada *giro angular*.[24] A localização dessa região no lugar onde se juntam os lobos occipital, temporal e parietal é fulcral e reflete sua capacidade de juntar funções originárias do anel de Visão no lobo occipital e dos anéis de Linguagem e Cognição nos lobos temporal e parietal (ver Figura 1). Grande, vestindo um fraque, a figura não fala, e parece ser um misto de mestre de cerimônias e ferroviário que opera os desvios, juntando informações e selecionando os caminhos das palavras que deveremos seguir.

---

* N.T.: Anna Karenina, personagem-título do romance de Leon Tolstoi, põe fim à vida atirando-se nos trilhos de uma linha de trem.

FIGURA 3

Se os comandos provêm dessa figura ou da caixa de controle pré-frontal, ou de ambas, não está claro, mas as luzes no anel da Cognição agora ficam mais fracas, e a imagem fantasmagórica de Anna se apaga de nossa vista e de nossa consciência. Não havia informação suficiente para que ficássemos com sua imagem, mesmo que tenha sobrado um arrepio levíssimo de tristeza e pena. Percebemos nesse instante que sempre fica alguma coisa em nós de nossos encontros anteriores com essa palavra aparentemente comum, *tracks*, e muitas outras. Exatamente como o cientista cognitivo David Swinney ressaltou anos atrás, nossas palavras contêm e ativam momentaneamente repositórios inteiros de sentidos associados, memórias e sentimentos, mesmo quando fica determinado o sentido exato num contexto dado.[25]

Nesse milissegundo de recordação, começamos a apreciar a beleza em vários níveis que há no design do cérebro para estocar e recuperar palavras: cada palavra pode evocar uma história inteira de miríades de conexões, associações e memórias guardadas por muito tempo. De fato, você acaba de testemunhar como o cérebro leitor ativa em meio segundo algo próximo dos esforços diários de poetas e escritores para encontrar a palavra certa, *le mot juste*,[26] que unirá, como descreveu certa vez E. M. Forster, "prosa com paixão".

Completemos nosso passeio pelo cérebro leitor olhando, uma última vez, para tudo que vimos em nosso *circuit de la lecture* imaginário. Desta vez, porém, providenciei para que você possa ver a ação não em câmara lenta, mas na velocidade real, pouco mais do que 400 milissegundos, e através dos dois hemisférios. Com uma rapidez quase impossível, podemos ver agora que, no começo de tudo, as áreas visuais do hemisfério direito rapidamente cruzam para a esquerda, onde todo tipo de ativação acontece e é integrada atravessando todas as camadas dos anéis. E para terminar, no final da ação, vemos que uma grande parte do hemisfério direito está acesa, com múltiplas áreas contribuindo para os sentidos de *tracks*, poucas pelos sons. Não podemos perceber mais do que isso. Nosso olho simplesmente não consegue acompanhar os movimentos nas ações com a rapidez necessária para compreender exatamente o que está acontecendo, onde e quando. Na realidade, a cena se parece agora com uma performance sem emendas de redes tão intimamente conexas que a imagem que nos fica se parece com um conjunto enorme de luzes conexas que pulsam. É isso: "há tantas conexões"[27] nos circuitos do cérebro leitor, "quantas são as estrelas na galáxia da Via Láctea".

Esta imagem final do caráter conexo do cérebro leitor ensina que as coisas que acontecem em zigue-zague, em alimentação direta e em retroalimentação, são tantas quantas as que ocorrem linearmente.[28] Ou seja, essa impressão seria a melhor aproximação dos muitos mistérios que permanecem sobre o *timing* e a sequência de tudo aquilo que se passa entre e com os anéis da Visão, da Linguagem, da Cognição, do Motor e do Afeto quando lemos. Ficamos no topo de nossa tenda de circo, humildes ante a enormidade dos fatores constitutivos deste ato de leitura – que a maioria dos seres humanos acha banal.

Espero que você não seja nunca um desses. Ao contrário, espero que, agora, você tenha compreendido que, ao ler uma única palavra, você ativa milhares e milhares de forças-tarefas neuronais, todas aquelas com que você já se deparou e muitas mais. E se você ativa infinidades de neurônios com apenas uma palavra, imagine quantas aciona quando lê uma sentença com muitas palavras, ou um ensaio de Nicholas Kristof,* um poema de Adrienne Rich,** con-

* N.T.: Colunista do *Washington Post* e do *New York Times* e colaborador da rede CNN, Nicholas D. Kristof (1959-...) é considerado o responsável por ter renovado o jornalismo de opinião, tratando de abusos cometidos contra os direitos humanos em áreas conflitivas de vários continentes.

** N.T.: Filha de pai judeu, a poeta, escritora e professora americana Adrienne Rich (1929-2012) assumiu-se explicitamente como judia. Participou ativamente de movimentos feministas e de apoio a organizações que apoiam grupos marginalizados, um dos quais é o Jewish Voice for Peace, que se opõe à ocupação dos territórios palestinos por Israel.

tos de Andrea Barrett,* um livro de Ray Jackendoff** sobre a língua, um trabalho de crítica literária de Michael Dirda.*** Depois de todos os anos de pesquisa que eu investi para compreender o que fazemos quando recuperamos uma única palavra, ainda fico assombrada com aquilo que acontece quando lemos uma fileira de palavras que evoca nossos pensamentos mais profundos.

Como se discutirá na próxima carta, o cérebro que faz a leitura profunda vai, de forma muito literal, fisiologicamente, "em todas as direções" para compreender. Mas isso pode mudar.

Sinceramente,

Sua Autora

NOTAS

1. Emily Dickinson, "The brain is wider than the sky", *The Complete Poems of Emily Dickinson,* ed. T. J. Johnson, Boston, Little, Brown, 1961. Wikisource, 6320.
2. "Tell all the truth, but tell it slant". Ibid. Wikisource, 1129.
3. D. Eagleman, *Incognito: The Secret Lives of the Brain,* New York,Viking Press, 2011, p. 1.
4. Esta carta se baseia fortemente na pesquisa que resumi em "A Neuroscientist's Tale of Words" ["Uma história de palavras por um neurocientista"], cap. 4 de M. Wolf, em *Tales of Literacy for lhe 21st Century,* Reino Unido, Oxford University Press, 2016. Veja-se o trabalho sobre o conceito de circuito em S. Petersen e W. Singer, "Macrocircuits", em *Current Opinion in Neurobiology* 23, no. 2, 2013, pp. 159-61. Vejam-se os importantes trabalhos sobre circuitos de leitura de B. A. Wandell e J. D. Yeatman, "Biological Development of Reading Circuits", em *Current Opinion in Neurobiology* 23, nº 2, 2013, pp. 261-68; de B. L. Schlaggar e B. D. McCandliss, "Development of neural systems for reading", em *Annual Review of Neuroscience* 30, 2007, pp. 475-503; J. Grainger e P.J. Holcomb, "Watching the WordGo By: On the Time-course of Component Processes in Visual Word recognition", em *Language and Linguistics Compass* 3, nº 1, 2009, pp. 128-56.

---

* N.T.: Andrea Barrett (1954-...) é uma escritora de ficção americana. Entre suas obras estão *Ship Fever, Servants of the Map* e *Archangel.*

** N.T.: Linguista e filósofo, Ray Jackendoff (1943-...) lecionou por muitos anos no Massachussetts Institute of Technology e foi o iniciador de uma linha de investigação semântica conhecida como Semântica Conceptual, que estuda a arquitetura do pensamento humano, a formação de conceitos e sua expressão pela língua. Alguns de seus livros mais recentes são *A User's Guide to Thought and Meaning* (2012), *Meaning and the Lexicon: the Parallel Architecture 1975-2010* (2010), *Language, Consciousness, Culture: Essays on Mental Structure* (2007) e *Foundations of Language: Brain, Meaning, Grammar, Evolution* (2002).

*** N.T.: Crítico literário e colunista do *Washington Post,* Michael Dirda é autor de vários livros, entre os quais *Classics for pleasure* (2007).

[5] O termo *reciclagem neuronal* foi usado por Stanislas Dehaene para fazer referência à "invasão parcial ou total de um território cortical inicialmente exclusivo de uma função diferente, por invenção cultural [...]. A reciclagem neuronal é também uma forma de re-orientação ou re-treinamento: transforma uma função antiga [...] em uma função nova que é mais útil no contexto cultural presente". S. Dehaene, *Reading in the Brain: The New Science of How we Read,* New York, Viking, 2001, p. 147.

[6] Sobre o circuito cerebral de leitura baseado nos caracteres chineses: ver D. J. Bolger, C. A. Perfetti e W. Schneider, "Cross-cultural effects on the Brain Revisited: Universal Structures plus Writing System Variation", *Humain BrainMapping* 25, nº 1, maio de 2005, pp. 92-104.

[7] Evito, por enquanto, discutir casos atípicos como o da romancista Penelope Fitzgerald e de Jean-Paul Sartre, que, aparentemente, desenvolveram essa capacidade por si sós, antes mesmo de aprender a falar. Veja-se essa discussão em M. Wolf, *Proust and the Squid: The Story and Science of the Reading Brain,* New York, Harper Collins, 2007.

[8] *Neuroplasticidade*: Ver a discussão em M. Wolf, *Tales of Literacy in the 21st Century.*

[9] Publicado originalmente em 1949 e reimpresso como Donald Hebb, *The organization of Behavior: A Neuropsychological Theory,* Mahwah, NJ, Psychology Press, 2002.

[10] A visão geral de Catherine Stoodley é baseada em diversas meta-análises de estudos de leitura de visualização do cérebro. Ver especialmente A. Martin, M. Schurz, M. Kronbichler e F. Richlan, "Reading in the Brain of Children and Adults: A Meta-analyses of 40 Functional Magnetic Resonance Imaging Studies", *Human Brain Mapping* 36, n. 5, maio de 2015, pp. 1963-81; Grainger e Holcomb, "'Watching the Word Go By'".

[11] Kanji chinês e japonês: Bolger, Perfetti e Schneider, "Cross-Cultural Effects on the Brain Revisited".

[12] Veja-se Earl Miller, Timothy Buschman e T. J. Buschman, "Cortical Circuits for the Control of Attention", *CurrentOpinion in Neurobiology* 23, n. 2, abril de 2013, pp. 216-22.

[13] Para uma descrição mais completa sobre o papel da atenção, memória e sistemas visuais na leitura, vejam-se Wolf, *Proust and the Squid,* e Wolf, *Tales af Literacy for the 21st Century.*

[14] Ver B. A. Wandell, A. M. Rauschecker e J. D. Yeatman, "Learning to See Words", *Annual Review of Psychology* 63, 2012, pp. 31-53.

[15] Para descrições abrangentes sobre o papel do sistema visual na leitura, ver B. A. Wandell, "The Neurobiological Basis of Seein Words", *Annals of the New Yark Academy of Sciences* 1224, nº 1, abril de 2011, pp. 63-80; e Wandell e Yeatman, "Biologic Development of ReadingCircuits".

[16] O estudo das representações visuais foi muito influenciado pelo programa de pesquisa de Stephen Kosslyn, que tem como marco S. M.Kosslyn, N. M. Alpert, W. L. Thompson et al., "Visual Mental Imagery Activates Topographically Organized Visual Cortex: PET Investigations", *Journal of Cognitive Neuroscience* 5, nº 3, verão de 1993, pp. 263-87.

[17] Esta área bastante controversa é a que Dehaene, Cohen e McCandliss, entre outros, chamam de Área da Forma Visual da Palavra ("*Visual Word Form Area*") ou VWFA. Dehaene também se refere a ela como a Caixa do Correio (*Letterbox*). Outros autores dão a essa região nomes diferentes, por exemplo Ken Pugh, da Universidade de Yale, refere-se a ela simplesmente como a junção occipital-temporal. Certos pesquisadores britânicos, como Cathy Price, concebem a área de maneira mais ampla, como uma zona de convergência de interações polimodais entre áreas visuais, auditivas e tácteis que participam de várias funções, entre as quais a recuperação de palavras. Ver C. J. Price e J. T. Devlin, "The Myth of the Visual Word Form Area", *Neuroimage 19,* nº 3, julho de 2003, pp. 473-81.

[18] O maior corpo de pesquisas sobre leitura acumulado nas últimas quatro décadas deu destaque ao papel essencial desempenhado pelos fonemas e pelos processos fonológicos a eles inerentes na aquisição do código alfabético e em desafios da leitura como a dislexia. Veja-se a excelente síntese feita recentemente em M. Seidenberg, *Language at the Speed of Sight: How We Read, Why so Many Can't, and What Can Be Done About It,* New York, Basic Books, 2017. [N. T.: O português tem 26 fonemas diferentes, sendo 19 consonantais e 7 vocálicos.]

[19] Ver o importante trabalho de Andy Clarck sobre como a predição prepara a percepção, por exemplo, em "Whatever next? Predictive Brains, Situated Agents and the Future of Cognitive Science", *Behavioral and Brain Sciences*, 36, nº 3, junho de 2013, pp.181-204. Usando múltiplos tipos de imagens em sua pesquisa, Gina Kuperberg mostra que essas predições funcionam em qualquer coisa desde identificar uma letra até selecionar o sentido mais previsível de uma palavra. Portanto, aquilo que conhecemos torna mais rápido o reconhecimento de uma palavra. Ver G. R. Kuperberg e T. F. Jaeger, "What do We Mean by Prediction in Language Comprehension?", *Language and Cognitive Neuroscience*, 31, nº 1, 2016, pp.32-59.

[20] Todas as variedades de sentidos possivelmente interessantes. Ver as pesquisas pioneiras sobre o efeito *priming* (pré-ativação) produzidas pelo cientista da cognição David Swinney, em que se mostra que ativamos inconscientemente os múltiplos sentidos das palavras quando as vemos representadas; ver, por exemplo, D. A. Swinney e D. T. Hakes, "Effects of Prior Context upon Lexical Access During Sentence Comprehension" (Efeitos do contexto prévio sobre o acesso lexical durante a compreensão da sentença"), *Journal of Verbal Learning and Verbal Behavior* 15, n. 6 (dezembro de 1976), pp. 681-89.

[21] Há pesquisas fascinantes que sugerem como o sistema motor é ativado logo que encontramos a palavra num texto. Sobre a ativação na leitura de verbos, veja-se particularmente F. Pulvermuller, "Brain Mechanisms Linking Language and Action", *Nature Reviews Neuroscience* 6, nº 7, julho de 2005, pp. 279-95. Vejam-se também os estudos de Raymond Mar sobre compreensão corporificada, por exemplo, H. M. Chow, R. A. Mar, Y. Xu et al., "Embodied Comprehension of Stories: Interactions between language Regions and Modality-Specific Mechanisms", *Journal of Cognitive Neuroscience* 26, nº 2, fevereiro de 2014, pp. 279-95.

[22] Para um resumo excelente e acessível das pesquisas sobre o funcionamento dos processos semânticos, veja-se R. Jackendoff, *A User's Guide to Thought and Meaning*, New York, Oxford University Press, 2012.

[23] L. Tolstoi, *Anna Karenina*, tradução de Constance Carnett, New York, Barnes and Noble Classics, 1973, publicado originalmente em 1877.

[24] Esta região desempenha um papel de integração durante a aquisição da leitura. Pesquisas mais antigas do neurologista comportamental Norman Geschwind davam ao giro angular um papel mais central em seus primeiros modelos da leitura. Os estudos atuais por imagem mostram sua ativação no processamento semântico, particularmente no monitoramento da conexão de informações semânticas e fonológicas. Ver, por exemplo Kuperberg e Jaeger, "What Do We Mean by Prediction in Language Comprehension?", e a pesquisa de Mark Seidenberg e colaboradores, por exemplo, W. W. Graves, J. R. Binder, R. H. Desai et al., "Anatomy Is Strategy: Skilled Reading Differences Associated with Structural Connectivity Differences in the Reading Network", *Brain and Language* 133, junho de 2014, pp. 1-13,

[25] Ver Swinney e Hakes, "Effects of Prior Context upon Lexical Access During Sentence Comprehension".

[26] Ver a descrição de como o escritor procura pela adequação perfeita entre o pensamento e a palavra em I. Calvino, *Six Memos for the Next Millenium*, Cambridge, MA, Harvard University Press, 1988.

[27] D. Eagleman, *Incognito: The Secret lives of the Brain*, New York, Viking Press, 2011, 1.

[28] Embora eu seja obrigada a apresentar esses processos mais linearmente enquanto os descrevo, a realidade é um conjunto de interações dinâmicas entre eles, sobre as quais ainda não sabemos muita coisa. Vejam-se as excelentes descrições disso em Seidenberg, *Language at the Speed of Sight*, e L. Waters, "Time for Reading", *The Chronicle of Higher Education* 53, nº 23, 9 de fevereiro de 2007, p. 86.

A LEITURA PROFUNDA... ESTÁ EM PERIGO?

> Penso que a leitura, em sua essência original, [é] esse fértil milagre da comunicação realizado na solidão [...] Sentimos de maneira muito verdadeira que nossa sabedoria começa onde a do autor estaca [...]. Mas por uma lei singular e também providencial [...] (uma lei que talvez signifique que somos incapazes de receber a verdade dos outros, e que temos que criá-la nós mesmos) aquilo que parece ser o ponto final de sua sabedoria resulta para nós não ser outra coisa senão o começo da nossa.
>
> Marcel Proust, *Sobre a leitura*[1]

Caro Leitor,

Você acaba de percorrer* os caminhos de uma palavra isolada: vimos na última carta que a leitura de uma palavra isolada provoca a ativação de infinidades de neurônios, envolvendo a transmissão de sinais que cruzam múltiplas regiões e todas as cinco camadas do cérebro. Imagine agora que, em vez de ler a palavra *tracks* isoladamente, eu peça que você decodifique e compreenda essa palavra no contexto muito mais complexo de uma sentença como esta:

His love left no tracks save for the kind that never

*go away – for her and any who would follow.***

* N.T.: A frase inglesa é "*You have just tracked*"; o uso do verbo *to track* remete ao capítulo anterior.

** N.T.: "Seu amor não deixou rastro, a não ser daquele tipo de rastros que nunca se apagam – para ela e para os que viriam a seguir".

O que há numa sentença?

Se algum dia eu escrever um romance, ele ficará cheio de sentenças como essa, que exigirão de você muito mais do que encontrou seu olhar. Se meus colegas da Universidade Tufts, Gina Kuperberg e Phillip Holcomb,[2] usassem as variadas técnicas que elaboraram para analisar o cérebro, desde a fMRI* até as técnicas de potencial relacionado a eventos (ERPs),** para esquadrinhar seu cérebro no momento em que você acaba de ler essa sentença, você conseguiria observar ampliações notáveis dos processos exigidos para compreender os sentidos possíveis, variados e mesmo surpreendentes que ela veicula. Por exemplo, depois de encontrar a palavra *tracks* nesse contexto, você veria nas ERPs o que é chamado de resposta N400[3] em muitas regiões ligadas à linguagem. A atividade da onda cerebral por volta de 400 milissegundos nessas áreas dá sinal eletrofisiológico de que seu cérebro acusou uma surpresa. Essas regiões registraram alguma coisa anômala e não prevista – nesse caso, um sentido que não estava inicialmente esperado acerca da palavra *tracks*, particularmente depois que os diferentes sentidos de *tracks* acabaram de ser postos em alerta ou ativados em você durante a última carta. As sentenças em que nossas predições iniciais do sentido de uma palavra não são confirmadas requerem uma pausa cerebralmente fecunda especialmente se, como nesta sentença assombrosa, precisarmos entender as comoventes inferências para as quais as últimas palavras nos dirigem discretamente. Em sentenças como essas, o todo é bem maior do que a soma das partes, e o circuito do cérebro leitor reflete esse fato, variando os processos que são ativados, seus tempos de ativação e os lugares em que a ativação acontece.

O processamento dessa sentença, ou melhor, de qualquer sentença, não é um simples exercício de juntar, em que as atividades perceptuais e linguísticas descritas mais acima nos anéis do cé-

* N.T.: fMRI: Functional Magnetic Resonance Imaging. A criação de imagens por ressonância magnética funcional é uma técnica de pesquisa científica que estuda o funcionamento do cérebro analisando o fluxo do sangue em seus componentes.

** N.T.: ERP é uma sigla para *event-related potentials*, um método destinado a identificar uma atividade cerebral específica decorrente da exposição do cérebro a determinados estímulos.

rebro agora aconteceriam para vinte palavras em sequência. Segundo Andy Clark, quando lemos palavras em sentenças ou num texto mais longo, entramos num território cognitivo novo, em que a predição vai ao encontro da percepção e, de fato, no mais das vezes, a previsão precede a percepção e a prepara.[4] Ainda me assombra o fato de que aquilo que sabemos antes de ler qualquer sentença nos prepara para reconhecer mais depressa e com mais precisão, em cada novo contexto, até mesmo as formas visuais de cada palavra. Nós que somos leitores experientes, processamos e conectamos nossa informação perceptual de baixo nível (isto é, dos primeiros anéis do circuito de leitura) numa velocidade vertiginosa. Somente as velocidades podem nos permitir alocar atenção aos processos de alto nível da leitura profunda, que, por sua vez, encontram sentido num vaivém com os processos de nível mais baixo, preparando-se melhor para as palavras seguintes.

A beleza cognitiva dessas trocas interativas consiste em que elas aceleram tudo desde a percepção até a compreensão. Aceleram a percepção, estreitando as possibilidades daquilo que leremos em seguida, chegando a um conjunto de palavras que correspondem àquilo que Gina Kuperberg chama predições "proativas".[5] É o que qualquer smartphone faz atualmente quando você digita suas palavras, mesmo que, eventualmente, o faça com erros malucos (e às vezes embaraçosos). Essas predições, por sua vez, têm origem em várias fontes, incluindo nossa memória de trabalho daquilo que acabamos de ler e nossa memória de longo prazo de conhecimentos de fundo estocados. Juntas, essas interações entre a percepção, a linguagem e os processos de leitura profunda aceleram nossa compreensão, porque nos permitem ler uma sentença de vinte palavras como um soma de pensamentos preditos muito mais rapidamente do que a soma de informações proporcionadas por vinte palavras lidas uma depois da outra.

A qualidade com que lemos qualquer sentença ou texto depende, porém, das escolhas que fazemos quanto aos tempos que alocamos aos processos de leitura profunda, independentemente do meio. Tudo aquilo que consideraremos daqui em diante neste livro – desde a cultura digital, os hábitos de leitura de nossos filhos e dos filhos de nossos filhos até o papel da contemplação em nós mesmos e na sociedade – fundamenta-se em compreender a alocação de tempo, de importância crucial, mas nunca assegurada, aos processos que formam o circuito da leitura profunda. Isso vale tanto para o desenvolvimento do circuito na infância, quanto para sua preservação no curso de nossas vidas. Os processos de leitura profunda levam anos para se formar, e nós, enquanto sociedade, precisamos estar atentos para seu desenvolvimento em nossos jovens desde muito cedo. É necessário que nós, leitores experientes de nossa sociedade, nos empenhemos em despender os milissegundos extras necessários para manter sempre a leitura profunda.

EINE KLEINE TEST*

Vejamos até que ponto você está mesmo fazendo isso.

Considere estas duas passagens em que o famoso geneticista Francis S. Collins, diretor do Projeto do Genoma Humano, fala da leitura do mais conhecido de todos os textos já escritos, a Bíblia.

> Pegue agora mesmo uma Bíblia e leia o Gênesis do versículo 1:1 ao 2:7. Não dá para substituir o exame do próprio texto, se você estiver tentando entender seu significado.[6]

....

> Apesar de terem-se passado vinte e cinco séculos de debates, parece justo afirmar que nenhum ser humano sabe exatamente qual pretendia ser o sentido dos capítulos 1 e 2 do Gênesis. Deveríamos continuar a explorar isso! Mas a ideia de que as revelações da ciência possam representar um inimigo nessa busca é infundada. Se Deus criou o universo e as leis que o governam, e dotou os seres humanos das capacidades intelectuais que permitem discernir seus modos de funcionar, por que iria Ele querer que nós dispensássemos essas capacidades?[7]

* N.T.: "Um pequeno teste", em alemão no original.

É bem possível que você tenha lido a primeira passagem de Collins, sobre os dois relatos da Criação que a Bíblia traz no primeiro e segundo capítulos do Gênesis, rapidamente e sem esforço. Já a segunda passagem pode ter obrigado você a mais de uma pausa. Seja como for, é mais que provável que você os tenha lido de uma destas duas maneiras: fazendo um esforço considerável para prestar atenção e refletir sobre aquilo que Collins quis dizer sobre ciência e crença religiosa na leitura do Gênesis, ou com a atenção superficial de quem passa por cima. A maneira como você leu essas duas passagens oferece uma janela de acesso com duração de milissegundos tanto à sua própria leitura corrente, como aos dilemas que todos nós estamos encarando neste novo milênio, ao passarmos de uma cultura baseada no letramento e na palavra para outra cultura, bem mais veloz por ser digital e baseada na tela.

Em um de seus poemas, William Stafford escreveu: "uma qualidade da atenção foi dada a você".[8] Era uma descrição poética das camadas cognitivas sob a superfície das palavras que nos convidam a descobrir pensamentos que não podem ser vislumbrados em nenhum outro lugar. A natureza da atenção – que você usou ainda há pouco para explorar ou sobrevoar* as palavras de Collins – subjaz a grandes questões não respondidas, que a sociedade está começando a encarar. Pergunta-se: A qualidade de nossa atenção mudará à medida que lemos em meios que favorecem a imediatez, a alternância de tarefas realizadas num ritmo fulminante e a interferência contínua da distração, em oposição à manutenção constante do foco de nossa atenção?

O que me preocupa enquanto cientista é se os leitores experientes que somos, depois de muitas horas (ou anos) de leitura diária

* N.T.: Traduzimos *skim, skimming* e *skimmer* por *sobrevoar* ou *ler por cima, ler por alto. To skim* tem três sentidos principais: 1. limpar a superfície de um líquido com a escumadeira (como quem tira a nata do leite); 2. sobrevoar um espelho de água como os insetos que só tocam sua superfície para retirar alimento; 3. ler "por cima". Nas teorias da leitura, o *skimming* é um método de leitura rápida que se opõe ao *scanning*, e estes dois termos do inglês são hoje adotados por muitos estudiosos brasileiros. Evitamos usar a forma *skimming* neste livro porque para Maryanne Wolf o *skimming* não é um método de leitura, e sim um modo de ler, aliás problemático, que se opõe à leitura profunda.

na tela, não estaremos transferindo sutilmente a alocação de nossa atenção para processos-chave, quando lemos textos mais longos e mais exigentes. A qualidade de nossa atenção enquanto lemos – base da qualidade de nosso pensamento – vai ou não mudar inexoravelmente à medida que deixamos para trás uma cultura baseada no impresso e passamos para uma cultura digital? Quais são as ameaças cognitivas e as promessas dessa transição? Para compreender o que podemos estar perdendo e o que podemos ganhar, por adquirir e usar as habilidades necessárias para a vida diária no século XXI, pretendo mergulhar diretamente no cerne do assunto, por meio de um exame dos múltiplos tipos de processos de leitura profunda que compõem o circuito do cérebro leitor experiente, de modo que suas diferentes capacidades falem por si mesmas. Os processos de leitura profunda aqui descritos não pretendem ser uma lista exclusiva, nem aparecem no cérebro em qualquer sequência ou configuração específica. Em sua função, alguns são mais evocativos, alguns mais analíticos, outros ainda, mais gerativos. Dependendo do tipo de leitura, processos complexos múltiplos se ativam em acoplamento dinâmico no circuito cerebral da leitura, passando um *input* de um para o outro, e, conforme já referido, com o *input* vindo da palavra anterior. Independentemente de sua sequência, como disse o velho criado chinês a seus jovens pupilos no livro *A leste do Eden*, de John Steinbeck, "no final há luz".[9]

Os processos evocativos da leitura profunda

> Quando refletimos que "sentença" significa, literalmente, "um modo de pensar" [...] nos damos conta de que [...] uma sentença é ao mesmo tempo a oportunidade e o limite do pensamento – aquilo com que temos que pensar, e aquilo em que temos que pensar. É, além disso, um pensamento passível de *ser sentido* [...]. É um padrão de significação que sentimos.
>
> Wendell Berry[10]

IMAGENS

A maneira como Wendell Berry concebe a sentença – como "um pensamento passível de *ser sentido*" – é um bom gancho para um dos processos sensorialmente evocativos mais tangíveis da leitura profunda: nossa capacidade de formar imagens quando lemos. Mas como fazemos isso? Como salientava o artista-escritor Peter Mendelsund, aquilo que "vemos"[11] enquanto estamos lendo ajuda-nos a cocriar imagens com o autor ou, às vezes, como acontece com certo tipo de ficção, no lugar do autor. É parecido com a voz do narrador que ouvimos tanto na ficção como na não ficção. Essa substituição é assim descrita por um romancista: "Abre um livro, e há uma voz que fala.[12] Um mundo mais ou menos estranho ou acolhedor emerge para enriquecer o estoque de hipóteses do leitor sobre como se deve compreender a vida". Assim, quando você vê a descrição de Huckleberry Finn por Mark Twain, ou o retrato de Celie por Alice Walker* ou o uso da voz de Nick Carraway por F. Scott Fitzgerald para descrever Jay Gatsby,** você poderia quase identificar essas personagens numa multidão. Juntos, você e o autor constroem imagens a partir de um conjunto de detalhes sensoriais cuidadosamente escolhidos, transmitidos apenas por palavras.

Tome-se um dos contos breves mais impactantes já escritos. Ele foi o resultado de um desafio lançado a Ernest Hemingway por seu grupo turbulento de amigos escritores. Apostaram que Hemingway não conseguiria escrever um conto em seis palavras. Não chega a ser surpresa que Hemingway tenha aceitado e ganhado o desafio. A surpresa é que ele achava que essa história era um de seus melhores escritos. E estava certo. Com um mínimo absoluto de palavras, ele evocou uma das mais poderosas imagens

---

* N.T.: O romance *The Color Purple* (*A cor púrpura*), de Alice Walker (1982), começa com uma narrativa seca em que a protagonista feminina Celie narra ter sido estuprada pelo padrasto. Elogiado por suas qualidades literárias e pela linguagem utilizada, o livro rendeu à autora o primeiro prêmio Pulitzer outorgado a uma afro-americana. Posteriormente, foi transformado por Steven Spielberg num filme de grande sucesso.

** N.T.: Nick Carraway é a personagem que, no romance *The Great Gatsby*, de F. Scott Fitzgerald, tem o papel de narrador e, nessa condição, traça o retrato de Jay Gatsby, seu antigo companheiro de armas.

visuais, e também um pouco dos mesmos processos de leitura profunda que poderíamos usar ao ler seus trabalhos mais longos. Aqui está sua história em seis palavras:

> *For sale: baby shoes never worn.*[13]

Poucos exemplos de apenas seis palavras conseguiram transmitir um golpe tão direto. Percebemos com intuitiva certeza por que os sapatos nunca foram usados. Antes dessa tomada de consciência, você terá visto com os olhos de sua mente a imagem de um par de sapatinhos de bebê largados em um canto, provavelmente com lacinhos novos e sem qualquer indício de marcas de um pezinho. Uma imagem como essa terá dado um triste acesso ao seu repertório de conhecimento de fundo que o ajudou a inferir todo um roteiro por trás da informação superficial de venda. Ao mesmo tempo, as interações com seu próprio conhecimento, imagens e processos inferenciais de fundo ajudaram você a passar de sua própria perspectiva à perspectiva de outros, com todo o emaranhado de emoções que isso possa ter acrescentado.

Recapitulando: em seis breves palavras, Hemingway apresentou uma imagem capaz de dar ao leitor uma série de emoções pessoais: uma sensação dolorosa dos sentimentos que uma perda como essa traria; um alívio quase reprimido por não ter tido essa experiência, com a pontada de culpa que se segue a esse sentimento de alívio; e talvez um misto de oração e esperança de nunca conhecer essa experiência mais de perto. Poucos escritores seriam capazes de nos levar para essa mistura de sentimentos desesperados por meio de uma tal economia de palavras. Mas meu foco aqui não é a economia de inspiração jornalística que Hemingway consegue ao escrever, e sim a capacidade das imagens de nos ajudar a adentrar as múltiplas camadas do sentido que pode haver num texto e também entender os pensamentos e sentimentos dos outros.

Empatia: "transportar-se" à perspectiva dos outros

> Apenas conecte-se.
>
> E. M. Forster[14]

O ato de assumir a perspectiva e os sentimentos de outros é uma das contribuições mais profundas e insuficientemente anunciadas dos processos de leitura profunda. A descrição proustiana desse "fértil milagre da comunicação realizado na solidão" retrata uma dimensão emocional íntima no interior da experiência de ler: a capacidade de comunicar e de se sentir junto a outrem sem sair um palmo de nossos mundos particulares. Essa capacidade transmitida pela escrita de sair e ainda assim não sair da própria esfera – é o que deu à introvertida Emily Dickinson o que ela chamava sua "fragata pessoal dirigida a outras vidas e outras terras" fora de seu observatório na Main Street de Amherst, Massachussets.

O narrador-teólogo John S. Dunne descreveu esse processo de encontro e tomada de perspectiva na leitura como o ato de "transportar-se" pelo qual entramos na imaginação, nos sentimentos e nos pensamentos dos outros graças a um tipo particular de empatia: "O transportar-se nunca é total, mas sempre parcial e incompleto. E existe um processo igual e oposto de *retornar* a si mesmo".[15] É uma bela descrição de como saímos de nossas visões de mundo inerentemente limitadas para entrar no mundo de outra pessoa e retornar acrescidos. Em *Love's Mind*, seu luminoso livro sobre a contemplação, Dunne expandiu assim o *insight* de Proust: "Esse 'fértil milagre[16] da comunicação realizado na solidão' já pode ser uma forma de *aprender a amar*". Dunne via o paradoxo que Proust descrevia como parte da leitura – em que há comunicação a despeito da natureza solitária do ato de ler – como uma preparação inesperada para nossos esforços por chegar a conhecer outros seres humanos, compreender o que eles sentem e começar a mudar nosso entendimento de quem é ou o que é o "outro". Para teólogos como John Dunne e escritores como Gish Jen,[17] cujo trabalho de uma vida ilumina esse princípio tanto na ficção quanto na não ficção, o ato de ler é um lugar especial em que os seres humanos são libertados de si mesmos para se transportarem a outros e, assim, aprender o que significa ser outra pessoa com aspirações, dúvidas e emoções que nunca teriam conhecido de outro modo.

Um exemplo poderoso dos efeitos transformadores desse "transportar-se" me foi narrado por um professor de teatro, formado em Berkeley, que trabalha com adolescentes em pleno meio oeste. Uma estudante, uma bela menina de 13 anos, procurou-o querendo participar de seu grupo de teatro que representava as peças de William Shakespeare. Seria um pedido corriqueiro, não se tratasse de uma menina que sofria de uma fibrose cística avançada a quem haviam dito que lhe restava pouco tempo de vida. Esse incrível professor deu à garota um papel que, segundo ele, lhe daria os sentimentos de amor e paixão românticos que ela provavelmente nunca provaria em vida. Ela se tornou a Julieta perfeita. Quase da noite para o dia, memorizou as falas de *Romeu e Julieta* como se já tivesse representado esse papel uma centena de vezes.

Mas foi o que aconteceu em seguida que impressionou a todos que a cercavam. Ela foi adiante, encarnando uma heroína shakespeariana depois da outra, cada papel representado com mais profundidade emocional e mais força do que o anterior. Passaram-se anos. Contrariando todas as expectativas e prognósticos médicos, ela entrou na faculdade, onde cursa Medicina e Teatro, continuando a "se transportar" de um papel a outro.

O exemplo excepcional da jovem não é tanto sobre se a mente e o coração conseguem superar as limitações do corpo; é antes sobre a fantástica experiência que entrar na vida de outros pode significar para nossas próprias vidas. O teatro torna visível esse "transportar-se" que ocorre durante leituras mais profundas e imersivas. Acolhemos o Outro como um hóspede em nós mesmos e, por momentos, nos tornamos o Outro. Por um determinado tempo, abandonamos a nós mesmos; e quando retornamos, às vezes acrescidos e fortalecidos, estamos mudados intelectual e emocionalmente. E às vezes, como nos mostra o exemplo notável dessa jovem, chegamos a experimentar aquilo que a vida nos negou. É um presente de valor incalculável.

E há um presente dentro do presente. Assumir uma perspectiva não só conecta nossa empatia com o que acabamos de ler, mas também expande nosso conhecimento interiorizado do mundo. São capacidades aprendidas que ajudam a nos tornar mais humanos, quer como criança que lê *Frog and Toad** e aprende o que faz Toad quando Frog está doente, quer como adulto que lê *Beloved* (*Amada*), de Toni Morrison, *Underground Railroad*, de Colson Whitehead, ou *I Am Not Your Negro* (*Eu não sou seu negro*), de James Baldwin,** e prova a perversidade que arruína a alma na escravidão e o desespero dos que são condenados a ela ou ao seu legado.

Através dessa dimensão transformadora da consciência do ato de ler, aprendemos a sentir o que significa estar desesperados e desesperançados ou extáticos e torturados com sentimentos não verbalizados. Não lembro quantas vezes li o que sentiu cada uma das heroínas de Jane Austen – Emma, Fanny Price, Elizabeth Bennet em *Pride and Prejudice* (*Orgulho e preconceito*)*** ou, em sua mais recente encarnação, em *Eligible: A Modern Retelling of Pride*

---

* N.T.: Os amigos Frog e Toad são os protagonistas de alguns livros infantis de grande sucesso, que nasceram na década de 1970, na pena do desenhista Arnold Lobel. Famosos pelo tratamento que dão à amizade, esses livros já inspiraram filme e espetáculos teatrais.

** N.T.: Publicados respectivamente em 1987 e 2016, *Beloved* (*Amada*, ed. brasileira, Cia. das Letras, 2011), de Toni Morrison, e *Underground railroad*, de Colson Whitehead são obras de ficção cujas personagens foram marcadas pela condição de escravo. *I Am Not Your Negro* (*Eu não sou seu negro*) é o título de um documentário lançado em 2016 com base em *Remember this House*, um manuscrito inacabado do escritor negro James Baldwin (1924-1987). O tema é a questão racial, reconstituída a partir das lembranças do próprio Baldwin.

*** N.T.: O romance *Pride and Prejudice* (*Orgulho e preconceito*), cuja protagonista é Elizabeth, já citada na Carta 1, é obra da escritora britânica Jane Austen (1775-1817). Contando a história das cinco irmãs Bennett e das vicissitudes que vivem na tentativa de conseguir um bom casamento, acaba por discutir questões importantes para a sociedade da época, como o próprio casamento, as diferenças de classe e o papel social das aparências. Publicado em 1813, *Pride and Prejudice* foi objeto de inúmeras adaptações para o teatro e cinema, e seu enredo já foi ponto de partida de várias obras mais recentes, que o imitam ou prolongam. Uma dessas obras é *Eligible, A Modern Retelling of Pride and Prejudice*, citado na sequência, da romancista americana Curtis Sittenfeld (2016).

and Prejudice, de Curtis Sittenfeld. O que sei é que cada uma dessas personagens viveu emoções que ajudaram a compreender a variedade dos sentimentos contraditórios que cada um de nós possui; essa compreensão faz com que nos sintamos menos sós com nosso emaranhado particular e complexo de emoções, quaisquer que sejam as circunstâncias de nossa vida. Conforme se diz na peça *Shadowlands*, que é sobre a vida de C. S. Lewis,* "Lemos para saber que não estamos sós".[18]

Na verdade, se tivermos muita sorte, podemos experimentar uma forma especial de amor por aqueles que povoam nossos livros e mesmo, ocasionalmente, pelos autores. Uma das versões mais concretas deste último conceito pode ser encontrada na mais improvável das personagens históricas, Nicolau Maquiavel. Para poder entrar melhor na consciência dos autores que estava lendo e "conversar" com eles, Maquiavel se vestia formalmente no estilo de roupas adequado aos autores e suas diferentes épocas. Numa carta para o diplomata Francesco Vettori, em 1513, ele escreveu:

> Não tenho vergonha de falar com eles e de lhes perguntar as razões de suas ações; e eles, com toda a gentileza, me respondem; podem passar-se quatro horas, e eu não sinto tédio, esqueço qualquer preocupação, não temo a miséria, não me assusta a morte; eu me entrego inteiramente a eles.[19]

Nesta passagem, Maquiavel exemplifica não somente a dimensão da leitura profunda que consiste em adotar outras perspectivas, mas também a capacidade de deixar-se transportar para além de nossas realidades presentes, para um espaço fechado em que podemos experimentar uma coparticipação nos inevitáveis fardos que distinguem a maior parte da existência humana, qualquer que seja a

---

* N.T.: C. Staples Lewis (1898-1963) foi um famoso escritor, crítico literário e radialista britânico, que ocupou posições importantes nas universidades de Oxford e Cambridge. Uma de suas obras mais conhecidas é *Crônicas de Nárnia*. C. S. Lewis foi protagonista de uma das mais célebres conversões ao catolicismo do século XX, religião à qual dedicou obras de caráter apologético. Seu casamento e convivência com a poeta americana Joy Davidman Gresham foi tema, em 1983, do telefilme *Shadowlands*, e em 1993 de um filme com o mesmo nome com Anthony Hopkins e Debra Winger.

época: medo, ansiedade, solidão, enfermidade, incertezas do amor, perda e rejeição, às vezes a própria morte. Não tenho dúvidas de que um pouco disso era o que sentia a jovem Susan Sontag quando olhava sua estante e sentia que estava "olhando para meus cinquenta amigos. O livro era, por assim dizer, a travessia por um espelho. Eu poderia ir para outro lugar".[20] E certamente foi disso que esses autores deram testemunho ao falar da dimensão comunicativa da leitura e do que significa, em qualquer idade, sair de si mesmo para adentrar a consolação benfazeja da companhia de outros, fossem eles personagens ficcionais, figuras históricas ou os próprios autores.

Que essa imersão gratuita na vida proporcionada pela leitura possa estar ameaçada em nossa cultura vem se tornando motivo de preocupação para um número crescente de pessoas em nossa sociedade, incluindo uma equipe da National Public Radio, que fez uma entrevista inteira comigo para tratar das inquietações pessoais de seus integrantes a respeito dessa perda. Muitas coisas serão perdidas se abrirmos mão, aos poucos, da *paciência cognitiva* de mergulhar nos mundos criados pelos livros e pelas vidas e sentimentos dos "amigos" que os habitam. E, embora seja uma maravilha que o cinema e os filmes possam fazer algo nessa direção, há uma diferença na qualidade da imersão que se torna possível quando adentramos o pensamento articulado dos outros. O que acontecerá com os jovens leitores que nunca encontram e entendem pensamentos e sentimentos de alguém totalmente diferente? O que acontecerá com os leitores mais velhos que começam a perder contato com esse sentimento de empatia por pessoas com quem não têm contato ou parentesco?* É receita certa para ignorância, medo e incompreensão inconscientes, capazes de levar a formas belicosas de intolerância que são o oposto dos objetivos originais dos Estados Unidos para seus cidadãos de várias culturas.

Esses pensamentos e a esperança correlativa são temas frequentes nos escritos da romancista Marilynne Robinson, que o ex-

* N.T.: O original inglês diz *empathy for people outside their ken or kin*, jogando com a semelhança fônica e com a diferença de sentido dessas duas palavras.

presidente Barack Obama descreveu como uma "especialista em empatia".[21] Em uma das mais notáveis trocas de ideias requisitadas a seu pedido durante seu mandato, Obama visitou Robinson numa viagem a Iowa. Durante a conversa abrangente que tiveram, Robinson lamentou o que parecia uma tendência política muito disseminada nos Estados Unidos: encarar as pessoas diferentes como o "outro sinistro". Caracterizou isso como um "desdobramento perigosíssimo, se quisermos continuar sendo uma democracia".[22] Escrevendo quer sobre o declínio do humanismo, quer sobre a capacidade que tem o medo de apequenar os próprios valores defendidos pelos que fazem dele uma arma, ela caracteriza a capacidade dos livros de nos ajudar a compreender a perspectiva dos outros como um antídoto contra os temores e preconceitos que muitos abrigam, muitas vezes sem saber. Obama contou à Robinson que as coisas mais importantes que ele havia aprendido sobre o que é um cidadão vieram dos romances: "Isso tem a ver com empatia.Tem a ver com aceitar que o mundo é complicado e cheio de áreas cinzentas, mas que ainda há verdades a serem descobertas, e que você precisa lutar por isso e *trabalhar* para isso. E também admitir que é possível relacionar-se com outras pessoas, mesmo pessoas muito diferentes de você".[23]

As lições extremamente reais sobre empatia que Obama e Robinson discutiram podem começar vivenciando outras vidas, mas são aprofundadas pelo trabalho que decorre de assumir uma perspectiva – quando alguma coisa que lemos nos obriga a examinar nossos próprios juízos prévios e a vida dos outros. A história *A Manual for Cleaning Women* (*Manual da faxineira*), de Lucia Berlin, é um exemplo para mim. Quando comecei a ler essa história, vi a faxineira protagonista inconsciente das tragédias cotidianas em curso sob a superfície de seus lugares de trabalho. Até que li a última sentença, que punha fim à história com sua fala "Finalmente eu choro".[24] Tudo aquilo que eu tinha deduzido a respeito da faxineira narradora caiu por terra na última linha. Minhas inferências falsas e limitadoras voaram janela afora como acontece quando enxergamos os preconceitos que carregamos para dentro de uma leitura. Sem dúvida, era essa a lição de humildade que Berlin queria passar aos leitores.

O livro de James Carroll *Christ Actually: The Son of God for the Secular Age*[25] descreve uma confrontação semelhante com tomada de perspectiva, neste caso num contexto de não ficção. Carroll relata sua experiência de jovem católico fervoroso lendo o *Anne Frank, The Diary of a Young Girl* (*Diário de Anne Frank*). Ele descreve a epifania arrebatadora que teve ao entrar na vida dessa menina judia, com todas as suas esperanças de adolescente e com o entusiasmo pela vida que ela manteve apesar de vítima do ódio violento aos judeus, que acabaria por destruir a ela e à sua família.

Entrar na perspectiva dessa jovem estrangeira proporcionou ao jovem James Carroll um rito de passagem inesperado. Desde as memoráveis descrições de seus conflitos com o pai militar e general durante a crise do Vietnã em *An American Requiem: God, My Father, and the War that Came Between Us*, até a descrição das relações entre judaísmo e cristianismo em *Constantine's Sword: the Church and the Jews: A History*, cada um de seus livros gira em torno da necessidade de compreender, num nível mais profundo, a perspectiva do *outro*, seja no Vietnã, seja num campo de concentração alemão.

Em *Christ Actually*, ele usou a vida e o pensamento do teólogo alemão do início do século XX Dietrich Bonhoeffer[26] para sublinhar as consequências capitais do fracasso humano em assumir a perspectiva do outro. Bonhoeffer pregou e escreveu implacavelmente, primeiro de um púlpito e depois de uma cela, sobre a trágica incapacidade da maioria das pessoas de seu tempo para compreender a perspectiva do Jesus histórico enquanto judeu, e para olhar para a perseguição contra os judeus na Alemanha pela perspectiva dos próprios judeus. No âmago de seu último trabalho, perguntou: como teria reagido à Alemanha nazista o Cristo histórico? "Somente aquele que[27] grita em favor dos judeus", afirmou, pode "cantar seus cantos gregorianos". Essa conclusão o levou a agir contra suas próprias crenças religiosas a respeito do homicídio, contribuindo para dois atentados malogrados contra a vida de Hitler e, finalmente, a ser morto num campo de concentração por ordem direta do representante do Führer.

Escrevo esta carta num momento em que milhões de refugiados – a maioria muçulmanos – estão fugindo de condições horrendas e tentando entrar na Europa, nos Estados Unidos ou em qualquer outro lugar em que possam retomar suas vidas. Escrevo esta carta no dia em que um garoto judeu de minha cidade de Boston foi morto em Israel durante seu ano livre antes da universidade, porque foi visto por um jovem palestino como o "outro, inimigo". Desenvolver as mais profundas formas de leitura não evita todas essas tragédias, mas a compreensão da perspectiva dos outros seres humanos pode dar razões sempre novas e variadas para encontrar maneiras alternativas e empáticas de lidar com os outros que habitam nosso mundo, quer sejam crianças muçulmanas inocentes atravessando mares abertos traiçoeiros ou um garoto judeu do colégio Maimonides de Boston, todos mortos a muitas milhas de seus lares.

A realidade perturbadora é, porém, que, sem ser percebido por muitos de nós, entre os quais eu mesma até recentemente, um inesperado declínio da empatia está tomando conta de nossos jovens. A estudiosa do MIT Sherry Turkle descreveu[28] um estudo de Sara Konrath e seu grupo de pesquisas da Universidade de Stanford que mostrava um declínio de 40% na empatia de nossa população jovem durante as últimas duas décadas, com queda mais acentuada durante os últimos dez anos. Turkle atribui a perda de empatia em grande parte à incapacidade dos jovens de navegar o mundo online sem desligar-se do mundo real.[29] Em sua opinião, nossas tecnologias nos colocam numa distância que muda não só quem somos como indivíduos, mas também quem somos uns com os outros.

Ler nos níveis mais profundos pode proporcionar um antídoto contra a tendência a afastar-se da empatia. Mas não se deixe enganar: a empatia não diz respeito somente a ser compassivo com os outros; sua importância vai mais longe. Porque diz respeito também a um conhecimento em profundidade do Outro, uma qualidade essencial num mundo em que há conexão crescente entre culturas distintas. A pesquisa em neurociências cognitivas indica que aquilo que chamo "adotar a perspectiva" representa um misto complexo de processos cognitivos, sociais e emocionais que deixa fortes marcas nos circuitos do cérebro leitor. A pesquisa do cérebro por imagem da neurocientista alemã Tania Singer expande os conceitos anteriores de empatia, mostrando que a empatia envolve uma inteira rede de sentimentos e pensamentos que conecta a visão, a linguagem e a cognição com amplas redes subcorticais.[30] Singer ressalta que essa rede mais ampla compreende, entre outras áreas, as redes neuronais amplamente conectadas para a teoria da mente, incluindo a ínsula e o córtex cingulado, cuja função é conectar expansões extensas do cérebro. A teoria da mente faz alusão a uma capacidade humana essencial (frequentemente não desenvolvida em muitos indivíduos no espectro do autismo e perdida numa condição patológica chamada *alexitimia*), que permite perceber, analisar e interpretar os pensamentos e sentimentos de outros em nossas interações sociais com eles. Singer e seus colegas descrevem como os abundantes neurônios dessa área servem unicamente para a rapidíssima comunicação necessária para a empatia, entre essas áreas e outras regiões corticais e subcorticais, incluindo, vejam só, o córtex motor.

Embora possa parecer um salto figurativo pensar que o córtex motor é ativado quando você lê, essa ativação está próxima de um salto cortical literal. Reconstrua a imagem fugaz evocada na última carta pela imagem de Anna Karenina que se joga sobre os trilhos. Quem leu essa passagem no romance de Tolstoi *também se jogou*. Muito provavelmente, os mesmos neurônios que você utiliza quando mexe as pernas e o tronco são ativados também quando você lê que Anna se jogou na frente do trem. Uma grande parte de seu cérebro foi ativada tanto pela empatia ante o desespero visceral da personagem, quanto pela ação motora de neurônios-espelho[31] interpretando esse desespero.

Embora os neurônios-espelho tenham se tornado mais famosos do que totalmente compreendidos, eles têm um papel fascinante na leitura. Em um dos artigos com título mais intrigante nesta área de pesquisa – "Your Brain on Jane Austen"("Seu cérebro [ligado] em Jane Austen", em tradução livre) –,[32] a pesquisadora da literatura do século XVIII Nathalie Phillips e os neurocientistas de Stanford estudaram o que acontece quando lemos ficção de maneiras diferentes, isto é, com e sem "atenção especial" (pense novamente nas duas citações de Collins). Phillips e os colegas descobriram que quando lemos um texto de ficção "atentamente", ativamos regiões do cérebro alinhadas com aquilo que as personagens estão sentindo e fazendo. Ficaram deveras surpresos com o fato de que, quando os alunos de pós-graduação em literatura participantes da pesquisa liam com atenção ou apenas por entretenimento, eram ativadas diferentes regiões do cérebro, aí incluídas múltiplas áreas envolvidas no movimento e no tato.

Num trabalho correlato, neurocientistas da Universidade de Emory e da Universidade de York mostraram que as redes das áreas responsáveis pelo tato, chamadas de córtex somatossensorial, são ativadas quando lemos metáforas sobre textura e que os neurônios motores são ativados quando lemos sobre movimento. Por exemplo, quando lemos sobre a saia de seda de Emma Bovary,[33]* ficam ativadas nossas áreas do tato, e quando lemos que Emma Bovary tropeça ao descer de sua carruagem para perseguir correndo Léon, seu amante jovem e inconstante, ficam ativadas áreas responsáveis pelo movimento em nosso córtex e, muito provavelmente, as que se encontram em muitas áreas afetivas.

Esses estudos são o começo de um trabalho que vem crescendo sobre o lugar da empatia e da adoção de perspectiva na neurociência da literatura. O cientista cognitivo Keith Oatley, que estuda a psicologia da ficção, demonstrou que há uma forte relação entre ler ficção e o envolvimento nos processos cognitivos que sabemos serem subjacentes tanto à empatia quanto à teoria da mente. Oatley e seu colega da Universidade de York Raymond Mar sugerem que o processo de assumir[34] a consciência do outro ao ler ficção, bem como a natureza do conteúdo da ficção – em que as grandes emoções e conflitos da vida são constantemente representados – não só contribuem para nossa empatia, mas também representam o que o cientista social Frank Hakemulder chamou de "nosso laboratório moral".[35] Nesse sentido,

* N.T.: *Emma Bovary* é a protagonista de Madame Bovary (1857), romance realista de Gustave Flaubert que aborda o tédio e as frustrações e desventuras de uma moça criada no campo que, casada com um paramédico sem ambições, adere fantasiosamente ao materialismo da classe burguesa e à sociedade de consumo que se formava no século XIX, impulsionada pela Revolução Industrial. As duas passagens citadas no texto são episódios antológicos do livro.

quando lemos ficção, o cérebro simula ativamente a consciência de outra pessoa, incluindo aquelas que nunca sequer imaginaríamos conhecer. Permite-nos experimentar, por alguns momentos, o que significa verdadeiramente ser uma outra pessoa, com todas as emoções e conflitos semelhantes e às vezes completamente diferentes que governam as vidas alheias. O circuito da leitura é construído sobre essas simulações; e assim o são também as nossas vidas cotidianas, bem como as vidas daqueles que conduziriam outros.

A romancista Jane Smiley alerta que é precisamente esta dimensão da ficção a mais ameaçada por nossa cultura: "Meu palpite é que a tecnologia, por si só, não matará o romance [...] Mas os romances podem ser escanteados [...]. Quando isso acontecer, nossa sociedade será brutalizada e tornada tosca por pessoas que [...] não têm meios de nos compreender ou não têm meios de compreender umas às outras."[36] É uma advertência arrepiante de quão importante é a vida da leitura para os seres humanos, se o objetivo for criar uma verdadeira sociedade democrática para todos.

A empatia envolve, portanto, conhecimento e sentimento. Envolve abandonar conjeturas do passado e aprofundar nossa compreensão intelectual de outra pessoa, de outra religião, de outra cultura ou época. Neste momento de nossa história coletiva, a capacidade de ter um conhecimento empático dos outros pode ser nosso melhor antídoto para a "cultura da indiferença" descrita por líderes espirituais como o Dalai Lama, o bispo Desmond Tutu e o papa Francisco. Pode ser também a melhor ponte para outros com quem precisamos trabalhar, de modo a tornar o mundo mais seguro para todos os seus habitantes. No espaço cognitivo muito especial que há no circuito do cérebro leitor, o orgulho e o preconceito podem dissolver-se gradualmente ao passar pela compreensão empática da mente do outro.

A pesquisa sobre a empatia no cérebro leitor que vem surgindo ilustra fisiológica, cognitiva, política e culturalmente quão importante é o sentimento e o pensamento continuarem conectados no circuito de leitura de cada pessoa. A qualidade de nossos pensamentos depende do conhecimento de fundo e dos sentimentos que cada um mobiliza.

O conhecimento de fundo

> Quem é cada um de nós se não uma combinatória de experiências, informações, livros que lemos [...]. Cada vida é uma enciclopédia, uma biblioteca.
>
> Ítalo Calvino[37]

Muitos alunos do primeiro ano conseguiriam decodificar a história em seis palavras de Hemingway, mas não teriam o conhecimento de fundo necessário para inferir seu sentido profundo ou para sentir qualquer das emoções que você e eu experimentamos ao lê-lo. No curso da vida, tudo aquilo que lemos se soma a um acervo de conhecimentos que é a base de nossa capacidade de compreender e predizer tudo aquilo que lemos.

Por acervo, não me refiro somente a fatos, embora eles lá estejam com toda a certeza. Alguns de nossos melhores escritores escreveram eloquentemente sobre os conceitos fundamentais que a leitura de livros deu a suas vidas. Em seu belo trabalho *A History of Reading* (*Uma história da leitura*), Alberto Manguel exemplifica esse componente essencial da leitura profunda quando escreve que a leitura é cumulativa.[38] Na adolescência, Manguel trabalhou na Livraria Pygmalion, em Buenos Aires. Ali conheceu o mais ilustre freguês da Pygmalion, o famoso escritor argentino Jorge Luis Borges, que frequentava a livraria para encontrar não só livros, mas também novos leitores. Borges tinha começado a ficar cego por volta dos 50 anos e contratava uma pessoa depois de outra da livraria para ler para ele. A história de como Manguel se tornou leitor para Borges é um dos relatos mais tocantes sobre dois escritores dos mais respeitados, um deles já mundialmente famoso e o outro prestes a escrever seus primeiros trabalhos. Aquilo que Manguel aprendeu na biblioteca pessoal de Borges perpassa todos os livros que escreveria posteriormente, desde *A Reader on Reading (Um leitor sobre a leitura)* até *The Library at Night (A biblioteca de noite)*: ou seja, o profundo impacto dos livros nas vidas e nos acervos de conhecimento daqueles que os leem.

Os livros e as histórias pessoais de Manguel e Borges nos fornecem retratos da inestimável importância do acervo de conhecimentos de fundo único que nos advém daquilo que lemos. Refiro-me aqui a *o que* lemos e *como* lemos: e me pergunto se o conteúdo do que estamos lendo em nosso contexto nos proporciona conhecimento de fundo suficiente para as necessidades específicas da vida no século XXI, e também para a formação do circuito da leitura profunda. Enquanto sociedade, parece que estamos deixando de ser um grupo de leitores experientes, dotados de plataformas pessoais, internas, de conhecimentos de fundo, e nos tornando um grupo de leitores experientes que dependem cada vez mais de provedores externos de conhecimentos, semelhantes entre si. Quero compreender as consequências e os custos de perder aquelas fontes de conhecimento internas formadas individualmente, sem perder de vista a abundância de informações a nosso dispor na ponta dos dedos.

Segundo Albert Einstein, nossas teorias do mundo determinam aquilo que vemos. Isso vale também para a leitura. Temos de estar no leme dos fatos para ver e avaliar as informações novas, qualquer que seja o meio que as transmite. Se o brilhante futurólogo Ray Kurzweil estiver correto, pode tornar-se possível implantar todas essas fontes externas de informação e conhecimento no cérebro humano, mas, no momento, essa não é uma opção tecnológica, fisiológica e ética.[39] Por enquanto, nosso conhecimento interior de fundo é tão essencial para o resto da leitura profunda como o sal o era para a carne de porco do rei Lear* e, talvez, tão pouco apreciado como o próprio sal, até que comece a faltar. A relação entre o que lemos e o que sabemos será fundamentalmente alterada por uma confiança prematura e excessiva em relação ao conhecimento externo. Temos de usar nossa própria base de conhecimentos ao colher a informa-

* N.T.: Uma lenda europeia falava de um rei, que duvidava do amor da filha caçula, que teria dito que "gostava dele como a carne de porco gosta de sal", ao passo que as filhas mais velhas diziam gostar dele como se gosta de ouro e prata. Um dia, a caçula cozinha para o rei carne de porco sem sal, e ele reconhece que estava errado. Shakeaspeare retoma o tema em *King Lear,* em que a filha caçula é aquela que mais ama o pai; mas reserva o fim mais triste justamente para esta filha, que se suicida.

ção nova e interpretá-la com inferência e análise crítica. Os contornos da alternativa parecem claros: tornar-nos-emos seres cada vez mais suscetíveis de ser guiados por informações às vezes duvidosas, às vezes falsas, que confundimos com conhecimentos ou, pior, tanto faz se são conhecimento ou não.

Diante de nossos olhos há uma resposta para tais cenários, na relação recíproca entre conhecimento de fundo e leitura profunda. Quem lê cuidadosamente, consegue distinguir melhor o que é verdade e acrescentar o que sabe. Ralph Waldo Emerson descreveu esse aspecto da leitura em seu extraordinário discurso "The American Scholar": "Quando a mente é preparada com trabalho e inventividade, a página de qualquer livro se ilumina com múltiplas alusões. Qualquer sentença é duplamente significativa".[40] Em suas pesquisas sobre a leitura, o psicólogo cognitivo Keith Stanovitch sugeriu algum tempo atrás algo semelhante sobre o desenvolvimento do conhecimento de palavras. Durante a infância, disse ele, quem tem riqueza de palavras torna-se mais rico, e quem é pobre em palavras torna-se mais pobre, um efeito que ele chamou o "Efeito-Mateus"[41] por referência a uma passagem do Novo Testamento. Há um efeito de Mateus-Emerson também para o conhecimento de fundo: aqueles que leram amplamente e bem terão muitos recursos para aplicar àquilo que leem; aqueles que não o fizeram terão menos coisas para aplicar, o que, por sua vez, lhes dá uma base menor para inferência, dedução e pensamento analógico, tornando-os vítimas potenciais de informações não confirmadas, sejam elas falsas ou invencionices completas. *Nossos jovens não saberão o que é que não sabem.*

Outros também não. Sem conhecimento de fundo suficiente, os demais processos da leitura profunda serão acionados menos frequentemente, levando as pessoas a nunca ultrapassar os limites do que já sabem. Para que o conhecimento evolua, são necessários acréscimos constantes ao nosso conhecimento de fundo. Paradoxalmente, a maior parte da informação factual provém hoje de fontes externas que podem não ter credibilidade. O modo como analisamos e usamos essas informações e se paramos ou não de acionar os demorados processos críticos necessários para avaliar a informação nova terá impacto significativo em nosso futuro. Uma vez ausentes os controles e checagens proporcionados por nosso conhecimento anterior e por nossos processos analíticos, corremos o risco[42] de digerir as informações sem questionar se a qualidade ou prioridade atribuídas a elas são corretas e isentas de motivações externas e preconceitos.

Precisamos garantir que os seres humanos não cairão na armadilha apontada por Edward Tanner: "Seria uma vergonha se a tecnologia brilhante acabasse por ameaçar o tipo de intelecto que a produziu".[43] Numa conferência recente, o diretor do sistema de bibliotecas da Universidade de Alberta, Gerald Beasley, falou sobre os efeitos da transição para o digital no destino dos livros: "O momento que estamos vivendo é de indefinição. Enquanto for assim, precisamos ser os 'guardiães dos atributos do livro'".[44] O mesmo vale para a defesa dos atributos dos leitores, atributos esses que começam e terminam naquilo que o leitor sabe.

Em uma de suas mais famosas afirmações sobre descobertas científicas, Louis Pasteur escreveu: "A sorte só chega para a mente preparada".[45] Essa afirmação elegante também poderia descrever de maneira exata o papel desempenhado pelo conhecimento de fundo no cérebro que lê em profundidade. E descreve de maneira apropriada a passagem que leva do preparo da mente para a leitura até o uso de nossas capacidades mais analógicas na construção e análise de informações, e na criteriosa avaliação destas como matéria-prima de *insights* e pensamentos inteiramente novos.

Para preparar você para esses próximos processos, terminarei esta seção com leveza, usando outra *"short short story"* da autora de ficção científica Eileen Gunn. Suas seis palavras, ostensivamente sobre viagens espaciais, podem requerer algumas células STEM[46] a mais...

Computer, did we bring batteries?[47]

Computer...

Os processos analíticos da leitura profunda

> Sem conceitos não pode haver pensamento, e sem analogias não pode haver conceitos [...] a analogia é o combustível e a chama do pensamento.
>
> Douglas Hofstadter e Emmanuel Sander[48]

Não é por coincidência que aquilo que entendemos por métodos da ciência caracterizam muitos dos processos cognitivos mais sofisticados que mobilizamos durante a leitura profunda. Chegar à verdade das coisas – seja na ciência, na vida ou no texto – exige observação, hipóteses e predições baseadas na inferência e na dedução, testagem e avaliação, interpretação e conclusão e, sempre que possível, novas provas dessas conclusões com base em sua replicação. Durante os primeiros milissegundos da leitura, juntamos aquilo que acabamos de perceber, integrando nossas observações. O raciocínio analógico, segundo o cientista cognitivo Douglas Hofstadter, estabelece a grande ponte entre aquilo que vemos e aquilo que conhecemos (o conhecimento de fundo) e nos leva à formação de novos conceitos e hipóteses. Essas hipóteses contribuem para guiar a aplicação das capacidades inferenciais, como a dedução e a indução e, no devido tempo, levam à avaliação e à análise crítica daquilo que pensamos significarem nossas observações e inferências. A partir destas, tiramos interpretações de tudo que ocorreu antes e, com sorte, chegamos a conclusões que levam a eclosões de *insights*. Há tanto poesia quanto ciência no âmago da leitura.

Os métodos científicos empregados dependem em grande parte da perícia do leitor e do conteúdo que está sendo lido. Se estivermos lendo um artigo científico sobre neurônios-espelho no sistema motor escrito pelo neurocientista Leonardo Fogassi, de Parma,[49] por exemplo, precisaremos avaliar se os conceitos, hipóteses e achados apresentados se baseiam em evidências prévias; se foram usados métodos de avaliação verificáveis que podem ser replicados; e se as conclusões e a avaliação batem com os dados apresentados. No processo, usaremos um verdadeiro arsenal de processos lógicos, inferenciais e analíticos, e aprenderemos com o professor Fogassi uma grande quantidade de coisas que se somarão ao nosso repertório de conhecimentos futuro.

ANALOGIA E INFERÊNCIA

Por outro lado, se estivermos lendo um poema de Wallace Stevens* ou um ensaio do filósofo contemporâneo Mark Greif[50] extraído de seu livro *Against Everything*, poderemos muito bem usar formas de inferência diferentes, assim como um leque de emoções mais matizado, do que se estivermos lendo... digamos, sobre neurônios motores. A leitura, pelo menos toda a leitura profunda, requer o uso de raciocínio analógico e inferência, se quisermos desvendar os múltiplos patamares de sentido daquilo que lemos. Ao começar uma das escavações filosóficas feitas por Greif sobre aquilo que fazemos em nossa vida cotidiana e por que, eu me defrontei com as razões óbvias e menos óbvias pelas quais faço ginástica. Eu não gostaria de gastar um minuto sequer na academia de ginástica descrita por Greif, onde os grunhidos, os gemidos e as pirotecnias de pretensas amazonas e prometeus conseguiriam indispor qualquer um contra tudo que estão fazendo. Mas eu não encaro o exercício dessa forma, como argumenta bela e subversivamente Greif: usar uma avaliação de nossas atividades e motivos mais básicos para pensar sobre o que fazemos da nossa "vida única, selvagem e preciosa".[51]

As tiradas de Greif, que só aparentemente são contra tudo, são um poderoso exemplo de como o pensamento analógico e o raciocínio inferencial nos ajudam a compreender o que há sob a superfície do mundo cada vez mais complexo que ele examina. Quanto

* N.T.: Wallace Stevens (1879-1955) é um respeitado poeta modernista norte-americano. Alguns de seus poemas mais conhecidos: "Anedota de um jarro", "Desilusão das dez horas", "O imperador do sorvete", "A ideia de ordem em Key West", "Manhã de domingo" e "Treze maneiras de olhar para um melro".

mais sabemos, mais conseguimos estabelecer analogias, e mais usamos essas analogias para inferir, deduzir, analisar e avaliar nossas convicções antigas – e tudo isso amplia e refina nossa plataforma interna crescente de conhecimentos. O contrário é também verdadeiro, com sérias implicações para nossa sociedade presente e futura: quanto menos soubermos, menos possiblidades teremos de estabelecer analogias, de ampliar nossas habilidades inferenciais e analíticas e de expandir e aplicar nossos conhecimentos gerais.

Sherlock Holmes é um exemplo magistral de como a observação cuidadosa, o conhecimento de fundo e o raciocínio analógico levam a deduções que continuam nos deixando boquiabertos. No cerne de nosso perene encantamento pelo magistral detetive de Sir Arthur Conan Doyle está a maneira fascinante com que Holmes deriva inferências brilhantes das fontes mais prosaicas: dois pelos de cachorro marrons e curtos (não longos) na perna direita de uma calça e um pequeno conjunto de arranhões não completamente cicatrizados na mão esquerda; um toque de umidade ainda aparente sob a lapela, o canhoto de uma passagem de ida Cambridge-Londres para as quatro da tarde... *et voilà*. O desleixado professor com o canto úmido do canhoto da passagem ainda visível em seu bolso do colete é agora o principal suspeito. Ele mentiu três vezes: primeiro, sobre se tinha estado perto da chuvosa estação de trem de Cambridge; depois, sobre seu paradeiro às 4h, hora do assassinato; e finalmente, sobre se ele tinha visto recentemente a infeliz vítima e seu igualmente azarado jack russel terrier de pelo marrom e curto (uma raça que consegue latir incessantemente e alto, provável causa de seu triste fim).

Os métodos de Holmes, que são a base para desvendar mistérios dos dois lados do Atlântico, ecoam nossas capacidades de inferência ainda que as dele sejam ficcionais e as nossas tenham algo a mais. Diferentemente de Holmes (e em particular de sua brilhante representação como insociável por Benedict Cumberbatch*) e mais

* N.T.: Benedict Cumberbatch é o conhecido ator do cinema britânico; o papel a que se faz referência aqui foi vivido num seriado da BBC.

como a perspicaz Miss Marple,* combinamos frequentemente as capacidades inferenciais com a empatia e a tomada de perspectiva para desvendar os mistérios naquilo que lemos.

Nossos cérebros são mais do tipo de Miss Marple. Redes amplamente distribuídas[52] em nosso córtex pré-frontal esquerdo e direito analisam as informações dos textos e em seguida fazem predições que passam por uma espécie de sistema interno de "avaliação por pares"** que visa a estabelecer o mérito de cada hipótese. De fato, algumas pesquisas indicam que a região pré-frontal esquerda conecta observações e inferências e então faz sucessivas hipóteses autogeradas.[53] Enquanto isso, o córtex pré-frontal direito avalia o mérito de cada predição e, em seguida manda esse veredito de volta à área pré-frontal esquerda, que emite o *imprimatur* final. Parece que estamos vendo em ação o método científico, porém com o acréscimo das redes de empatia e da teoria da mente presentes nas soluções. Ao fim e ao cabo, o uso de processos analógicos, inferenciais e relacionados com a empatia realizado nos métodos mais mesclados dos cérebros que leem em profundidade deve ser preferido ao uso do método de Sherlock. É uma dedução!

O fortalecimento continuado das conexões entre nossos processos analógicos, inferenciais, empáticos e de conhecimento de fundo se generaliza para além da leitura. Quando aprendemos a conectar mais e mais esses processos em nossa leitura, torna-se mais fácil aplicá-los a nossas vidas, destrinchando nossos motivos, intenções e compreendendo com uma perspicácia cada vez maior, e talvez com maior sabedoria, por que outras pessoas pensam e sentem da forma como o fazem. Isso não só dá sustentação ao lado compassivo da empatia, mas também contribui para o pensamento estratégico.

Exatamente como Obama notou, contudo, esses processos fortalecidos não se tornam realidade sem esforço e persistência, e não

---

* N.T.: Tão famosa quanto o detetive Hercule Poirot, e criação da mesma autora, Miss Marple é a protagonista feminina de uma série de romances policiais de Agatha Christie.

** N.T.: A "avaliação por pares" (ingl. *peer review*) é o processo pelo qual são julgados os projetos e trabalhos de pesquisa para fins de financiamento ou publicação. Nessa expressão, *peers* significa "pares", "iguais", e refere-se ao fato de que os avaliadores são outros pesquisadores da mesma área.

sobrevivem se estiverem sem uso. Do começo ao fim, o princípio neurológico básico – "use-o ou perca-o" – é verdadeiro para cada um dos processos de leitura profunda. Mais importante do que isso, esse princípio é válido para todo o circuito plástico do cérebro leitor. Somente se trabalharmos continuamente para desenvolver e usar nossas complexas aptidões analógicas e inferenciais, as redes neurais que estão em sua base sustentarão nossa capacidade de sermos analistas ponderados e criteriosos do conhecimento, e não apenas consumidores passivos de informação.

ANÁLISE CRÍTICA

A última afirmação leva inevitavelmente ao papel integrativo chave da análise crítica no circuito da leitura profunda. Quer seja da perspectiva da ciência, da educação, da literatura ou da poesia, já se escreveu mais sobre pensamento crítico do que sobre qualquer outro dos processos da leitura profunda, por conta de seu papel central na formação intelectual. Ainda assim, a análise crítica continua tão difícil de definir como de promover. Do ponto de vista do cérebro leitor, o pensamento crítico representa a soma completa dos processos do método científico. Sintetiza o conteúdo do texto com nosso conhecimento de fundo, analogias, deduções, induções e inferências, e então usa essa síntese para avaliar as pressuposições, interpretações e conclusões subjacentes do autor. A formação cuidadosa do raciocínio crítico é a melhor maneira de vacinar a próxima geração contra a informação manipuladora e superficial, seja em textos ou telas.

Dito isso, numa cultura que premia a imediatez, a facilidade e a eficiência, o longo tempo e o esforço que se exigem para desenvolver todos os aspectos do pensamento crítico fazem dele uma entidade combatida. A maioria de nós pensa estar exercendo o pensamento crítico, mas sendo honestos com nós mesmos, percebemos que fazemos isso menos do que imaginamos. Acreditamos que gastaremos tempo com isso "mais tarde", essa invisível cesta do lixo das intenções perdidas.

Em seu elogiado livro *Why Read?*, o estudioso da literatura Mark Edmundson pergunta "O que é exatamente o pensamento crítico?"[54] Ele explica que o pensamento crítico inclui a capacidade de examinar e potencialmente desmascarar crenças e convicções pessoais. Em seguida indaga: "Para que serve essa capacidade do pensamento crítico se você não acredita em alguma coisa e não está aberto a ter essa postura modificada? O chamado pensamento crítico geralmente não parte de modo algum de posições prévias".

Edmundson articula aqui duas ameaças, conexas e insuficientemente discutidas, ao pensamento crítico. A primeira ameaça aparece quando qualquer esquema poderoso que pretende compreender nosso mundo (como uma opinião política ou religiosa) se torna tão impenetrável à mudança e tão rigidamente acatado que ofusca qualquer tipo divergente de pensamento, mesmo quando este se baseia na evidência ou na moral.

A segunda ameaça que Edmundson observa é a total ausência de um sistema de crenças pessoal desenvolvido em muitos de nossos jovens que, ou não sabem o bastante dos sistemas passados de pensamento (por exemplo, as contribuições de Sigmund Freud, Charles Darwin ou Noam Chomsky), ou são demasiado impacientes para examiná-los e aprender com eles. Como resultado, a capacidade de aprender o tipo de pensamento crítico necessário para uma compreensão mais profunda pode ficar atrofiada. A falta de uma orientação intelectual e a adesão a um modo de pensar que não admita questionamentos são ameaças ao pensamento crítico.

O pensamento crítico nunca é uma coisa que simplesmente acontece. Anos atrás, fui levada com minha família pelo filósofo israelense Moshe Halbertal para visitar uma escola em Mea Shea'rim, a área profundamente ortodoxa de Jerusalém, para a qual, de outro modo, nunca seríamos convidados. O estudo de Halbertal[55] sobre ética e moralidade permeia suas abordagens profundas e às vezes controversas de algumas das questões políticas e espirituais mais difíceis de nosso mundo contemporâneo, incluindo o Código de Ética das Forças de Defesa de Israel, que ele ajudou a escrever. Eu olhava pelas janelas daquela escola e via jovens balançando-se, rezando, cantando[56] e discutindo e rediscutindo entre si possíveis interpretações de versículos avulsos do texto da Torá. Nenhuma interpretação[57] era aceita de antemão; ao contrário, uma inteira história de comentários tinha de ser mobilizada a propósito daquelas linhas nuas do texto. Esperava-se que esses jovens leitores usariam seu entendimento do conhecimento passado – nesse caso, séculos de trocas de pensamentos – como ponto de partida para seu próprio conhecimento.

Algo conexo com essa análise intelectual ocorre no âmbito das formas mais profundas de leitura, nas quais diferentes interpretações possíveis do texto sofrem avanços e recuos, integrando conhecimento de fundo com empatia e inferência com análise crítica. Portanto, a análise crítica, em suas formas mais profundas, representa a melhor integração possível de pensamentos passados duramente buscados *e também* de sentimentos, que é a melhor preparação possível para uma compreensão nova e completa. Nas maravilhosas maneiras pelas quais as palavras podem revelar conceitos além delas próprias, essa modalidade de pensamento crítico é uma ponte ao mesmo tempo católica e talmúdica para um novo pensamento.

Processos gerativos da leitura profunda

> Um *insight* é um vislumbre fugidio do vasto estoque de conhecimentos desconhecidos que há no cérebro. O córtex está compartilhando um de seus segredos.
>
> Jonah Lehrer[58]

Chegamos, finalmente, à última etapa do ato de ler. O *insight* é a culminação dos múltiplos modos de exploração que mobilizamos acerca daquilo que lemos até o momento: a informação colhida no texto; as conexões com nossos melhores pensamentos e sentimentos; as conclusões críticas conquistadas; e logo o salto de consequências imprevisíveis num espaço cognitivo onde podemos, quem sabe, vislumbrar pensamentos completamente novos. Como diz o filósofo Michael Patrick Lynch, "a tomada de consciência (*realization*) chega num flash [...] O *insight* [...] é a abertura de uma porta, um 'des-fechar', como disse Heidegger. Você age ao abrir a porta, e então sofre a ação do que vê além dela. Compreender é uma forma de abertura".[59]

A natureza evanescente daquilo que acontece quando temos a experiência de *insights* profundos não torna as impressões menos duradouras. Convido você a parar por um momento e refletir sobre alguns dos *insights* mais importantes que já teve, enquanto lê esta última seção. Para estimular suas lembranças, dou-lhe três exemplos de diferentes períodos de minha vida de leitora – dois vindos da ficção e um da ciência. Meu primeiro exemplo vem, mais uma vez, de Rilke – não o das *Cartas*, mas o da mais improvável dentre suas coleções de narrativas, as *Stories of God (Histórias de Deus)*.[60] Li essas narrativas ternas aos 20 anos, e nunca esqueci os delicados *insights* que me proporcionaram. Numa das histórias, um grupo de crianças andava se revezando cuidadosamente para carregar e proteger algo que elas acreditavam solenemente ser Deus. Isso até que a menor das crianças "O" perde. O dia vira noite, as outras crianças se evadem e só fica a menor, que continua procurando desesperadamente, mas sem sucesso. Ela pergunta a todos os passantes se podem ajudá-la em sua tentativa de achar Deus, mas ninguém pode. Até que, quando todas as esperanças parecem tê-la abandonado, aparece um estranho que lhe diz que não sabe onde encontrar Deus, mas que encontrou um pequeno dedal no chão.

Ainda lembro o frisson de pura alegria que senti quando a criança segurou novamente "Deus", protegido, em sua mão. Vi com que ternura Rilke entrelaçara seus pensamentos sobre a fé da criança e como o minúsculo dedal deu uma forma nova às maneiras infinitamente variadas pelas quais nós humanos procuramos "nos segurar" em Deus. Também percebi como muitos *insights* chegam até nós – como Shakespeare nos diz pela voz de Polônio – de maneira indireta, o que nos leva mais lentamente, e talvez mais seguramente, à mais doce das exclamações de surpresa.

Recentemente, *Gilead*, de Marilynne Robinson,[61] tornou-se para mim um livro de *insights* que mudam a cada ano junto comigo. Nessa história tranquila, situada num lugar e num tempo em que nada parece acontecer, o reverendo John Ames se empenha em escrever cartas com recordações para seu filho muito jovem que preservarão e transmitirão a sabedoria da geração anterior, muito depois que o gentil vigário tiver morrido. Poucas obras de ficção retratam tão habilmente algumas das questões mais difíceis e insolúveis sobre a crença em Deus, a vida depois da morte, a capacidade de perdoar, a virtude e o milagre de existirmos. Os esforços desse homem amoroso para passar a carga dos pensamentos de sua vida ao filho pequeno indicam-nos uma das mais ternas funções do *insight* no interior da leitura profunda: deixar nossos melhores pensamentos para os que virão depois.

Uma de minhas citações favoritas sobre *insight* e pensamentos criativos vem de meu terceiro exemplo, um artigo do *Psychological Bulletin* dos neurocientistas Arne Dietrich e Riam Kanso, que resenha o que se sabe, graças aos estudos por imagem do cérebro, sobre *insight* e pensamento criativo. Naquilo que é o mais próximo de uma manifestação de exasperação de cientistas em uma publicação acadêmica, eles concluem: "Poder-se-ia dizer que a criatividade está por toda parte".[62] Apesar de terem mergulhado em múltiplos EEGs, ERPs* e outros estudos por neuroimagem, não conseguiram achar nenhum mapa claro daquilo que ocorre quando temos nossas explosões de pensamento mais criativas. Em vez disso ativamos várias regiões do cérebro, particularmente o córtex pré-frontal e o gyrus cingulado anterior (mencionados antes em muitos outros processos de leitura profunda que envolvem empatia, analogia, análise e suas conexões).

* N.T.: EEG: EletroEncéfaloGrama; ERP: Event related potential.

Esses achados não são tão exasperadores como talvez a descrição perfeita do grande hospedeiro de processos que convergem quando um de nós, leitor, gera um único pensamento novo e dá forma a ele dentro daquilo que Wendell Berry chamou afetuosamente de oportunidade e limites da sentença.

Há fato e há mistério quando nós humanos entramos nos últimos milissegundos de leitura das sentenças à nossa frente. Quer usemos a bela metáfora de "manter a própria posição na contemplação da experiência",[63] do estudioso de literatura Philip Davis, ou o termo mais psicológico "espaço de trabalho neuronal",[64] do neurocientista Stanislas Dehaene, ou aquilo que a romancista Gish Jen chamou de "interioridade multicompartimentada do leitor", há um momento final no ato de leitura em que na mente do leitor se dá uma expansão de braços abertos, e todos os nossos processos cognitivos e afetivos se tornam matéria de pura atenção e reflexão. Cognitiva e fisiologicamente, essa parada não é um momento quieto e estático. É um momento intensamente ativo que nos pode levar ainda mais fundo para *insights* a partir do texto ou além dele, enquanto peneiramos sentimentos, pensamentos e percepções passados, em busca daquilo que o psicólogo William James pensou e que Philip Davis descreveu como "esse lugar gerador invisível [...] a invisível presença da mente atrás, dentro e entre suas palavras".[65] Embora pareça quase sacrílego acrescentar algo aos pensamentos desses mestres, eu incluiria "a invisível presença da mente que lê por trás, por dentro e por entre as palavras".

Romancistas, filósofos e neurocientistas apresentam diferentes opiniões sobre esses últimos momentos gerativos. Qualquer que seja nossa conceitualização da "pedreira" da linguagem e do pensamento de Emerson,[66] o leitor deste livro sabe o que deve ser encontrado ali: os inestimáveis pensamentos que de tempos em tempos irradiam nossas consciências com breves e luminosos vislumbres do que está além dos limites do que já pensamos antes. Nesses momentos, a leitura profunda proporciona nosso melhor transporte para viajar fora das circunferências de nossas vidas.

FIGURA 4

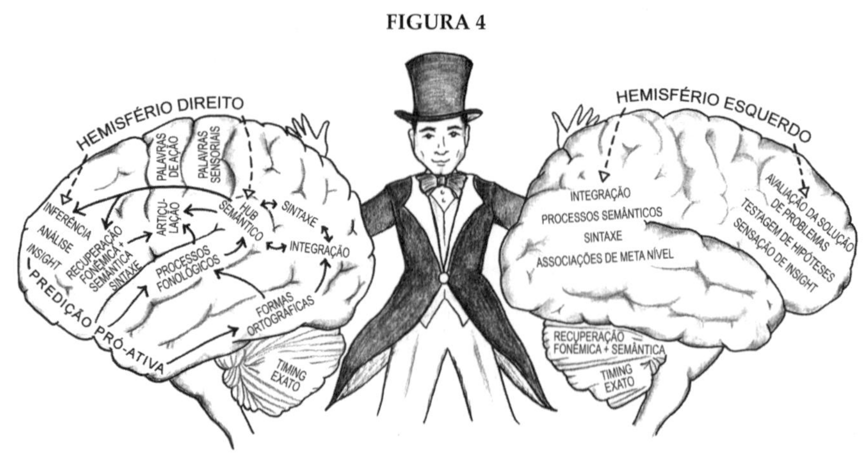

A formação do circuito do cérebro leitor é uma façanha epigenética única na história intelectual de nossa espécie. No interior desse circuito, a leitura profunda muda significativamente aquilo que percebemos, sentimos e sabemos, e assim altera, informa e elabora o próprio circuito. O desenho final que Catherine Stoodley fez do cérebro leitor ilustra quão maravilhosamente elaborado se torna o circuito da leitura profunda. Todavia, como se verá na próxima carta, as implicações da plasticidade do cérebro leitor tornam suas futuras iterações em meio digital um assunto de grandes consequências – e de não pouca incerteza.

Atenciosamente,

Sua Autora

NOTAS

1 M. Proust, *On Reading*, ed. J. Autret, trad. para o inglês de W. Burford, New York: Macmillan, 1971 (publicado originalmente em 1906), p. 48.

2 Ver em particular o uso feito por Gina Kuperberg do método de imagens múltiplas (multimodal) para verificar tanto o curso do tempo como a informação espacial sobre quando e quais estruturas são envolvidas quando há palavras. Por exemplo, na pesquisa semântica, ela e sua equipe usam imagens fMRI para capturar a representação neuroanatômica das redes subjacentes ao sentido das palavras, e tanto MEGs como ESPs (ver próxima nota) para capturar a sequência temporal envolvida. Ver também E. F Lau, A. Gramfort, M. S. Hämäläinen e G. R. Kuperberg, "Automatic Semantic Facilitation in Anterior Temporal Cortex Revealed Through Multimodal Neuroimaging", *The Journal of Neuroscience* 33, nº 43,

outubro 2.1, 20B,: 17174-81. Ver também o trabalho sobre as ERPs na leitura em J. Grainger e P. I. Holcomb, "Watching the Word Go By': On the Time-course of Component Processes in Visual Word Recognition", *Language and Linguistics Compass* 3, nº 1, 2009, pp. 128-56.

3 A neurocientista Marta Kutas fez pesquisas durante décadas usando uma forma de imagem chamada potencial cerebral relacionado a eventos (*"event-related brain potential"* ou ERP) que mede a atividade em regiões particulares em milissegundos. O N400 é uma forma particular de atividade elétrica de cerca de 400 milissegundos que ocorre em certas áreas do cérebro. É mais conhecido por sua ocorrência quando derivamos os significados das palavras, particularmente quando eles contrariam a nossas predições. Kutas descreve o N400 como "um choque elétrico da intersecção de uma atividade progressiva guiada por um estímulo com a [...] paisagem dinamicamente ativa presente na memória". Ver M. Kutase K. D. Federmeier, "Thirty Years and Counting: Finding Meaning in the N400 Component of the Event-Related Brain Potential (ERP)", *Annual Review of Psychology* 62, 2011, pp. 621-47.

4 A. Clark, "Whatever Next? Predictive Brains, Situated Agents, and the Future of Cognitive Science," *Behavioral and Brain Sciences* 36, nº 3, junho de 2013, pp. 181-214.

5 "Proactive predictions". Ver G. R. Kuperberg, "The Proactive Comprehending: What Event-Related Potentials Tell Us About the Dynamics of Reading Comprehension", em *Unraveling Reading Comprehension: Behavioral, Neurobiological, and Genetic Components*, ed. B. Miller, L. E. Cutting e P. McCardic, Baltimore, Paul Brookes, 2013, pp. 176-92.

6 F. S. Collins, *The Language of God: A Scientist Presents Evidence for Belief*, New York, Free Press, 2006, p. 150.

7 Ibidem, p. 153.

8 W. Stafford, "For People with Problems About How to Believe", *The Hudson Review* 35, n. 3, setembro de 1982, p. 395.

9 J. Steinbeck, *East of Eden*, New York, Viking Books, 1952, p. 269.

10 W. Berry, *Standing by Words*, Berkeley, CA, Counterpoint, 1983, p. 53.

11 P. Mendelsund, *What We See When We Read*, New York, Vintage, 2014.

12 M. Robinson, "Humanism", em *The Givenness of Things*,New York, Farrar, Straus & Giroux, 2015, p. 15.

13 *"Vende-se: sapatos de bebê, nunca usados"*: embora tenha havido controvérsias, Hemingway sustentou que a história era verdadeira, e teve por resultado essa curtíssima *short story*.

14 E. M. Forster, *Howard's End*, London, Edward Arnold, 1910, cap. 22.

15 J. S. Dunne, *Eternal Consciousness*, Notre Dame, University of Notre Dame Press, 2012, p. 39.

16 J. S. Dunne, *Love's Mind: An Essay on Contemplative Life*, Notre Dame, University of Notre Dame Press, 1993.

17 Gish Jen procura exemplificar esse princípio tanto em romances como *Wold and Town*, no qual as vozes de altura perfeita dos "outros" os trazem à vida, como em suas explorações de não ficção do fosso existente entre as culturas orientais e ocidentais, no qual "outro" pode ter significados muito diferentes em cada cultura. Vejam-se, em particular, *World and Town, Mona in the Promised Land* e *Typical American;* sua coleção de contos *Who's Irish?*; sua obra de não ficção *Tiger Writing: Art, Culture, and the Interdependent Self* e, mais recentemente, *The Girl at the Baggage Claim: Exploiting the East-West Culture Gap.*

18 Citado em J. Dunne, *A Vision Quest*, Notre Dame, TN, University of Notre Dame Press, 2006, p. 70.

19 Niccolò Machiavelli a Francesco Vettori, carta de 10 de dezembro de 1513 em *Machiavelli and His Friends: Their Personal Correspondence*, ed. J. Atkinson and D. Sices,Dekalb, Northern Illinois University Press, 1996.

20 Citado em S. Wasserman, "Steve Wasserman on the Fate of Books After the Age of Print", Truthdig, 5 de março de 2010, https://ww.truthdig.com/articles/steve-wasserman-on-the-fate-of-books-after-the-age-of-print/

21 Entrevista do ex-presidente Barack Obama com Marilynne Robinson em M. Robinson, *The Givenness of Things*, New York, Farrar, Straus e Giroux, 2015, p. 289.

22 Ibidem.

[23] Ibidem, citado em N. Dames, "The New Fiction of Solitude", *The Atlantic*, abril de 2016, p. 94.

[24] L. Berlin, "A Manual for Cleaning Women", em *A Manual for Cleaning Women: Selected Stories*, New York, Picador, 2016, p. 38.

[25] J. Carroll, *Christ Actually: The Son of God for the Secular Age*, New York, Penguin, 2015.

[26] As traduções para o inglês dos trabalhos de Bonhoeffer foram publicadas por Simon e Schuster e incluem *Letters and Papers from Prison; Ethics; Creation and Fall / Temptation; The Martyred Christian*, e *The Cost of Discipleship*. Sua biografia mais acessível é E. Metaxas, *Bonhoeffer: Pastor, Martyr, Prophet, Spy*, Nashville, Thomas Nelson, 2010. A primeira biografia (e também a mais abrangente) é tradução inglesa de Eberhard Bethge, *Dietrich Bonhoeffer: A Biography*, Minneapolis, Fortress Press, 2000.

[27] Citado em Metaxas, p. 37.

[28] Ver S. H. Konrath, E. H. O' Brien e C. Hsing, "Changes in Dispositional Empathy in American College Students over Time: A Meta-analysis", *Personality and Social Psychology Review* 15, nº 2, maio de 2011, pp.180-98.

[29] S. Turkle, *Reclaiming Conversation: The Power of Talk in a Digital Age*, New York, Penguin, 2015, pp. 171-72.

[30] Ver especialmente B. C. Bernhardt e T. Singer, "The Neural Basis or Empathy", *Annual Review of Neuroscience* 35, 2012, pp. 1-23. Ver também os trabalhos de Bruce Miller e colegas na UCSF.

[31] Veja-se o trabalho de Leonardo Fogassi e colegas, por exemplo em E. Kohler, C. Keysers, M. A. Umiltà et al., "Hearing Sounds, Understanding Actions: Action Representation in Mirror Neurons", *Science* 297, n. 5582, agosto de 2002, pp. 846-48; P.F. Ferrari, V. Gallese, C. Rizzolarri e L. Fogassi, "Mirror Neurons Responding to the Observation of Ingestive and Communicative Mouth Actions in the Monkey Ventral Promotor Cortex", *European Journal of Neuroscience* 17, nº 8, abril de 2003, pp. 1703-14.

[32] N. Phillips, "Neuroscience and the Literary History of Mind: An Interdisciplinary Approach to Attention", *Jane Austen lecture*, Carnegie Mellon University, 4 de março de 2013.

[33] Veja-se o fascinante trabalho de S. Lacey, R. Stilla, e K. Sathian, "Metaphorically Feeling: Comprehending Textural Metaphors Activates Somatosensory Cortex", *Brain and Language* 120, nº 3, março de 2012, pp. 416-21. Vejam-se também F. Pulvermüller, "Brain Mechanisms Linking Language and Action", *Nature Reviews Neuroscience* 6, nº 7, julho de 2005, pp. 576-82; H. M. R. A. Chow, Y. Xu Mar, et al., "Embodied Comprehension of Stories: Interactions Between Language Regions and Modality-Specific Mechanisms", *Journal of Cognitive Neurosciences* 26, n. 2, fevereiro de 2014, pp. 279-95

[34] K. Oatley, "Fiction: Simulation of Social Worlds", *Trends in Cognitive Sciences* 20, n. 8, agosto de 2016, pp. 618-28.

[35] F. Hakemulder, *The Moral Laboratory: Experiments Examining the Effects of Reading Literature on Social Perception and Moral Self-Concept*, Amsterdam, Netherlands, John Benjamins Publishing Company, 2000.

[36] J. Smiley, *13 Ways of Looking at the Novel*, New York, Knopf, 2005, p. 177.

[37] I. Calvino, *Six Memos for the Next Millennium*, Cambridge, MA, Harvard University Press, 1988, p. 124.

[38] A. Manguel, *A History of Reading*, New York, Penguin, 1996.

[39] Ver a discussão disso em R. Kurzweil, *The Singularity Is Near: When Humans Transcend Biology*, New York, Viking, 2005.

[40] R. W. Emerson, "The American Scholar", *Emerson: Essays and Lectures*, New York, Library of America, 1983, reimpressão, p. 59.

[41] Ver K. E. Stanovich, "Matthew Effect" em "Reading: Some Consequences of Individual Differences in the Acquisition of Literacy", *Reading Research Quarterly*, 21, n. 4, outono de 1986, pp. 360-407.

[42] Ver a discussão sobre as diferentes formas pelas quais a informação pode ser usada num meio digital em B. Stiegler, *Goldsmith Lectures*, University of London, 14 de abril de 2013.

[43] E. Tenner, "Searching for Dummies", *New York Times,* 26 de março de 2006.
[44] "The present situation: Remarks by G. Beasley", *Conference for Libraries*, Alberta, outubro de 2014.
[45] L. Pasteur, conferência na Universidade de Lille (França), 7 de dezembro de 1852.
[46] STEM é um acrônimo de uso generalizado para "science, technology, engineering, and mathematics" [N. T.: "ciência, tecnologia, engenharia e matemática", aqui também usado como um trocadilho para "STEM cells", ou seja, "células-tronco" em português.].
[47] "Computador, trouxemos baterias? Computador...". O *Wired Staff Magazine* (1º de novembro de 2006) pediu a vários escritores que dessem sua própria versão de um breve conto em seis palavras, na tradição de Ernest Hemingway. A escritora de ficção científica Eileen Cunn encaminhou esta.
[48] D. Hofstadter and E. Sander, *Surfaces and Essences: Analogy as the Fuel and Fire of Thinking,* New York, Basic Books, 2013, p. 3.
[49] Ver, por exemplo, Kohler et al., "Hearing Sounds, Understanding Actions"; e também Ferrari et al., "Mirror Neurons Responding to the Observation of Ingestive and Communicative Mouth Actions in the Monkey Ventral Premotor Cortex."
[50] Ver M. Greif, *Against Everything: Essays,* New York, Pantheon, 2016. Não vá pelo título; Greif quer que pensemos por que fazemos o que fazemos, e assim descubramos qual é o objetivo de nossas vidas.
[51] "One wild and precious life", extraído do poema "A Summer Day" de Mary Oliver, Poema 133 em *Poetry 180: A Poem a Day for American High Schools,* apresentado por Billy Collins, U.S. Poet Laureate, 2001-2003, http://www.loc.gov/poetry/180/133.html.
[52] Ver L. Aziz-Zadeh e J. T. Kaplane M. Iacoboni, "'Aha!': The Neural Correlates of Verbal lnsight Solutions", *Human Brain Mapping* 3, n. 30, março de 2009, pp. 908-16.
[53] lbidem.
[54] M. Edmundson, *Why Read?,* New York, Bloomsbury, 2004.
[55] Naquele momento, compreendi de repente e com mais clareza que coexistiam no professor Halbertal pensamento incisivo e gentileza pessoal; para ser mais clara, ele personificava o uso de um conhecimento polido pelo tempo na análise imediata e crítica da informação nova; um profundo respeito por outras posições; e a expectativa de conclusões pessoais próprias. Veja-se em particular M. Halbertal, *People of the Book: Canon, Meaning, and Authority,* Cambridge, MA, Harvard University Press, 1997; M. Halbertal, *Maimonides: Life and Thought,* Princeton, NJ, Princeton University Press, 2014.
[56] Não conheço trabalho melhor que descreva as dimensões extraordinárias envolvidas em cantar a Torá do que o do rabino Jeffrey Summit, *Singing God's Words: The Performance of Biblical Chant in Contemporary Judaism,* Oxford, UK, Oxford University Press, 2016. As passagens "Impact of a Master Reader" e "What are You Doing During the Torah Reading?", pp. 202-06, foram particularmente inspiradoras para mim.
[57] Sou grata também a Barry Zuckerman por suas discussões sobre como o absoluto minimalismo das linhas da Torá fornece a base para uma interpretação rica.
[58] J. Lehrer, "The Eureka Hunt", *The New Yorker,* 28 de julho de 2008.
[59] M. P. Lynch, *The Internet of Us: Knowing More and Understanding Less in the Age of Big Data,* New York, Liveright, 2016, p. 177.
[60] R. M. Rilke, *Stories of God,* tradução para o inglês de M. D. H. Norton, New York, W. W. Norton & Company, 1963.
[61] Marilynne Robinson, *Gilead,* New York, Fartar, Straus and Giroux, 2007.
[62] A. Dietrich e R. Kanso, "A Review of EEG, ERP, and Neuroimaging Studies of Creativity and Insight" *Psychological Bulletin* 136, n. 5, setembro de 2010, pp. 822-48.
[63] P. Davis, *Reading and the Reader: The Literary Agenda,* Oxford, Oxford University Press, 2013, pp. 8-9.
[64] S. Dehaene, *Reading in the Brain: The New Science of How We Read,* New York, Viking, 2009, p. 9.
[65] P. Davis, *Reading and the Reader,* p. 293.
[66] Ver o uso de *quarry* em Emerson, "The American Scholar", p. 56.

"O QUE ACONTECERÁ COM OS LEITORES QUE FOMOS?"[1]

In common things that round us lie
Some random truths he can impart,
– The harvest of a quiet eye.[2]

William Wordsworth*

Como a devoção de uma vida, o caminho das palavras, de conhecer e amar as palavras, é um caminho para a essência das coisas, e para a essência do conhecer [...]. O que se requer para um amar que seja conhecer, para um conhecer que seja amar, é o olhar calmo.[3]

John S. Dunne

Caro Leitor,

No final de "A poet's epitaph", William Wordsworth descreveu o legado que o poeta deixa para o mundo como "a colheita de um olhar calmo". A artista Sylvia Judson[4] usou "olhar calmo" para descrever o que gostaria que o espectador trouxesse para a arte. O teólogo John Dunne usou "olhar calmo" para descrever aquilo de

* N.T.: Tradução livre: Nas coisas comuns que nos rodeiam / Algumas verdades aleatórias ele pode revelar / – A colheita de um olhar calmo.

que os seres humanos precisam para embeber o amor com conhecimento. Os jogadores de golfe usam a expressão para designar um método de aumentar a concentração; eu me pergunto se esses jogadores se dão conta da poesia que há por trás de suas tacadas.

De minha parte, emprego "olhar calmo" para concentrar numa só expressão as preocupações e as esperanças que tenho em relação ao leitor do século XXI – cujo olhar estará cada vez menos calmo, cuja mente dispara de um estímulo para outro, como um beija-flor atraído pelos néctares e cuja "qualidade da atenção"[5] está caindo imperceptivelmente, com consequências que ninguém poderia ter previsto. Nas duas últimas cartas, você viu como a concentração da atenção nos permite reter uma palavra, uma sentença ou um trecho, de modo a passar por múltiplos processos para todos os níveis dos sentidos, formas e sentimentos que enriquecem nossas vidas. Mas o que pensar da possibilidade de que nossa capacidade de percepção esteja efetivamente caindo porque nos deparamos com informações demais, como escreveu certa vez o filósofo Joseph Pieper? E se tivermos ficado realmente viciados na estimulação sensorial intensificada que compõe boa parte de nossa vida diária e incapazes de parar de procurar por ela, como sugere Judith Shulevitz em *The Sabbath World: Glimpses of a Different Order of Time*[6] e que os peritos na tecnologia dos princípios do "*persuasion design*" conhecem tão bem? Esta carta trata de duas questões centrais, cujas implicações vão muito além de qualquer resposta atualmente possível: enquanto sociedade, será que estamos começando a perder a qualidade de atenção necessária para dar tempo às faculdades humanas essenciais que constituem e sustentam a leitura profunda? Se a resposta for sim, o que podemos fazer?

A abordagem dessas questões começa pela compreensão de que há uma tensão fundamental entre nosso conjunto evolucionário de circuitos e a cultura contemporânea. Frank Schirrmacher,[7] um dos últimos editores do influente *Frankfurter Allgemeine Zeitung Feuilleton*, localizou a origem do conflito na necessidade de nossa espécie de perceber instantaneamente qualquer estímulo novo, o que alguns chamam de *prevenção contra o novo*.[8] A hipervigilância em face do ambiente tem um importante valor de sobrevivência. Não há dúvida de que esse reflexo tenha salvado muitos de nossos antepassados pré-históricos das ameaças sinalizadas pelas pegadas quase invisíveis de tigres assassinos ou pelos leves sussurros de cobras venenosas na vegetação rasteira.

Pela descrição de Schirrmacher, o problema é que os ambientes contemporâneos nos bombardeiam constantemente com novos estímulos sensoriais, à medida que dispersamos a atenção por múltiplos aparelhos digitais na maior parte do dia e, frequentemente, da noite, que está sendo encurtada pela concentração nesses dispositivos. Um estudo recente[9] da corporação Time Inc. sobre os hábitos das pessoas na faixa dos 20 anos, no que diz respeito aos meios de comunicação, indicou que elas mudavam de fonte de mídia 27 vezes por hora. Em média, atualmente, elas checam o telefone celular entre 150 e 190 vezes por dia. Enquanto sociedade, somos continuamente distraídos por nosso ambiente, o que nossos circuitos de hominídeos favorece e incentiva. Não vemos ou ouvimos com a mesma qualidade de atenção, porque vemos e ouvimos demais, nos acostumamos e pedimos mais.

Um dos subprodutos inevitáveis dessa confluência é a hiperatenção. A crítica literária Katherine Hayles[10] caracterizou a hiperatenção como um fenômeno causado por mudança rápida de tarefa (em que ficamos logo viciados), altos níveis de estimulação e baixa tolerância ao tédio.[11] Em 1998, Linda Stone, então participante do Virtual Worlds Group da Microsoft, já tinha cunhado o termo *atenção parcial contínua*[12] para designar o modo como as crianças se dedicam a seus dispositivos digitais e, a seguir, a seus ambientes. De lá para cá, esses dispositivos se multiplicaram em número e em onipresença, atingindo também as crianças bem novas. Uma olhada rápida ao redor em sua próxima viagem de avião lhe dará evidências suficientes para essa observação: o iPad é a nova chupeta.

Há custos invisíveis para todas as idades. Segundo um cálculo que costumamos negligenciar, quanto mais constante for a estimulação digital, mais comum será o aborrecimento e o tédio de crianças até muito pequenas quando lhes subtraímos o aparelho eletrônico. Além disso, quanto mais usados os aparelhos, mais dependente se torna toda a família em relação a acessos digitais como fontes de entretenimento, informação e distração. A hiperatenção, a atenção parcial contínua e aquilo que o psiquiatra Edward Hallowell chama "déficits" de atenção induzidos ambientalmente afetam todos nós.[13] Desde o minuto em que acordamos pelo alarme de um aparelho digital, passando pelos controles que fazemos a cada quinze minutos ou menos em inúmeros dispositivos durante o dia, até os últimos minutos antes de deitar, quando realizamos nossa última varredura "virtuosa" do e-mail para nos prepararmos para o dia seguinte, habitamos um mundo de distração.[14]

Não há nem tempo nem incentivo para alimentar um olhar calmo, que dirá a lembrança de suas colheitas. Por trás de nossas telas, no trabalho ou em casa, suturamos os segmentos temporais de nossos dias de modo a mudar nossa atenção de uma tarefa ou fonte de estimulação para outra. Sofremos mudanças.

Nós mudamos – e você já começou a sentir isso. Nos últimos dez anos, mudamos o *quanto* lemos, *como* lemos, *o que* lemos e *por que* lemos, numa "cadeia digital" que conecta os links entre si e cobra um tributo cujo tamanho mal começamos a calcular.

A hipótese da cadeia digital

QUANTO LEMOS

A história de quanto lemos ainda está em curso. Há não muito tempo, o Global Information Industry Center[15] da Unversidade da Califórnia em San Diego realizou um amplo estudo para determinar a quantidade de informação que usamos diariamente e concluiu que o indivíduo médio gasta diariamente cerca de 34 *gigabytes* em vários dispositivos. Isso equivale a cerca de 100.000 palavras por dia. Solicitado a comentar esses números numa entrevista, um dos coautores do estudo, Roger Bohn, disse textualmente: "Acho que uma coisa está clara: nossa atenção está sendo recortada em intervalos mais curtos e, provavelmente, isso não é bom para desenvolver pensamentos mais profundos".[16] É fácil reconhecer os esforços monumentais investidos nesse tipo de estudo, e seus autores merecem os maiores elogios. No entanto, afirmar que "provavelmente isso não é bom para desenvolver pensamentos mais profundos" é uma avaliação totalmente subestimada. Nem a leitura profunda nem o pensamento profundo ganham com a fragmentação do tempo (esse nome é apropriado) que passou a fazer parte da prática de todos nós, ou com os 34 *gigabytes* diários do que quer que seja. Certamente existem muitos leitores (e escritores) atentos como James Wood, que se sentem tranquilos pelo fato de estarmos lendo mais, não menos. Afinal, há pouco mais de uma década, um relatório do National Endowment for the Arts (NEA) levantou a preocupação legítima de que as pessoas estavam lendo menos do que antes, devido possivelmente à influência da leitura digital. Alguns anos depois, um novo relatório,[17] feito por iniciativa da respeitada poeta e então diretora do NEA Dana Gioia, indicou reversão da tendência, observando que, enquanto sociedade, estávamos lendo mais do que nunca, incentivados possivelmente pelo mesmo fator de base digital.

É fácil a confusão sobre nossos hábitos de leitura nestes anos de transição de uma cultura baseada no letramento para uma cultura mais influenciada digitalmente. Quer nos baseemos nos relatórios do NEA ou em outros mais recentes, a realidade atual é que ficamos tão inundados por informações que uma pessoa comum nos Estados Unidos de hoje lê por dia o mesmo tanto de palavras que pode ser encontrado em um romance. Infelizmente, é raro que essa leitura seja contínua, constante ou concentrada; pelo contrário, os 34 *gigabytes* consumidos em média pela maioria de nós representam um pique espasmódico de atividade após o outro. Não surpreende que romancistas americanos como Jane Smiley temam que o romance,[18] que requer e premia uma forma especial de leitura contínua, possa vir a ser "marginalizado" pelo dilúvio crescente de palavras que nos sentimos obrigados a consumir diariamente. Nos anos 1930, o filósofo alemão Walter Benjamin resumiu a dimensão mais universal dessa preocupação por informações novas, de um modo que é igualmente verdadeiro hoje, se não for mais. Com obstinação, "perseguimos um presente", escreveu, que consiste em "informações que não sobrevivem ao momento em que são novas".[19]

Na perspectiva de um pesquisador da leitura ou, surpreendentemente, na de um ex-presidente dos Estados Unidos, o tipo de "informação" descrita por Benjamin não representa conhecimento. Em discurso a estudantes da Hampton University, lembrado pelo jornalista e escritor David Ulin, Barack Obama manifestou a preocupação de que a informação tenha se tornado para muitos de nossos jovens "uma distração, uma diversão, uma forma de entretenimento e não um meio de empoderamento, um instrumento de emancipação".[20]

A preocupação de Obama é compartilhada por um número crescente de colegas docentes. O professor de literatura Mark Edmundson escreveu extensamente sobre os efeitos do fato de seus alunos conceberem a informação como um modo de serem entretidos:

> Mergulhando no entretenimento, meus alunos têm sido blindados contra a possibilidade de questionar qualquer coisa que tenha causado seu interesse, de olhar para novos modos de vida [...]. Para eles, educação é conhecer e assumir fidalgamente o papel de espectadores, nunca o diálogo socrático sobre como alguém deveria viver sua vida.[21]

É uma mensagem que se refere à perda do pensamento crítico e remete à "comunicação em meio à solidão" de Proust, propondo que o olhar calmo do leitor evite agitar-se, ou não ouvirá o autor e, menos ainda, dialogará com ele. Deve ocorrer um diálogo interior que exige do leitor tempo e vontade. Edmundson se preocupa porque está havendo uma diminuição do desejo de nossos jovens em fazer esse esforço, particularmente quando a alternativa é serem entretidos de maneira passiva, usando superficialmente suas capacidades cognitivas.

As preocupações de Edmundson vão na mesma linha daquilo que advertem os conhecimentos sobre o circuito da leitura: percebida continuamente como uma forma de entretenimento no nível da superfície, a informação permanecerá na superfície, potencialmente impedindo o pensamento real, em vez de aprofundá-lo. Lembremos o estudo por imagens em que os cérebros dos estudantes de literatura de Nathalie Phillips[22] mostravam menos ativação para a leitura ocasional do que para a leitura profunda e atenta. Ler superficialmente torna-se uma distração de entretenimento a mais, embora "astutamente disfarçada como informação de quem está por dentro",[23] como nota Ulin. Seja na perspectiva de Ulin, enquanto jornalista, seja na perspectiva de um presidente, enquanto protetor da juventude de seu país, ou na perspectiva de Edmundson, como professor de adultos jovens, a última coisa de que uma sociedade precisa é aquilo que Sócrates temia: jovens pensando que sabem a verdade, antes mesmo de se iniciarem na dura prática de procurar por ela.

Como percebem meus leitores, essas preocupações não podem mais ser dirigidas somente aos jovens. A enorme quantidade de informações que consumimos envolve todo um conjunto em constante renovação de questões correlacionadas. O que fazemos com a sobrecarga cognitiva que nos chega por múltiplos dispositivos, na forma de múltiplos *gigabytes* de informação? Em primeiro lugar, simplificamos. Em segundo lugar, processamos a informação o mais rapidamente possível; mais precisamente, lemos mais em espasmos menores. Em terceiro lugar, triamos. Entramos furtivamente num insidioso toma lá dá cá entre nossa necessidade de conhecer e nossa necessidade de poupar e ganhar tempo. Às vezes, terceirizamos nossa inteligência para os varejos de informações, que oferecem destilações mais rápidas, simples e digeríveis, que nos poupam de pensar por nós mesmos.

E, como em muitas traduções, perdem-se coisas: algo de nossas capacidades analíticas individuais e a cultura em que as ideias complexas são moeda corrente. Quando nos afastamos por qualquer razão da complexidade intrínseca da vida humana, frequentemente nos voltamos para aquilo que cabe nos limites estreitos do que já sabemos, sem nunca abalar ou testar essa base; sem nunca olhar para além das fronteiras de nosso pensamento passado, com todas as suas convicções prévias, e às vezes com seus preconceitos adormecidos, mas prestes a brotar. Devemos saber que estamos fazendo uma escolha faustiana em nossas vidas sobrecarregadas e que, a menos que prestemos atenção naquilo que estamos escolhendo – mesmo inconscientemente –, poderemos sair perdendo, muito literalmente, mais do que pensamos. Já começamos a ler de maneira diferente – com as inúmeras implicações que isso traz para o modo como pensamos, próximo elo da corrente.

COMO LEMOS

> Ser um ser humano moral é prestar atenção, ser obrigado a prestar atenção, um certo tipo de atenção [...]. A natureza dos juízos morais depende de nossa capacidade de prestar atenção – uma capacidade que, inevitavelmente, tem seus limites, mas cujos limites podem ser ampliados.
>
> Susan Sontag[24]

A história de como o nosso modo de ler vai mudando está longe do fim. Ziming Liu, Naomi Baron, Andrew Piper, David Ulin e o grupo de Anne Mangen na Europa, acadêmicos de disciplinas e países diferentes, estão pesquisando como o tipo de leitura em telas, à qual estamos agora acostumados, vai mudando a própria natureza da leitura. Poucos contestariam o que conclui o pesquisador da leitura e da ciência da informação Liu: que o "novo normal" em nossa leitura digital é "ler por cima".[25] Liu e vários pesquisadores dos movimentos oculares têm observado que a leitura digital envolve com certa frequência um estilo em *F* ou estilo zigue-zague em que localizamos palavras pelo texto afora rapidamente, como num "caça-palavras" (no mais das vezes na parte esquerda da tela) para captar o contexto, pulamos para as conclusões do final e, somente se isso se justificar, voltamos ao corpo do texto para selecionar detalhes de apoio.

Algumas das questões mais importantes sobre os efeitos desse estilo de leitura têm por objetivo saber se há diferenças em usar e manter os processos de compreensão da leitura de alto nível. A excelente meta-análise de Naomi Baron[26] sobre o assunto aponta para um quadro misto no que diz respeito à compreensão como um todo. Alguns dos estudos mais convincentes concernem a mudanças na maneira como os leitores captam a sequência[27] dos detalhes de um enredo e, possivelmente, da estrutura lógica de um argumento. A pesquisadora norueguesa Anne Mangen[28] está investigando as diferenças cognitivas e afetivas entre a leitura de textos em versão impressa e na tela, com seus colegas Adriaan van der Weel, Jean-Luc Velay, Gerard Olivier e Pascal Robinet. Os pesquisadores pediram a estudantes que respondessem um questionário após ler um conto com apelo universal sobre estudantes (uma história de amor francesa, cheia de sensualidade). Metade dos estudantes leram *Jenny, Mon Amour* num Kindle e a outra metade num livro de bolso.

Os resultados indicaram que os estudantes que tinham lido o livro superavam os leitores de tela na capacidade de reconstruir o enredo em ordem cronológica. Em outras palavras, o sequenciamento de certos detalhes que, às vezes, são ignorados numa história de ficção, foram descartados pelos estudantes que leram na tela. Pense o que aconteceria nos contos de O. Henry se você sobrevoasse os detalhes – como o da esposa que corta e vende seu cabelo para comprar um relógio de bolso para o marido enquanto este estava vendendo seu amado relógio para dar a ela um pente para seu lindo cabelo. A hipótese de Mangen e de um número crescente de pesquisadores é de que há uma tendência na leitura de tela de ler por alto, pular e fazer buscas. E que também na tela fica ausente a dimensão espacial e concreta do livro, que indica onde estão as coisas.

Ainda não está esclarecido como tudo isso afeta a compreensão dos estudantes. Alguns estudos recentes não encontraram diferenças significativas decorrentes da mídia[29] na compreensão geral, pelo menos quando o texto é relativamente breve. Outros estudos, notadamente de pesquisadores israelenses, mostram diferenças mais específicas que dão vantagem à leitura no impresso, quando o tempo é levado em conta. Liu questiona se o comprimento dos textos poderia explicar os resultados diferentes entre os estudos feitos até o momento e se textos mais longos resultariam em desempenhos mais diversificados.

O que se pode afirmar, neste momento, é que, na pesquisa liderada por Mangen, o sequenciamento da informação e a lembrança dos detalhes mudam para pior quando os sujeitos leem na tela. Andrew Piper e David Ulin[30] sustentam que a capacidade de sequenciar é importante – no mundo físico como na página impressa, embora menos nos dispositivos digitais. Na leitura como na vida, insiste Piper, os seres humanos precisam de uma "noção do caminho", um conhecimento de onde se encontram no tempo e no espaço, noção essa que, sempre que necessário, permite que retomem questões inúmeras vezes e aprendam com elas. Piper se refere a isso como *tecnologia da recorrência*.[31]

Partindo de uma perspectiva muito diferente em seu instigante ensaio "Losing Our Way in the World", o físico da Universidade de Harvard John Huth escreve sobre a importância mais universal de sabermos onde estamos no tempo e no espaço e sobre o que acontece quando não conseguimos conectar os detalhes desse conhecimento num quadro maior. "Muitas vezes, infelizmente, atomizamos o conhecimento em fragmentos que não têm lugar próprio num contexto conceitual mais amplo. Quando isso acontece, cedemos o sentido aos guardiães do conhecimento e ele perde seu valor pessoal".[32]

A questão que surge é se a diminuição desse conhecimento físico nos meios digitais – a sensação de estar ao mesmo tempo alhures e em lugar nenhum na tela – afeta negativamente o modo como os leitores captam os detalhes daquilo que leem e, num nível mais profundo, o modo como alcançam esse lugar quase palpável para onde a leitura pode transportar-nos. O crítico literário Michel Dirda usa essa dimensão física para dirigir nossos pensamentos a algo muito mais profundo na experiência de ler. Depois de comparar a leitura eletrônica de livros com uma estadia em quartos assépticos de hotel, ele faz esta comparação comovente: "Os livros são um *lar* – coisas físicas reais que podemos amar e curtir". A natureza fisicamente real dos livros contribui para nossa capacidade de entrar num espaço em que podemos morar sem ser julgados, com nossos pensamentos e emoções multifacetadas conquistados a duras penas, sentindo que encontramos nosso caminho para casa.

Nesse sentido, a materialidade proporciona algo que é tangível tanto de um ponto de vista psicológico quanto táctil. Piper, Mangen e a estudiosa da literatura Karin Littau[33] elaboram isso dando ênfase ao papel inesperado que o toque exerce sobre o modo como abordamos as palavras e as compreendemos, no texto como um todo. Segundo Piper, a dimensão sensorial da leitura do texto impresso acrescenta à informação uma redundância importante – acrescenta às palavras uma espécie de "geometria" – e isso contribui para nossa compreensão global do que lemos. Retomando a Carta Número 2, e todas as coisas que contribuem para o modo como processamos as palavras, a visão de Piper, fisiologicamente falando, faz sentido. Quanto mais soubermos sobre uma palavra, mais nosso cérebro ficará ativado, e os demais níveis de sentido estarão disponíveis. Piper sugere que o toque acrescenta mais uma dimensão àquilo que é ativado quando lemos uma palavra impressa, dimensão essa que pode ser perdida na tela.

Há na pesquisa psicológica um conceito muito antigo, chamado *cenário* (*set*), que ajuda a explicar as maneiras menos lineares, menos sequenciadas e potencialmente menos matizadas como muitos de nós estamos lendo atualmente, independentemente do meio. Quando lemos por horas numa tela que envolve uma velocidade rápida de processamento da informação, desenvolvemos um cenário inconsciente de leitura, baseado no modo como lemos diante da tela. Se a maioria dessas horas envolve ler numa internet saturada de distração, em que o pensamento sequencial é menos importante e menos usado, começamos a ler assim quando desligamos a tela e pegamos num livro ou num jornal.

Há um aspecto preocupante e potencialmente mais permanente nesse efeito de "contaminação",* relacionado aos conceitos de neu-

* N.T.: A expressão que traduzimos por *contaminação* é *bleeding over*, que, em inglês, não fala de sangue, e sim do acidente doméstico que acontece na máquina de lavar roupas quando a tinta pouco firme de uma peça passa para outras roupas, manchando-as. Não conhecemos em português nenhuma expressão idiomática que evoque essa situação. Escolhemos falar em *contaminação* porque esta palavra pressupõe um resultado indesejável, e isso é importante neste contexto.

roplasticidade salientados nas cartas deste livro: quanto mais lemos digitalmente, mais nosso conjunto de circuitos cerebrais profundos reflete as características desse meio. Em seu livro *The Shallows*, Nicholas Carr[34] recorda a preocupação de Stanley Kubrick de que, numa cultura digital, não deveria nos preocupar tanto se o computador será um dia igual a nós, e sim se nós seremos um dia iguais ao computador. A pesquisa sobre leitura fundamenta a validade dessas preocupações. O circuito de nosso cérebro leitor é a soma de muitos processos que, muitas vezes, estão sendo continuamente moldados pelas demandas ambientais que recaem – ou não – sobre eles.

Por exemplo, as mudanças notadas na qualidade de nossa atenção estão intrinsecamente relacionadas a mudanças potenciais na memória, particularmente na forma de memória mais curta, chamada *memória de trabalho.* Lembrem-se dos primeiros refletores ligados sob a lona de circo da leitura. Nós usamos a memória de trabalho para reter a informação por um tempo breve, para mantê-la em nossa atenção e manipulá-la para alguma função cognitiva – por exemplo, retemos "na mente" os números para um problema de matemática, as letras durante a decodificação de uma palavra ou palavras na memória de curta duração enquanto lemos uma sentença. Por muitos anos, foi aceito quase universalmente para a memória de trabalho um princípio que o psicólogo George Miller[35] chamava "a regra de 7 mais ou menos 2". A "regra de 7 mais ou menos 2" é o motivo pelo qual a maioria dos números de telefone têm sete algarismos, mais um código de área que, de acordo com Miller, pode ser guardado na memória como uma unidade à parte. Em suas recordações do final da vida, Miller escreveu que o número 7 era mais metafórico do que exato. De fato, a pesquisa recente sobre memória de trabalho sugere que o número de dígitos que conseguimos guardar sem erros pode muito bem ser "4 mais ou menos 1".[36]

Até recentemente, eu pensava que o número 7 metafórico de Miller era simplesmente uma espécie de chavão inexato, dados os novos cálculos sobre nossa memória de trabalho. Comecei a questionar essa ideia. Naomi Baron citou um relatório de 2008, encomendado pela seguradora Lloyds TSB Insurance e portador deste título dramático: "'Five Minute Memory' Costs Brits £ 1.6 Billion" (literalmente: "A 'memória de cinco minutos' custa aos britânicos 1,6 bilhão de libras"), no qual se determinava que o tempo médio de atenção dos adultos fica um pouco acima dos cinco minutos. Embora cinco minutos não seja algo que impressione, mais espantoso é que esse tempo é apenas metade do que era dez anos antes.[37]

Muito embora o relatório fosse mais sobre atenção do que sobre memória de trabalho, o importante é que as conexões entre as duas coisas foram bem estudadas. Um fio como o de Ariadne pode muito bem ligar os problemas observados de lembrar narrativas quando se lê numa mídia digital com mudanças no tempo de atenção e na memória. Lembre-se que Sócrates argumentou energicamente que a linguagem escrita, que outros celebravam como um *aide mémoire*, era, na prática, uma "receita para esquecer". Sócrates intuía que, se os seres humanos começassem a confiar somente na forma escrita da linguagem para preservar seu conhecimento, deixariam de utilizar tão bem quanto antes suas memórias altamente desenvolvidas. Em nossa transição parecida de uma cultura letrada para uma cultura digital, precisamos considerar se diferentes formas de memória também mudarão com uma "receita" mais nova.

A receita de nossa cultura não seria tanto para esquecer, mas acima de tudo para nunca lembrar do mesmo modo; em primeiro lugar porque estamos fragmentando demais nossa atenção para que nossa memória de trabalho possa funcionar de maneira otimizada; e, em segundo lugar, porque assumimos que, num mundo digital, não precisamos mais lembrar do modo como lembrávamos no passado. A versão atual da preocupação de Sócrates é que nossa confiança aumentada em formas externas da memória, combinada com os bombardeios fragmentadores da atenção recebidos de múltiplas fontes de informação, está mudando ao mesmo tempo a qualidade e as capacidades de nossa memória de trabalho e, em última instância, sua consolidação na memória de longo prazo. E, de fato, existem estimativas sombrias indicando que o tempo médio de memória de muitos alunos diminuiu em mais de 50% na última década.[38] Precisaremos replicar esses estudos vigilantemente ao longo do tempo. Mas a corrente não termina aí.

O QUE LEMOS

Tudo aquilo que se refere à leitura está conectado: o leitor, o autor, o editor, o livro; em outras palavras, o presente e o futuro da leitura. Ao longo do tempo, os efeitos das mudanças de comportamento no modo como lemos influenciam inevitavelmente o que lemos e como isso é escrito. As implicações dessas mudanças poderiam impactar vários aspectos da língua escrita, a começar pela capacidade do indivíduo de gastar o tempo suficiente para desentranhar os múltiplos níveis do significado das palavras, passando ao uso pelo escritor de palavras e sentenças que requerem e recompensam análises complexas, e chegando à valorização dos escritores em suas culturas. Ítalo Calvino escreveu sobre isso numa única sentença irretocável:

> Para o escritor de prosa: o sucesso consiste na felicidade da expressão verbal, que, de vez em quando, é o resultado de um rápido lampejo da inspiração, mas, via de regra, envolve uma busca paciente pela *mot juste*, pela sentença em que cada palavra não pode ser mudada, o casamento mais efetivo dos sons e dos conceitos [...] concisos, concentrados e memoráveis.[39]

E os leitores superficiais e dados a caçar palavras do século XXI não deixarão de captar metade das palavras na frase cheia de formulações de Calvino? Ou, à medida que capturam "inspiração", "*mot juste*", "casamento efetivo" e "memorável", pensarão que entenderam o que estava em jogo, o essencial – sem nunca dar-se conta de que passaram batido sobre as pegadas de uma verdade do escritor arduamente conquistada e da beleza em cada palavra e cada pensamento cuidadosamente selecionados e deliberadamente sequenciados? Calvino dedicou a vida a alcançar uma forma de precisão, refinamento e leveza que pode tornar-se invisível ou, pior, irrelevante para os leitores ligeiros que talvez nos tenhamos tornado.

Recentemente, li um ensaio sobre leitura do editor da *Notre Dame Magazine*, Kerry Temple, com a seguinte observação:

> Quando leio um manuscrito que nos foi mandado para possível publicação, eu o imprimo. Tomo o cuidado de lê-lo na versão impressa, não na versão da tela. Isso me ajuda a ler de verdade as palavras, a prestar mais atenção, a envolver-me completamente na história que está sendo contada, a *estar* com ele enquanto o leio.
>
> Faço isso porque meu trabalho de editor exige que eu me preocupe com a profundidade, qualidade, sutileza e densidade das histórias que contamos em nossas páginas. Faço-o também porque, como escritor, conheço a mão de obra que entra na elaboração da prosa. O escritor merece minha atenção para o detalhe; eu honro o intercâmbio com meu foco atencioso, estando inteiramente presente durante nosso encontro.[40]

Esta passagem exemplifica o que esperaríamos do encontro entre a intenção do escritor e a atenção do leitor. Infelizmente, estamos começando a observar a influência direta e indireta dos padrões de leitura dos leitores contemporâneos, dados a mordiscar palavras e os textos, sobre a forma como os textos são escritos. Quando os editores são forçados a considerar as necessidades de um leitor diferente, um típico leitor ligeiro e mal preparado para textos longos e verbalmente densos, para pensamentos complexos não facilmente (ou rapidamente) captados, ou para palavras desnecessárias, a cultura sofre de maneiras que não somos capazes de dimensionar. Coisas começam a fazer falta nesse contexto, até desaparecer por completo.

Não muito tempo atrás, David Brooks escreveu uma coluna sobre beleza, e sua sensação de que, sem avisar... ela tinha sumido. Não apontou culpados. Não apontou soluções anódinas. Simplesmente olhou para aquilo que está sendo perdido sem que se perceba, quando, "acidentalmente", abandonamos uma visão de mundo[41] em que a beleza, a verdade e o bem se ligam de maneira inseparável e na qual a própria percepção da beleza pode ser um caminho para uma vida em que a virtude e a nobreza têm um lugar de direito.

À semelhança do que ocorre com o *insight*, a percepção da beleza na leitura ou na arte emerge de muitas das mesmas capacidades que compõem a leitura profunda. E, como no *insight*, somente o tempo que alocamos a essas capacidades permite a nossa percepção da beleza desvendar,[42] reconhecer e compreender mais. Porque, assim como a leitura não é apenas visual, a beleza não remete somente aos sentidos. Em seu ensaio "Decline", Marylinne Robinson escreveu que a beleza, entre outras coisas importantes, é uma "estratégia de ênfase. Se não for reconhecida, o texto não terá sido compreendido".[43] A beleza nos ajuda a prestar atenção naquilo que é mais importante. Se nossa percepção da beleza ficar reduzida ao sobrevoo de uma aranha-de-água pela fina superfície das palavras, teremos perdido as profundezas que há mais abaixo; não seremos nunca levados pela beleza de aprender e compreender o que subjaz.

Antes da passagem para a nossa atual cultura digital, Calvino deixou para nosso milênio um conjunto coeso e clarividente de *insights* sobre algumas das ramificações de longo alcance dessas questões:

> Numa era em que estão triunfando outras mídias fantasticamente velozes e difundidas, com o risco de achatar toda a comunicação numa única superfície homogênea, a função da literatura é levar comunicação a coisas que são diferentes simplesmente porque são diferentes; não é embotar as diferenças entre as coisas, mas se for possível torná-las mais precisas, seguindo a verdadeira inclinação da língua escrita.[44]

Calvino, que dedicou toda a vida a traduzir pensamentos difíceis em palavras, deixou-nos um apelo para que não "achatemos" a linguagem, em toda a sua complexidade. O futuro da linguagem está ligado não só aos esforços contínuos dos escritores por encontrar as palavras que nos guiarão até sua trabalhosa reflexão, mas também aos esforços contínuos dos leitores por responder, aplicando sua melhor reflexão àquilo que está sendo lido. Preocupo-me com o fato de que estamos a um breve passo de deixar de reconhecer a beleza no que está escrito. Preocupo-me porque estamos ainda mais perto de jogar fora pensamentos complexos, quando não se encaixam na restrição, desastrosa para a memória, ao número de caracteres usados para transmiti-los. Ou quando estão enterrados na vigésima e última página menos lida de uma busca no Google. A cadeia digital que leva da proliferação da informação às doses ralas e visualmente sedutoras, consumidas diariamente por muitos de nós, precisará de mais do que da vigilância da sociedade para que a qualidade de nossa atenção e memória, a percepção da beleza e do reconhecimento da verdade e as complexas capacidades de tomada de decisão baseadas em todas elas não se atrofiem ao longo do caminho.

Quando a linguagem e o pensamento se atrofiam, quando a complexidade se esvai e tudo se torna cada vez mais o mesmo, corremos grandes riscos na política da sociedade – vindos quer de extremistas de organizações políticas ou religiosas ou, menos obviamente, de publicitários. Executada cruelmente ou reforçada sutilmente, a homogeneização nos grupos, nas sociedades ou na língua pode levar à eliminação de tudo que seja diferente ou que seja "outro". A proteção da diversidade na sociedade humana é um dos princípios que foram incorporados em nossa Constituição e, muito antes disso, em nossa cerebrodiversidade[45] genética. Tal como foi descrita por geneticistas, futurólogos e mais recentemente por Toni Morrison[46] em seu livro *The Origin of Others*, a diversidade promove o avanço no desenvolvimento de nossa espécie, a qualidade de nossa vida em nosso planeta conectado, e mesmo nossa sobrevivência.

Nesse contexto abrangente, precisamos trabalhar para proteger e preservar os usos requintados, amplos e não achatados da língua. Quando é alimentada, a linguagem humana proporciona o mais perfeito veículo para a criação de pensamentos não limitados, nunca antes imaginados, que por sua vez fundamentam avanços em nossa inteligência coletiva. O inverso é também verdadeiro, com implicações traiçoeiras para cada um de nós.

Há pouco tempo, discuti essas ideias admitidamente sombrias e pesadas no mais leve dos cenários: uma conversa durante uma caminhada de verão pelos Alpes franceses com o editor italiano Dr. Aurelio Maria Mottola.[47] Enquanto subíamos cada vez mais para onde as árvores começavam a rarear, relatei minhas preocupações acerca dos possíveis efeitos da tendência cultural para a homogeneização da linguagem: desde o estreitamento das escolhas lexicais dos autores visando a manuscritos mais breves, até um uso mais acanhado da complexidade sintática e da linguagem figurada – duas coisas que exigem um conhecimento de fundo com o qual já não se pode contar.

Qual será, então, perguntou ele, o destino dos livros e poemas recheados de metáforas e analogias, cujos referentes já não são do conhecimento comum? O que acontecerá se o repertório compartilhado de alusões de uma cultura – metáforas da Bíblia; mitos e fábulas; versos de poemas que ficaram na memória; personagens de narrativas – começar a encolher e for desaparecendo gradualmente? O que acontecerá, perguntou esse editor erudito que lê várias línguas, se a "língua dos livros" deixar de ser adequada ao estilo cognitivo da cultura – que é rápido, pesadamente visual e artificialmente truncado? Mudará a escrita e, com ela, o leitor, o escritor, o editor e a própria linguagem? Estaríamos testemunhando em nossas diferentes profissões, o começo de um recuo de formas intelectualmente mais exigentes da linguagem até que – como a mal fadada cama de Procusto* – ela se torne adequada às normas imperceptivelmente redutoras de uma leitura feita em telas cada vez menores?

Paramos em algum lugar na maravilhosa paisagem e procuramos resgatar nosso passeio da direção indesejada de nossos pensamentos. Não é da natureza da linguagem expandir-se e mudar a cada época? – perguntamo-nos reciprocamente. Não seria a própria história da escrita a melhor garantia para nossa época? A plasticidade do cérebro leitor não oferece o mecanismo ideal para acomodar os diferentes modos de ler e escrever?

Não devemos abrir mão daquilo que ganhamos, disse eu suavemente, ao meu companheiro daquele passeio de verão, então silencioso, e digo o mesmo agora a vocês, caros leitores. Alguns de vocês, certamente, pensarão que reclamo demais e que só a parte elitizada

* N.T.: A mitologia grega descreve Procusto como um bandido que tinha uma cama com o tamanho exato de seu corpo. Quando hospedava algum viajante maior do que a cama, costumava decapitá-lo ou amputar-lhe os pés. Acabou punido com o suplício que ele tinha inventado, quando o herói Teseu o deitou transversalmente nessa mesma cama e cortou sua cabeça e seus pés.

de qualquer população perderá as prateleiras dos poemas e livros velhos que deixam de ter preferência com a regularidade de um relógio, época após época, geração após geração. Mas o que impulsiona minhas preocupações é precisamente o oposto do elitismo. Estou escrevendo este livro e faço minhas pesquisas hoje somente porque a dedicação de meus pais e de alguns professores profundamente devotados da School Sisters of Notre Dame,[48] em uma escola de oitavo ano com apenas duas salas, me permitiu ler quando criança a "grande literatura" do passado. Foram somente esses livros que me prepararam para não abandonar os mineiros de carvão e os fazendeiros de minha cidadezinha do Meio Oeste e entender cada uma daquelas pessoas ainda queridas, e o mundo além de Eldorado, Illinois, de maneiras totalmente novas. As palavras, as histórias, os livros me permitiram ter não tanto um olhar calmo – provavelmente esse nunca foi o meu ponto forte quando jovem – mas um olhar mais aberto para mundos que eu poderia não ter nunca imaginado do meu ponto de observação muito limitado sobre a Walnut Street, onde encontrei pela primeira vez Emily Dickinson, Charlotte Brontë e Margaret Mitchell.* Como observou Alberto Manguel a propósito de seu estoque de conhecimentos também construído por meio de livros, "Tudo caminha em progressão geométrica com base naquilo que conhecemos e naquilo que é lembrado, sempre que lemos algo novo".[49]

Não há dúvida de que as crianças e jovens de hoje sairão de suas próprias versões de Walnut Street para descobrir mundos inesperados graças à Internet, e ao incrível potencial que ela tem para conectar pessoas e ideias de qualquer canto do mundo. Mas antes que o façam e enquanto o fizerem, torço para que vão formando ativamente seus próprios fundamentos interiores de conhecimento,

* N.T.: Sobre Emily Dickinson, veja-se a primeira nota do tradutor do segundo capítulo; Charlotte Brontë (1816-1855) é autora de *Jane Eyre*, romance de 1847 que narra, de um ponto de vista feminino e aproveitando a experiência pessoal da autora, a história de uma governanta que se apaixona por seu patrão; Margaret Mitchell (1900-1949) é autora de *Gone with the Wind* (*E o vento levou*), romance épico que se passa no sul dos Estados Unidos durante a Guerra Civil americana: publicado em 1936, *Gone with the Wind* deu origem, em 1939, a um clássico hollywoodiano, com Clark Gable e Vivien Leigh.

singulares em sua construção, assimilando aquilo que aprenderam tanto dos livros retirados daquelas prateleiras, quanto dos romances gráficos de Gene Luen Yang e Mark Danielewski.* Quero que aprendam a ler e a lembrar, porque essas são as fundações do que se tornarão e da maneira como pensarão e decidirão a forma de seu futuro e do nosso.

Durante os últimos anos, dei aulas para centenas de graduandos brilhantes e cultos. Fiquei entusiasmada pela inteligência e empenho deles em contribuir para nosso mundo, um objetivo concreto da universidade onde trabalhei. Mas a verdade é que um número cada vez maior entre eles foi se tornando adepto das linguagens de programação e acabou tendo dificuldades cada vez maiores diante de frases como *"a coat of many colors"*, *"the quality of mercy"* ou *"the road not taken"*** e isso na Nova Inglaterra. Preocupada com a leitura, a questão com a qual me defronto é se as plataformas internas cuidadosamente construídas estarão formadas em nossos jovens antes que se voltem automaticamente para sua inteligência usual quando se defrontam com um nome ou conceito desconhecido. Não é que eu prefira as plataformas de conhecimento internas às externas, quero as duas, mas a interna tem que estar suficientemente formada antes que a confiança

* N.T.: Os romances gráficos são publicações cuja linguagem é a história em quadrinhos. Distinguem-se de outras publicações que utilizam a mesma linguagem por suas dimensões maiores. O primeiro dos autores citados para exemplificar o gênero, Gene Luen Yang, publicou, entre outras obras, *American Born Chinese* e os volumes da série *Avatar, the Last Airbender.* Mark Danielewski publicou, entre outras obras, a coleção de ficção *Familiar*, com vários volumes.

** N.T.: As expressões *"a coat of many colors"*, *"the quality of mercy"* ou *"the road not taken"* evocam contextos familiares na cultura americana: "Coat of many colors" ("um agasalho de várias cores") é uma composição da cantora Dolly Parton gravada em 1971; conta a história de uma criança que ganha da mãe um agasalho feito com restos de lã recuperados de trapos velhos. A criança vai à escola feliz com esse agasalho e é ridicularizada por seus colegas. Há no título da canção uma alusão ao episódio bíblico em que Jacó dá a José, seu filho preferido, uma túnica de várias cores. *"The quality of mercy"* ("A grandeza da piedade") é parte da fala de Portia, personagem da peça *O mercador de Veneza*, de Shakespeare, num discurso brilhante em que se pede misericórdia ao tribunal da cidade. "The road not taken" é o título de um célebre poema em que o poeta americano Robert Frost (1874-1963) evoca um caminho que se bifurca num bosque, e faz dele uma representação das opções da vida e das oportunidades que perdemos sem sequer conhecê-las.

automática nas externas assuma o controle. Somente com essa sequência no desenvolvimento confio que eles saberão quando não sabem.

Portanto, o problema nunca diz respeito somente a quantas palavras consumimos ou mesmo a como lemos na cultura digital. Diz respeito aos efeitos significativos de quanto lemos sobre a maneira como lemos e aos efeitos de ambas as coisas sobre o que lemos e lembramos. Mas a questão não termina com o que lemos; ao contrário, continua, porque aquilo que lemos traz mais mudanças no próximo elo da corrente: como as coisas são escritas.

COMO AS COISAS SÃO ESCRITAS

Durante meus cursos de pós-graduação[50] com Carol e Noam Chomsky, minha concepção da linguagem passou de um foco inicial na beleza da palavra para o estudo da palavra como parte das estruturas da língua. Essa mudança me trouxe uma percepção que tinha faltado em minha formação literária anterior: que os vários processos da língua, particularmente a sintaxe, refletem as convoluções de nossos pensamentos. Como escreveu o psicólogo russo Lev Vygotsky em um livro notável – *Thought and Language* (Pensamento e linguagem) – a língua escrita não apenas reflete[51] nossos pensamentos mais difíceis, também os impele para a frente.

No contexto da influência da linguagem escrita sobre o desenvolvimento intelectual, considere-se o crescente mal-estar de muitos professores de inglês de universidade e ensino médio pelo crescente número de alunos sem "paciência" para a literatura do século XIX e da primeira parte do século XX. Se pensarmos em *Moby Dick*, de Herman Melville, e *Middlemarch*, de George Eliot, dois dos melhores livros de literatura em língua inglesa do século XIX, a densidade das sentenças e as análises cognitivas exigidas do leitor para entendê-las são substanciais. Uma de minhas sentenças preferidas de *Middlemarch* ilustra essa afirmação ao descrever o momento do *insight* em que a pobre Dorothea descobre os limites da genialidade atribuída a seu marido, mais velho que ela – e isso em plena lua de mel!

> Como foi que nas semanas desde seu casamento Dorothea não tinha observado diretamente, só intuído com uma sensação sufocante de depressão, que os amplos panoramas e o ar aberto e fresco que ela tinha esperado encontrar na mente de seu marido tinham sido substituídos por antessalas e corredores sinuosos que não pareciam levar a lugar nenhum?[52]

Com certeza, não há falta de palavras, frases e orações* nessa passagem. Mas a gramática densa de Eliot e a estrutura "sinuosa" do período são uma simulação quase perfeita dos meandros sem destino da mente do senhor Casaubon, que também vagava "sem rumo". É lícito dizer que uma geração de jovens que foram criados na internet e no Twitter, e simultaneamente inundados por volumes de palavras, e acostumados a usar somente 140 caracteres para expressar por escrito seus pensamentos, teriam dificuldade para apreciar esse trecho ou para ler Melville e Eliot e, mais ainda, as 150 a 300 palavras que há numa sentença típica de Proust.

É verdade que alguns dos problemas levantados aqui têm a ver com as previsíveis mudanças no uso da língua entre uma época histórica e a seguinte, exatamente como afirmou o Dr. Mottola. Tendo isso em mente, no mais cientificamente incorreto de meus exercícios, fui à minha estante e tirei três romances *best-sellers* recentes, escritos por autores conhecidos e respeitados, e três romances do início do século XX. Eu tinha gostado enormemente de cada um desses livros e queria simplesmente ver o que poderia revelar uma análise aleatória das estruturas gramaticais nas obras contemporâneas, se é que isso era possível. Usei uma versão extremamente simplificada (isto é, não científica) daquilo que os estudiosos da leitura como minha antiga orientadora Jeanne Chall chamavam de *fórmulas de legibilidade*,[53] que avaliam a adequação de diferentes textos ao nível de idade. (Reconheço que, durante todo o meu programa de pós-graduação, evitei tenazmente e com êxito estudar essas fórmulas). Escaneei aleatoriamente algumas páginas de cada um dos livros para calcular

* N.T.: O texto inglês diz "There is ... no shortage of words, phrases, and clauses here". Levamos em conta que *phrase* é normalmente usado como equivalente de "expressão, sintagma", e *clause* como "oração" ou "oração subordinada". Daí a tradução adotada.

o número médio de frases e orações por sentença e por parágrafo. Além das consideráveis diferenças de estilo e conteúdo, o comprimento médio da sentença nos atuais romances *best-sellers* resultou ser menos da metade do que os das obras escritas entre o início e a metade do século XX, com um número drasticamente menor de orações e frases por período.

Não há necessidade de fórmulas padronizadas para comprovar que a tendência de abandonar a densidade está presente na vida diária. A questão é se estamos observando um realinhamento acelerado entre o estilo de leitura ("como lemos") e o estilo da escrita ("o que lemos") e, sendo o caso, se isso é importante. Minha amostragem, por ser superficial, impede quaisquer juízos fáceis: seja sobre as mudanças de uma época para outra no estilo de escrever, seja sobre se as mudanças observadas refletem as características da mídia dominante, ou, mais assustadoramente, se refletem a complexidade do pensamento corporificado nas palavras. Seria um erro grosseiro sugerir que a profundidade dos pensamentos de um autor tem correlação direta com a densidade sintática da obra. Já escrevi muitas vezes que podemos gostar tanto de Hemingway quanto de George Eliot. Contudo, comecei a questionar a perda cognitiva de não querermos ou, no futuro, não sermos capazes de navegar as exigências dos conceitos complexos numa prosa mais densa. Por isso me preocupo cada vez mais com a relação entre o número de caracteres com que escolhemos ler ou escrever e o modo como pensamos. Principalmente agora e especialmente a propósito de nossos jovens adultos, ou quem vier a liderar nossos governos, mundo afora.

MC; NL (Muito comprido; Não li).* A relação crítica entre a qualidade da leitura e a qualidade do pensamento é fortemente influenciada pelas mudanças na atenção e por aquilo que chamei, mais intuitiva do que cientificamente, *paciência cognitiva*. Algumas das cartas mais desconcertantes e surpreendentes que recebi nos últimos anos vieram de professores de Literatura ou Ciências

* N.T.: Em inglês, *Too long; didn't read*, e *TL; DR*.

Sociais, desnorteados com a impaciência de alunos universitários para com a escrita e a literatura americana mais antiga e densa. O diretor de um renomado departamento de Inglês escreveu que não poderia mais oferecer seu outrora concorrido seminário sobre Henry James, pelo insignificante número de estudantes interessados ou aptos a ler Henry James. Entre esses professores, duas observações são mais frequentes. A primeira é que os estudantes se tornaram cada vez mais impacientes com o tempo exigido para compreender a estrutura de sentenças mais difíceis em textos mais densos e mais avessos ao esforço necessário para ir a fundo em sua análise.

A segunda é que a escrita dos estudantes está se deteriorando. Ouvi essa crítica a alunos de graduação durante todo o tempo em que lecionei. É importante em todos os momentos enfrentar essa questão. Em nossa época, precisamos perguntar se a familiaridade decrescente dos alunos de hoje com uma prosa conceitualmente complexa e os truncamentos diários que usam nos meios sociais estão afetando sua escrita mais gravemente do que no passado. Há dois problemas também relacionados à paciência cognitiva, que afetam a escrita dos estudantes. Num projeto destinado a rastrear o uso de citações por estudantes, a maioria delas se referia ou à primeira página da fonte citada ou às três últimas.

Pode-se perguntar simplesmente se as páginas intermediárias chegaram a ser lidas ou se o artigo como um todo foi lido no estilo *F* ou zigue-zague descrito por Liu: isto é, lendo a primeira página, qualquer coisa no meio, e por fim as últimas páginas. Neste caso, o conhecimento de fundo, a argumentação e as evidências presentes no corpo da maioria das fontes ou foram lidas por cima ou só em parte. Esse modo de ler acabará por desembocar em textos menos bem construídos e fundamentados de maneira menos convincente, escritos por estudantes ligeiros e superficiais tanto na leitura quanto na escrita.

Vários professores admitiram, nas cartas, com certa ambivalência, que passaram a indicar a leitura de coletâneas de contos para lidar com a atenção mais reduzida dos estudantes. Não se trata aqui de discutir o valor do conto como gênero. Mas, exatamente como o declínio relatado da empatia de nossos jovens exige nosso exame e entendimento coletivo, assim também o exigem seu crescente desinteresse por textos mais longos e difíceis e sua escrita cada vez menos competente. A questão central não é sua inteligência nem, certamente, a pouca familiaridade com diferentes estilos de escrita. Mais que isso, eles podem regredir para uma falta de paciência cognitiva diante do pensamento crítico e analítico exigente e para uma incapacidade concomitante de adquirir a persistência cognitiva, aquilo que a psicóloga Angela Duckworth[54] celebrizou pelo nome de "garra"* alimentada precisamente pelos gêneros que estão sendo evitados. Comentei antes que a falta de conhecimento de fundo e de habilidades críticas analíticas podem sujeitar o leitor a informações incertas ou mesmo falsas; analogamente, a formação insuficiente e a falta de uso dessas complexas habilidades intelectuais podem tornar nossos jovens menos capazes de ler e escrever bem, e portanto menos preparados para o futuro.

São essas as habilidades intelectuais e os predicados pessoais que dão aos jovens adultos os fundamentos para reconhecer e administrar as inevitáveis mudanças e complexidades que têm pela frente. Sua formação na faculdade os prepara para as formas bem mais desafiadoras de tenacidade intelectual que lhes serão exigidas depois da pós-graduação: quer se trate de redigir relatórios, documentos e resumos bem argumentados em sua vida profissional futura; de ler e avaliar criticamente a fundamentação de um *referendum*, uma decisão de tribunal, documentos médicos, testamentos, jornalismo investigativo ou o histórico pessoal de um candidato político; ou mesmo de distinguir o que é verdadeiro do que é falso nas discussões cada vez mais frequentes sobre notícias e relatos *fake*. Uma sociedade democrática requer o desenvolvimento cuidadoso dessas habilidades em seus cidadãos, sejam eles velhos ou jovens.

* N.T.: O termo inglês é *grit*, presente no título da obra de A. Duckworth citada pela autora. Significa originalmente "cascalho", "pedra britada".

Em "Internet of Stings", Jennifer Howard iniciou um dos mais desconcertantes ensaios sobre algumas dessas questões, lembrando entrevista com um dos provedores de notícias falsas:

> Como disse um mestre do gênero *fake news* ao *Washington Post*: "Honestamente, as pessoas estão definitivamente mais burras. Elas só ficam passando coisas adiante. Ninguém checa mais nada". Separar a verdade da ficção toma tempo, letramento informacional e uma mente aberta, coisas que parecem estar em falta numa cultura desatenta e polarizada. Gostamos de compartilhar instantaneamente – e isso nos torna facilmente manipuláveis.[55]

Há nisso muitas questões de peso para estudantes, professores, pais e membros de nossa república. O modo como nossos cidadãos pensam, decidem e votam depende de sua capacidade coletiva de navegar as realidades complexas de um meio digital com intelectos não capazes e acostumados a uma análise e compreensão de nível mais elevado. Já não se trata de saber que mídia é melhor para o quê; trata-se de saber como o modo ideal de pensamento em nossas crianças, nossos jovens adultos e nós mesmos pode ser cultivado neste momento da história.

Esses não são de maneira alguma pensamentos novos para mim ou para outros. Tanto as mensagens icônicas de Marshall McLuhan a respeito da influência que as mídias exercem sobre nós, quanto as exortações mais filosóficas de Walter Ong remetem, mais uma vez, retrospectivamente, à preocupação original de Sócrates de que a leitura mudaria o pensamento de modo permanente. "Se os homens aprenderem isso, o esquecimento será implantado em suas almas; eles deixarão de exercitar a memória por confiar naquilo que está escrito, evocando as coisas para a recordação não mais do interior de si mesmos, mas por meio de sinais externos."[56] Certamente, Sócrates nunca teve a oportunidade de entender o valor potencial de ter ambas as formas de memória – interna e externa – mas nós temos. Ainda assim, não atentamos para o que significam para nosso dia a dia as mudanças no modo como lemos e pensamos.

O estudioso jesuíta Walter Ong ajudou a avaliar algumas das inquietações de Sócrates, e também inadequações, quando aplicadas à sociedade contemporânea. Segundo Ong, nossa evolução intelectual não tem tanto a ver com o modo como um meio de comunicação difere de outro, mas antes com aquilo que acontece com os seres humanos que estão sujeitos a ambos.[57] Em sua perspectiva, a pergunta é: o que vai ser dos leitores de nosso tempo, que herdaram a cultura baseada no letramento e também a cultura digital? As mudanças na língua oral, na leitura e na escrita seriam tão sutis que, antes que atentemos para elas, teremos esquecido aquilo que pensávamos ser verdadeiro, belo, virtuoso e essencial para o pensamento humano? Ou podemos usar a totalidade do conhecimento presente e nossas inferências com base nele para escolher o que há de melhor nas duas mídias e ensinar isso aos nossos jovens?

A determinação necessária para responder a essas perguntas começa com um exame mais profundo de nossas vidas de leitores iniciado nas últimas cartas. Por acaso você, meu leitor, está lendo com menos atenção e, quem sabe, lembrando menos aquilo que leu? Acaso você percebeu que, ao ler numa tela, está cada vez mais lendo por palavras-chave e sobrevoando sobre o resto? Acaso esse hábito ou estilo de ler na tela "contaminou" sua leitura em cópia impressa? Você percebe que ficou lendo várias vezes a mesma passagem para entender seu significado? Você suspeita, enquanto escreve, que sua habilidade para expressar o ponto crucial de seus pensamentos anda um pouco falha ou reduzida? Você ficou tão acostumado a súmulas rápidas de informações que já não sente a necessidade de (ou já não tem tempo para) analisar sozinho essas informações? Você notou que está evitando gradualmente análises mais densas ou mais complexas, mesmo as facilmente acessíveis? Muito importante: você ficou menos capaz de provar o mesmo prazer envolvente que derivava outrora de seu antigo eu leitor? Você começou, de fato, a suspeitar que não tem mais a paciência cerebral de escavar um artigo ou livro longo e difícil? E o que vai acontecer se, um dia desses, você parar e se perguntar se você, exatamente você, está realmente mudando e, pior de tudo, já não tem tempo para fazer nada a esse respeito?

Um estudo de caso da hipótese da cadeia digital

Com isso estou enfim chegando à história de minha inquietação. Sem vocação para *best-seller*, a linha mestra desse enredo é a seguinte: "pesquisadora da leitura e de suas mudanças numa cultura digital acorda certo dia e é forçada a encarar se ela também mudou". Continua sendo para mim uma história triste, com algumas lições difíceis para mim e você, e pelas palavras que terei de engolir.[58]

Calvino escreveu certa vez que "Rip Van Winkle", a personagem de Washington Irving, "adquiriu o *status* de mito fundador para a vossa sociedade em mudança constante".[59] É certamente o meu caso, e agora pela segunda vez. Como escrevi em minha primeira carta, minha experiência inicial de "despertar" aconteceu quando terminei de escrever *Proust and the Squid*. Depois de sete anos de pesquisas sobre o cérebro leitor, olhei em volta e me dei conta de que meu assunto como um todo tinha mudado. Ler não era mais a mesma entidade de quando eu tinha começado.

A segunda experiência repercutiu ainda mais perto. Apesar de toda a minha pesquisa sobre mudanças no cérebro leitor, nunca havia percebido que as mesmas coisas valiam também para mim, até que os efeitos se aproximaram do proverbial "negócio fechado".* Tudo começou muito inocentemente. Como qualquer pessoa com responsabilidades aumentando na vida profissional e pessoal, e uma sobrecarga cada vez maior de coisas para ler e escrever, dia após dia, em qualquer quantidade de meios digitais, comecei a fazer pequenas concessões. Ainda tentei usar o e-mail mais como um bilhete num envelope – um cumprimento cortês com formas próprias de polidez. Mas os bilhetes iam ficando mais curtos e concisos. Não havia como esperar o momento perfeito para escrever pensamentos tranquilos, o objetivo confessadamente inatingível de meu estilo anterior. Fiz tudo que pude e entreguei à misericórdia cósmica o fato de não conseguir satisfazer as expectativas dos destinatários de minhas mensagens.

* N.T.: *negócio fechado*: *done deal* no original.

Quanto à leitura, passei a depender cada vez mais do Google, do Google Scholar, dos resumos publicados diariamente ou semanalmente em periódicos como *Science*, ou das notícias on-line e histórias on-line do *New Yorker* etc. para aquilo que eu achava necessário conhecer, ou que teria de ler mais tarde com maior profundidade. Várias assinaturas de jornais e revistas começaram e terminaram. Não consegui acompanhar as que interessavam mais – as que forneciam os comentários mais aprofundados sobre a vida pública – e assim... fiquei desatualizada. Fingi para mim mesma que eu recuperaria o atraso nos finais de semana, mas os prazos não cumpridos da semana passaram para os finais de semana e aos poucos os objetivos iniciais de reparar os atrasos foram desaparecendo.

O próximo ato de sumiço foram os livros outrora ansiosamente aguardados e que sempre ficavam ao lado de minha cama esperando para serem lidos. Em seu lugar, nos minutos finais de meu dia, vinham os últimos e-mails, de modo que eu podia dormir me achando "virtuosa", em vez de ser confortada por uma reflexão de Marco Aurélio, ou tranquilizada pela leitura dos livros de Kent Haruf ou Wendell Berry,* nos quais pouco acontece, a não ser o suceder-se de *insights* de pessoas guiadas pelos ritmos da terra, pelo amor humano e pela virtude posta à prova, cujas observações acalmam a mente inquieta e o coração desassossegado.

Continuei comprando livros, mas, cada vez mais, li *neles*, em vez de ser arrebatada *por eles*. Em algum momento impreciso, eu tinha começado a ler mais para ser informada do que para estar imersa, e menos ainda para ser transportada.

Com essa infeliz tomada de consciência, imergi nesta dúvida: teria eu me tornado o leitor a respeito do qual e em benefício do qual eu escrevia, sacrificando os finais de semanas? Somente o brio

---

* N.T.: O americano Wendell Berry (1934-...) atuou como professor universitário e notabilizou-se como ensaísta, poeta, contista e romancista. Seus escritos, entre os quais *The Memory of Old Jack* (1974), tratam do tema da responsabilidade humana em face da natureza e da crise moral do final do século XX. Kent Haruf (1943-2014), outro romancista americano, teve grande sucesso com *Plainsong* e sua continuação *Eventide*. Sua última obra, *Our Souls at Night*, foi publicada postumamente, em 2015.

evitou que eu aceitasse esse cenário. Em vez disso, como qualquer cientista perante uma questão passível de ser investigada, montei um experimento. À diferença dos outros estudos que conduzi, eu era o único sujeito num projeto unicelular. Minha hipótese nula, por assim dizer, era que eu não tinha mudado o meu estilo de leitura: o que tinha mudado era o tempo que eu podia dedicar à leitura. Eu haveria de provar isso simplesmente controlando esse fato, reservando a mesma quantidade de tempo todo dia e observando fielmente minha leitura de um romance difícil, linguística e contextualmente exigente, que tivesse sido um dos meus livros preferidos quando eu era mais jovem. Eu conheceria o enredo. Não haveria suspense ou mistério envolvido. Eu só precisaria analisar o que estaria fazendo durante a leitura, do mesmo modo como analiso o que faz uma pessoa disléxica quando está lendo em meu centro de pesquisa.

Sem hesitar, escolhi, de Hermann Hesse, *Magister Ludi*, também conhecido como *The Glass Bead Game* (*O jogo das contas de vidro*), que foi citado quando Hesse recebeu o Prêmio Nobel de Literatura em 1946. Dizer que comecei o experimento com a mais entusiasmada das disposições não é exagero. Animava-me a ideia de que eu estaria me forçando a reler um dos livros que mais me haviam influenciado em meus anos de juventude.

Força se tornou minha palavra de ordem. Quando comecei a ler *Magister Ludi*, senti o equivalente literário de um soco no córtex. Não conseguia ler. O estilo me parecia teimosamente opaco, denso demais (!), com palavras desnecessariamente difíceis e sentenças cujas construções sinuosas ofuscavam o significado, em vez de aclará-lo. O andamento da ação era impossível. Um punhado de monges subindo e descendo as escadas era a única imagem que me vinha à mente. Era como se alguém tivesse despejado um melaço grosso sobre meu cérebro toda vez que eu pegava em *Magister Ludi*.[60]

Para compensar, num primeiro momento tentei conscientemente ler o texto mais devagar, mas em vão. O ritmo rápido ao qual me acostumara ao ler minha dose diária de *gigabytes* não me permitia reduzir a velocidade o bastante para captar o que Hesse estava transmitindo. Eu não precisava de um teste de pele galvânico para saber que suava levemente. Respirava de modo mais pesado, e provavelmente minha frequência cardíaca estava elevada. Eu não queria saber meus níveis de cortisol. Eu odiava o livro. Odiava o tal do experimento, que, para começar, não tinha nada de científico. Acabei por perguntar a mim mesma por que razão eu tinha pensado que aquele era um dos grandes romances do século XX, em que pese o Prêmio Nobel de Literatura dado a Hesse. Era outro tempo. Ele jamais teria sucesso nos dias atuais. Com toda a probabilidade, Hesse não conseguiria hoje encontrar um editor para o livro.

Caso encerrado, pensei, enquanto inseria *Magister Ludi* de volta sem cerimônia, entre Hemingway e o *Sidharta*, também de Hesse, mas de leitura bem mais fácil, na minha estante organizada em ordem alfabética, formada por livros responsáveis pela formação de quem sou e como penso. Pouco importava que eu tivesse fracassado em meu próprio teste. Ninguém se preocuparia ou saberia além de mim.

A conclusão inescapável – que eu não pretendia compartilhar com ninguém – era que eu tinha mudado de um modo impossível de prever. Agora, eu lia na superfície e muito rapidamente; na realidade, eu lia rapidamente demais para compreender níveis mais profundos, o que me forçava a retornar constantemente no texto e a reler várias vezes a mesma sentença, com crescente frustração; eu ficava impaciente com o número de orações e frases por período, como se eu nunca tivesse reverenciado as longas sentenças de Proust e de Thomas Mann; eu me sentia agredida com a profusão de palavras que Hesse julgava necessário usar período sim, período não; e, finalmente, o meu assim chamado processo de leitura profunda nunca "vinha à tona". Era isso: eu tinha mudado. Eu era o rinoceronte de Ionesco[61] também. "E agora?", resmunguei em voz alta, sem ninguém para ouvir.

O experimento foi um desastre. Não teria ido além da privacidade de minhas estantes não fosse por dois pensamentos silenciosamente perturbadores: em primeiro lugar, as estantes de livros estavam cheias de amigos meus – inclusive Hermann Hesse – cuja influência coletiva em minha formação só ficava atrás de minha família e de meus professores. Estaria eu, para todos os fins, disposta a abandonar os amigos de uma vida, relegando-os, em sua maioria, com indiferença ao seu lugar na ordem alfabética da estante? Em segundo lugar, por vários anos, eu disse a milhares de crianças disléxicas que suas dificuldades, como os inimigos, podem ser seus melhores mestres, se forem capazes de ver nelas as oportunidades para reconhecer aquilo que precisam mudar. Com a leitura como desafio, eu me obriguei a voltar à tarefa, mas desta vez durante intervalos breves, concentrados, de vinte minutos. Fui flexível comigo mesma no tocante ao número de dias que dedicaria a esta imprevista, desagradável e indesejada Fase Dois do experimento.

Levou duas semanas. Em algum momento perto do final, tive algo como a epifania de São Paulo de Tarso, embora muito menos dramática. Nada de clarão de luzes ou de revelação brilhante. Simplesmente senti, afinal, que eu estava de novo em casa, de volta ao meu antigo eu leitor. Agora, o ritmo de minha leitura acompanhava o andamento da ação no livro. Eu reduzia ou acelerava esse ritmo junto com ele. Não impus mais às palavras e aos períodos repletos de orações de Hesse nem a velocidade nem a qualidade de atenção espasmódica a que me acostumara na leitura on-line.

Em seu maravilhoso livro *Rereadings*, Anne Fadiman comparou leitura e releitura de um livro: "a primeira tinha mais velocidade,[62] a segunda, mais profundidade". Minha experiência como leitora de tela digital tentando reler a obra-prima de Hesse tinha sido o oposto: eu tentei reler tão rapidamente quanto possível e fracassei. Na verdade, Naomi Baron previu[63] que a passagem para uma leitura na tela diminuiria nosso desejo de reler, o que seria uma grande perda, porque cada idade em que lemos leva para o texto uma pessoa diferente. Em meu caso, somente depois que me forcei a entrar no livro, experimentei, primeiro, uma redução de velocidade, em seguida, a imersão em outro mundo, o do livro e, finalmente, a sensação de estar sendo transportada para fora de mim mesma. No processo, meu mundo ficou mais lento – só um pouco – à medida que eu recuperava a maneira de ler que eu havia perdido.

Conforme mostrou meu pequeno experimento, meu próprio circuito de leitura tinha-se adaptado às exigências que lhe eram feitas e, embora eu tivesse uma consciência tristemente pequena disso, meus comportamentos (ou meu estilo) de leitura tinham mudado durante o caminho. Em outras palavras, meu estilo transplantado, espasmódico e on-line, adequado para a leitura de meu dia a dia, tinha sido transferido indiscriminadamente para minha leitura toda, tornando cada vez menos gratificante minha antiga imersão em textos mais difíceis. Não fui além, ou seja, não avancei na compreensão de possíveis mudanças. Admito que não queria saber delas. Eu simplesmente queria recuperar aquilo que tinha quase perdido.

No final das contas, meu experimento simplista foi um modo de enfrentar questões cruciais para cada um de nós que está mergulhado tanto em mídias impressas quanto em mídias digitais. Nos termos de Ong,[64] a questão com que me deparei envolvia um reconhecimento das minhas transformações decorrentes dos dois modos de ler. Talvez igualmente importante, dada a circunstância de eu estar alternando diariamente entre as duas formas de comunicação, a pergunta correta foi a de Klinkenborg: O que aconteceria, agora, com a leitora que eu tinha sido?

Há uma história muito simples e muito bonita dos indígenas americanos que eu nunca esqueci. Nessa história, um avô fala a seu jovem neto sobre a vida. Ele diz ao menininho que em cada pessoa vivem dois lobos, que estão sempre em guerra entre si. O primeiro lobo é muito agressivo e cheio de violência e ódio para com o mundo. O segundo é pacífico e cheio de luz e amor. O menino pergunta angustiado ao avô: "Qual dos dois ganha?" O avô responde: "Aquele que você alimenta".

O ÚLTIMO ELO NA CADEIA DIGITAL: POR QUE LEMOS

É no contexto de alimentar esse "segundo lobo" que conto a vocês o real desenlace de meu experimento de releitura de Hesse: eu li *Magister Ludi* uma terceira vez. Não por alguma razão experimental, simplesmente pela paz que senti ao voltar para minha antiga vida de leitora. A romancista Allegra Goodman escreveu algo maravilhoso sobre o processo de desdobramento que ocorre ao reler um livro amado: "como o tecido plissado, o texto revela diferentes partes [...] em diferentes momentos. Ainda assim, toda vez que o texto se desdobra [...] o leitor acrescenta novas pregas. A memória e a experiência se projetam em cada leitura, de modo que cada reencontro informa o seguinte".[65] A cada releitura, lembrei algo de essencial sobre a pessoa que eu pensava ser quando li pela primeira vez. No final, tinha recapturado não só o porquê de ter lido o livro então com tanta satisfação, mas também, talvez ironicamente, o significado que ler tinha tido para mim, antes que eu me tornasse uma pesquisadora da leitura.

É bem possível que haja tantas razões para ler quantos são os leitores. Mas o próprio fato de trazer à consciência a pergunta *por que lemos* provocou algumas das respostas mais instigantes de alguns dos escritores mais queridos do mundo. Eu pediria que você fizesse a si próprio essa pergunta, antes que passe mais tempo. Quando reencontrei meu antigo eu leitor, a resposta que me veio é esta: leio para encontrar uma razão nova para amar este mundo e também para deixar este mundo para trás – para entrar num espaço onde eu possa vislumbrar o que está além de minha imaginação, além de meu conhecimento e de minha experiência da vida e, às vezes, onde eu possa, como o poeta Federico García Lorca, "ir muito longe, para me dar de volta minha antiga alma de criança".[66]

Isso remete a algo que Hesse escreveu num ensaio pouco conhecido chamado "The Magic of the Book":

> Entre os muitos mundos que o homem não recebeu como dádiva da natureza, mas criou com seu próprio espírito, o mundo dos livros é o mais grandioso. Cada criança que rabisca suas primeiras letras numa tabuinha de ardósia e tenta ler pela primeira vez, ingressa, ao fazê-lo, num mundo artificial e sumamente complicado: para conhecer completamente as leis e regras desse mundo e colocá-las perfeitamente em prática, nenhuma vida humana é suficientemente longa. Sem palavras, sem o escrever e sem livros não haveria história, não poderia haver um conceito de humanidade.[67]

Os "muitos mundos" de Hesse e o sonho de Lorca de reencontrar a "antiga alma de criança" são a melhor maneira de que disponho para apresentar a você a próxima carta, sobre as crianças que vêm depois de nós e sobre o legado único de uma vida de leitura que esperamos passar para elas e seus filhos, e para os filhos de seus filhos.

Sinceramente,

Sua Autora

NOTAS

1 V. Klinkenborg, "Some Thoughts About E-Reading", *New York Times*, 14 de abril de 2010.

2 W. Wordsworth, "In common things: A Poet's Epitaph", Wikisource, *Lyrical Ballads*, vol. 2.

3 J. S. Dunne, *Love's Mind: An Essay on Contemplative Life*, Notre Dame, University of Notre Dame Press, 1993, p. 3.

4 S. S. Judson, *The Quiet Eye: A Way of Looking at Pictures*, Washington, DC, Regnery, 1982.

5 W. Stafford, "For People with Problems About How to Believe", *The Hudson Review* 35, nº 3, setembro de 1982, p. 395.

6 J. Shulevitz, *The Sabbath World: Glimpses of a Different Order of Time*, New York, Random House, 2010.

7 Frank Schirrmacher, Correspondência pessoal, agosto de 2009.

8 "*Novelty bias*": termo usado por Daniel Levitin em *The Organized Mind: Thinking Straight in the Age of Information Overload*, New York, Dutton, 2014.

9 Veja-se a discussão dos vários estudos, incluindo esse da Common Sense Media, em N. Baron, *Words Onscreen; The Fate of Reading in a Digital World*, Oxford, Oxford University Press, 2014, em particular pp. 143-44.

10 N. K. Hayles, "Hyper and Deep Attention: The Generational Divide in Cognitive Modes", *Profession* 13, 2007, pp. 187-99.

11 Ver a discussão em C. Steiner-Adair, *The Big Disconnect: Protecting Childhood and Family Relationships in the Digital Age*, New York, Harper Collins, 2013. Ver também Baron, *Words On screen*, p. 221.

12 Ver L. Stone, "Beyond Simple Multitasking: Continuous Partial Attention", 30 de novembro de 2009, em: https://lindastone.net/2009/11/30/beyond-simple-multi-tasking-continuous-partial-attention/.

13 Ver a discussão de Hallowell em Steiner-Adair, *The Big Disconnect.*

14 Ver o tratamento destas questões em D. L. Ulin, *The Lost Art of Reading: Why Books Matter in a Distracted Time*, Seattle, Sasquatch Books, 2010. Ver também M. Jackson, *Distracted: The Erosion of Attention and the Coming Dark Age*, Amherst, NY, Prometheus Books, 2008.

15 Ver a discussão do estudo e sua citação por R. Bohn in Ulin, *The Lost Art of Reading.*

16 Ibidem.

17 A diretora e prestigiada poeta Dana Gioia encomendou vários relatórios com diferentes resultados; ver, por exemplo, *Reading at Risk*, 2004, e *Reading on the Rise*, 2008. Já, para 2012, as estimativas do NEA indicavam que 58% dos adultos dos Estados Unidos da América tinham se envolvido em alguma forma de atividade literária, como ler um livro durante o ano anterior.

18 Ver J. Smiley, *13 Ways of Looking at the Novel*, New York, Knopf, 2005, p. 177.

[19] W. Benjamin, *Illuminations: Essays and Reflections,* New York, Schocken Books, 1968. Citado em J. Dunne, *Love's Mind: An Essay on Contemplative Life,* p. 14.

[20] Citado em Ulin, *The Lost Art of Reading, p.* 62.

[21] M. Edmundson, *Why Read?*, New York, Bloomsbury, 2004, p. 16.

[22] N. Phillips, "Neuroscience and the Literary History of Mind: An Interdisciplinary Approach to Attention in Jane Austen", palestra, Carnegie Mellon University, 4 de março de 2013.

[23] "Masquerading as being in the know", Ulin, *The Lost Art* of *Reading,* 34

[24] S. Sontag, "To be a moral human being", citado em M. Popova, "Susan Sontag on Storytelling, What It Means to Be a Moral Human Being, and Her Advice to Writers", *Brain Pickings.*

[25] Z. Liu, "Reading Behavior in the Digital Environment: Changes in Reading Behavior over the Past Ten Years", *Journal of Documentation* 61, nº 6 2005, pp. 700-12; Z. Liu, "Digital Reading", *Chinese Journal of Library and Information Science* 5, nº 1, 2012, pp. 85-94.

[26] Em Naomi Baron, *Words Onscreen,* 201.

[27] Ver a resenha destes achados em M. Wolf, *Tales of Literacy for the 21st Century,* Oxford, Reino Unido, Oxford University Press, 2016.

[28] Ver uma síntese em A. Mangen e A. van der Weel, "Why Don't We Read Hypertext Novels?", *Convergence: The International Journal of Research into New Media Technologies* 23, n. 2, maio de 2015, pp. 166-81; ver também A. Mangen e A. van der Weel, "The Evolution of Reading in the Age of Digitisation: An Integrative Framework for Reading Research", *Literacy* 50, nº 3, setembro de 2016, pp. 116-24.

[29] A bibliografia sobre este assunto apresenta resultados divergentes, que deixam a questão em aberto. Ver, por exemplo, J. E. Moyer, "'Teens Today Don't Read Books Anymore': A Study of Differences in Comprehension and Interest Across Formats", Dissertação de doutorado, University of Minnesota, 2011; ver também S. Eden e Y. Eshet-Alkalai, "The Effect of Format on Performance: Editing Text in Print Versus Digital Formats", *British Journal of Educational Technology 44,* nº 5, setembro de 2013, pp. 846-56; R. Ackerman e M. Goldsmith, "Metacognitive Regulation of Text Learning: on Screen Versus on Paper", *Journal af Experimental Psychology: Applied* 17, n. 1, março de 2011, pp. 18-32.

[30] Ulin, em *The Lost Art of Reading,* cita uma passagem provocativa de Lewis Lapham sobre os efeitos da cultura digital no pensamento sequencial: "A sequência se torna meramente aditiva em vez de causativa – as imagens privadas da memória, falando para seus próprios reflexos em um vocabulário mais adequado à venda de um produto do que à articulação de um pensamento (p. 65).

[31] *Technology of recurrence.* Ver a discussão em A. Piper, *Book was There: Reading in Electronic Times,* Chicago, University of Chicago Press, 2012, p. 54.

[32] J. E. Huth, "Losing Our Way in the World", New York, *Times Sunday Review,* 20 de julho de 2013.

[33] Veja-se sua extensa discussão do toque em *Theories of Reading: Books, Bodies, and Bibliomania,* Cambridge, UK, Polity Press, *2006.*

[34] Nicholas Carr, *The Shallows: What the Internet Is Doing to Our Brains,* New York, W. W. Norton & Company, 2010.

[35] Ver a discussão das mudanças na memória de trabalho em Levitin, *The Organized Mind.*

[36] Ibidem.

[37] Veja a discussão sobre mudanças no tempo de atenção em Baron, *Words Onscreen,* 122.

[38] Levitin, *The Organized Mind.*

[39] I. Calvino, *Six Memos* for *the Next Millenium,* Cambridge, MA, Harvard University Press, 1988, p. 48.

[40] K. Temple, "Out of the Office: The Science of Print", *Notre Dame Magazine,* 2 de dezembro de 2015.

[41] D. Brooks, "When Beauty Strikes", *New York Times,* 15 de janeiro de 2016.

[42] Extraído do maravilhoso poema de Gerard Manley Hopkins's "Pied Beauty", "He fathers forth whose beauty is past change: Praise Him." [N.T. Este poema de Hopkins foi traduzido algumas vezes para o português. Uma dessas traduções é a de Luis Gonzales Bueno de Camargo: "O pai – pleno cria, ele cuja beleza é sempre: Graças sejam dadas" (1963).] Em *Poems and Prose of Gerard Manley Hopkins,* Baltimore, Penguin, 1933, 31.

[43] M. Robinson, *The Givenness of Things: Essays,* New York, Farrar, Straus and Giroux, 2015, p. 111.

[44] Calvino, *Six Memos for the Next Millennium,* p. 45.

[45] Este termo (*"cerebrodiversity"*) e seu sinônimo *neurodiversidade* (*"neurodiversity"*) foram usados pelo neurocientista Gordon Sherman para descrever como, ao longo da evolução, uma espécie precisa de diferentes organizações do cérebro para sobreviver. Assim, no estudo da dislexia, é importante notar que essa organização diferente do cérebro precedeu a invenção da leitura e foi mantida geneticamente por causa das habilidades particulares favorecidas pelo cérebro disléxico. Veja-se uma discussão minha e mais elaborada sobre essas questões nos capítulos 7 e 8 de *Proust and the Squid: The Story and Science of the Reading Brain,* New York, Harper Collins, 2007.

[46] Toni Morrison, *The Origin of Others,* Cambridge, MA, Harvard University Press, 2017.

[47] O Dr. Mottola dirige, em Milão, Itália, a editora Vita e Pensiero, que publica e traduz para o público leitor italiano algumas das obras mais importantes da área de ciências humanas.

[48] Esta ordem de religiosas tem uma importância especial para muitos neurocientistas e para muitas pessoas que trabalham para a educação global. Na pesquisa sobre neurociência, as freiras mais antigas da SSND contribuíram para um amplo projeto de pesquisa sobre a doença de Alzheimer e sua evolução, disponibilizando tanto os diários que tinham escrito ao longo do tempo, como seus próprios cérebros para estudo *post mortem.* A qualidade da escrita dos diários forneceu pistas importantes sobre a fase inicial do Alzheimer. Além disso, as irmãs da SSND estiveram envolvidas como professoras durante muitos anos em alguns dos ambientes educacionais mais desafiadores da África, particularmente na Libéria. Veja-se o admirável relato que se faz em Ir. Mary Leonora Tucker, *I Hold Your Foot: The Story of My Enduring Bond with Liberia,* Lulu Publishing Services, 2015. Ver também o último capítulo em Wolf, *Tales of Literacy.*

[49] A. Manguel, *A History of Reading,* New York, Penguin, 1996.

[50] Como aluna de pós-graduação, estudei Linguística, particularmente o desenvolvimento da linguagem, com Carol Chomsky, na Universidade de Harvard, e participei de seminários sobre linguagem e pensamento político com Noam Chomsky e seus colegas no MIT.

[51] L. Vygotsky, *Thought and Language,* Cambridge, MA, MIT Press, 1986. (Edição brasileira: *Pensamento e linguagem,* 4. ed., São Paulo, Martins Fontes, 2015.)

[52] "How was it that in the weeks since her marriage Dorothea had not distinctly observed but felt with a stifling depression that the large vistas and wide fresh air which she had dreamed of finding in her husband's mind were replaced by anterooms and winding passagens which seemed to lead nowhither?" G. Eliot, *Middlemarch,* New York, Penguin Classics, 1998, p. 51.

[53] *Readability formulae:* Jeanne Chall dirigiu algumas das mais importantes pesquisas sobre leitura no século XX; vejam-se particularmente seus livros *Learning to Read: The Great Debate,* New York, McGraw-Hill, 1967, que analisou o maior *corpus* disponível de dados sobre diferentes métodos de leitura e concluiu que os métodos baseados no código ou fônicos eram melhores para as crianças, e *Stages of Reading Development,*New York, McGraw-Hill, 1983. Seu trabalho inicial sobre fórmulas de legibilidade foi realizado para ajudar as crianças a receber os materiais de leitura mais apropriados para sua idade.

[54] A. Duckworth, *Grit: The Power of Passion and Perseverance,* New York, Simon and Schuster, 2016.

[55] J. Howard, "Internet of Stings", *Times Literary Supplement,* 30 de novembro de 2016, p. 4.

[56] Platão, *Phaedrus,* Princeton, NJ, Princeton University Press, 19(1), p. 274.

[57] W. Ong, *Orality and Literacy: The Technologizing of the Word,* 2ª ed., New York, Routledge, 2002.

[58] Não teria nunca me decidido a contar essa história se não fosse por duas entrevistas que trataram a fundo do assunto: uma com Michael Rosenwald do *Washington Post* (ver seu artigo "Serious Reading Takes a Hit from Online Scanning and Skimming, Researchers

Say", 6 de abril de 2014), a outra com Maria Konnikova do *The New Yorker* (ver "Being a Better Online Reader", 16 de julho de 2014). Rosenwald escreveu que esta história provocou tantas reações entre os leitores que o *Post* decidiu verificar quantos exatamente, dentre os leitores on-line, tinham chegado ao final do artigo: cerca de 30%!

[59] Calvino, *Six Memos for the Next Millennium*, p. 37.

[60] Hesse escreveu *Magister Ludi*, ou *O Jogo das Contas de Vidro*, em alemão (*Das Glasperlenspiel*) ao longo de muitos anos. A obra teve a publicação recusada por causa de suas opiniões antifacistas e acabou sendo publicada na Suíça em 1943. Ambientado num século XXIII pós-apocalíptico, o romance narra a vida de Josef Knecht, que se torna um monge secular de elite numa ordem dedicada a preservar o conhecimento das disciplinas mais importantes por meio de um jogo extraordinariamente complexo: o jogo das contas de vidro.

[61] Uma das peças mais impressionantes do teatro do absurdo, *O rinoceronte*, de Eugène Ionesco (1959), retrata como um grupo de pessoas muda sua opinião sobre um rinoceronte de grotesco para maravilhoso à medida que aparecem mais rinocerontes e que eles passam a dominar suas vidas. A história é um alerta como poucos sobre como os seres humanos são influenciáveis.

[62] A. Fadiman, ed., *Rereadings: Seventeen Writers Revisit Books They Love*, New York, Farrar, Straus e Giroux, 2005.

[63] Baron, *Words Onscreen*.

[64] Ong, *Orality and Literacy*.

[65] A. Goodman, "Pemberley Revisited", em *Rereadings*, A. Fadiman, ed. 1964.

[66] Federico García Lorca, *The Selected Poems of Federico García Lorca*, New York, New Directions, 1955, citado em Dunne, *Love's Mind*, R2.

[67] H. Hesse, *My Belief: Essays on Life and Art*, New York, Farrar, Straus and Giroux, 1974.

CRIAR FILHOS NUMA ÉPOCA DIGITAL

As crianças são um sinal. Elas são um sinal de esperança, um sinal de vida, mas também um sinal "diagnóstico", um marcador que indica a saúde das famílias, da sociedade e do mundo inteiro. Onde as crianças são aceitas, amadas, cuidadas e protegidas, a família é sadia, a sociedade é mais sadia e o mundo é mais humano.[1]

Papa Francisco

Cada mídia tem seus pontos fortes e suas fraquezas; cada mídia desenvolve algumas habilidades cognitivas às custas de outras. Embora [...] a internet possa desenvolver uma inteligência visual impressionante, o preço pago por isso parece ser o processamento profundo: a aquisição consciente de conhecimentos, a análise indutiva, o pensamento crítico, a imaginação e a reflexão.[2]

Patricia Greenfield

Caro Leitor,

Certa vez, quando meus filhos eram pequenos, pediram-me que eu lhes contasse, mais uma vez, o que eu fazia quando ia para o trabalho. Tínhamos acabado de voltar de uma visita aos avós deles que vivem no coração do Meio Oeste. Nesse lugar, as crianças puderam ver campos de milho e de feijão e manadas de gado e cavalos que capturavam suas imaginações formadas na cidade. Sem querer, ouvi a mim mesma dizendo: "Sou uma fazendeira de crianças!". Elas riram e acharam que aquela era uma resposta muito boa, muito melhor do que seria "uma professora" ou "uma pesquisadora do cérebro leitor". Eu também gostei daquela resposta e acabei por guardá-la como uma maneira pessoal, minha, de olhar para aquilo que faço com minha vida.

Estou recordando essa resposta porque é precisamente esse o assunto desta carta: o modo como nós "criamos" as crianças, crianças que são as herdeiras do século XX e as progenitoras do século XXI. Elas são "Minhas e não minhas",[3] como Shakespeare descreveu uma das tantas formas de amor em *A Midsummer Night's Dream* (*Sonho de uma noite de verão*). Elas são nossas e não nossas. Além do mais, elas estão na iminência de se tornarem mais diferentes de nós – seus pais, avôs e bisavôs – do que em qualquer época desde as outras últimas grandes transições nos modos de comunicação: o tempo entre a cultura oral de Sócrates e a escrita de Aristóteles, e o período que começou com Gutenberg.

Haverá sempre um abismo ou pelo menos um fosso de diferenças entre pais e filhos, em qualquer época. Mas eu estou menos interessada em dimensionar a diferença entre as nossas crianças criadas digitalmente e nós mesmos do que em entender o que é melhor para o desenvolvimento delas independentemente do contexto, e em particular, dentro deste contexto em frenética mudança. Não há retorno possível, e, deixando de lado algumas digressões históricas, nunca houve. Mas aceitar isso não deve nos impedir de analisar, de maneira informada, solidária e crítica, quem somos e as mudanças que estão transformando silenciosamente nossas crianças a cada dia.

As mudanças são muitas e variadas. As pesadas questões que levantei nas cartas anteriores cobram seu preço* quando criamos filhos. Elas exigem de nós uma visão desenvolvida das questões, resumidas assim: Será que o processo demorado e cognitivamente exigente da leitura profunda está destinado a atrofiar-se ou ir se

* N.T.: A expressão inglesa é *chickens come to roost*, usada para falar das consequências tardias e indesejáveis de erros passados que voltam à tona.

perdendo numa cultura cujas principais mídias favorecem a rapidez, o imediatismo, altos níveis de estimulação, pluralidade de tarefas e grandes quantidades de informação?

Nessa pergunta, no entanto, "perda" implica a existência de um conjunto de circuitos bem formado, completamente elaborado. Mas a realidade é que cada novo leitor – isto é, cada criança – precisa construir um circuito de leitura completamente novo. Nossas crianças podem formar um circuito muito simples para aprender a ler e adquirir um nível básico de decodificação ou podem avançar até desenvolver circuitos de leitura altamente elaborados, que incorporam, ao longo do tempo, processos intelectuais cada vez mais sofisticados. Haverá muitas diferenças no modo como os circuitos se desenvolvem a partir das características individuais das crianças, tipo de ensino e suporte da leitura que recebem e – ingrediente crítico da nossa discussão – mídias em que estão lendo. As características ou potencialidades da mídia – desde sua natureza física até as opções de captação da atenção – acrescentam uma nova dimensão, muito menos compreendida, às influências sobre o desenvolvimento do circuito da leitura. Como demonstra a psicóloga da UCLA Patricia Greenfield, o princípio básico, do senso comum, é que quanto maior foi a exposição[4] (o tempo gasto) a qualquer mídia, mais características da mídia (potencialidades) influenciarão as características do espectador (ou aprendiz). A mídia é o mensageiro para o córtex e começa a dar-lhe forma desde o começo.

Portanto, os circuitos de leitura ainda não formados no jovem, defrontam-nos com desafios singulares e com um conjunto complexo de questões: em primeiro lugar, os primeiros componentes cognitivos no circuito de leitura que se desenvolverem serão alterados pela mídia digital antes, durante e depois que as crianças aprenderem a ler? Em particular, o que acontecerá com o desenvolvimento de sua atenção, memória e conhecimento de fundo – processos que sabemos serem afetados nos adultos pelas multitarefas, pela rapidez e pela distração? Em segundo lugar, supondo que sejam afetados, as mudanças irão alterar a configuração dos circuitos de leitura experiente resultantes e/ou a motivação para formar e sustentar as capacidades de leitura profunda? E por fim, o que podemos fazer contra os potenciais efeitos negativos das diferentes mídias sobre a leitura, sem perder suas contribuições imensamente positivas para as crianças e para a sociedade?

Atenção e memória na era da distração

ATENÇÃO

Quais são os objetos de nossa atenção e como prestamos atenção neles faz toda a diferença em como pensamos. No desenvolvimento da cognição, por exemplo, as crianças aprendem a focar sua atenção com concentração e duração crescentes desde a infância até a adolescência. Aprender a se concentrar é um desafio essencial, mas cada vez mais difícil, numa cultura em que a distração é onipresente. Os jovens adultos podem aprender a ser menos afetados quando passam de um estímulo para outro porque têm sistemas inibidores mais bem formados que, em princípio, oferecem a opção de anular a distração contínua. Não é o caso das crianças mais novas, cujos sistemas inibidores e outras funções executivas de planificação em seu córtex frontal precisam de um longo tempo para se desenvolver. A atenção, nos muito jovens, está ao alcance de quem a capturar primeiro.

E o mundo digital captura a atenção. Num relatório RAND de 2015,[5] a média de tempo gasto por crianças de 3 a 5 anos em aparelhos digitais era de 4 horas por dia; 75% das crianças de 0 a 8 anos tinham acesso a aparelhos digitais, sendo que o índice, dois anos antes, era de 52%. Nos adultos, o uso de recursos digitais subiu 117% em um ano. Embora as questões sobre os efeitos para a sociedade da estimulação contínua e da distração ininterrupta se apliquem a todos nós, é mais urgente compreender esses efeitos nos jovens.

O psicólogo Howard Gardner utilizou a famosa descrição usada pelo pesquisador do MIT Seymour Papert, que diz que a criança tem uma "mente de gafanhoto",[6] para descrever a maneira saltitante como o jovem digitalizado de hoje passa de um ponto para outro,[7] distraído da tarefa inicial. Como Frank Schirrmacher, o neurocientista Daniel Levitin situa esse comportamento, em que a atenção fica esvoaçando e muda de tarefa, no contexto de nosso reflexo evolucionário, *a inclinação pelo novo*, que atrai nossa atenção imediatamente para qualquer coisa que seja nova:

> Nós humanos nos empenharemos com tanto afinco para conseguir uma experiência inédita como nos empenharemos para conseguir uma comida, ou um(a) companheiro(a) [...]. Na multitarefa, entramos inadvertidamente num círculo de dependência, como se os centros de novidade do cérebro fossem recompensados por processar estímulos novos e brilhantes, em detrimento de nosso córtex pré-frontal, que quer continuar centrado na tarefa e receber recompensas por um esforço e atenção continuados. Precisamos nos treinar para perseguir a recompensa demorada e renunciar à recompensa rápida.[8]

Levitin escreveu isso num livro voltado para executivos. Suas lições são valiosas para os adultos, mas ganham uma dimensão ainda maior quando consideramos as crianças pequenas. O córtex pré-frontal e todo o sistema executivo central subjacente ainda não aprenderam as "recompensas pelo esforço e atenção continuados", e menos ainda o planejamento e a inibição que permitiriam à criança "evitar o esforço rápido". Em outras palavras, alternar seguidamente entre diferentes fontes de atenção faz com que o cérebro da criança interprete aquilo que para o adulto é uma perfeita tempestade biológico-cultural como uma chuva suave. Dispondo de um desenvolvimento pré-frontal insuficiente, as crianças estão completamente à mercê de distrações sucessivas e pulam rapidamente de um "estímulo novo cintilante" a outro.

Levitin afirma que as crianças podem acostumar-se tão cronicamente com um fluxo contínuo de itens em competição por sua atenção, que seus cérebros ficam, para todos os efeitos, encharcados em hormônios como o cortisol e a adrenalina, os hormônios mais comumente associados à luta, à fuga e ao estresse. Crianças com apenas 3 ou 4 anos, às vezes até mesmo de 2 ou menos – e num primeiro momento recebem passivamente e depois, cada vez mais, passam a exigir ativamente e com regularidade os níveis de estimulação das crianças maiores. Segundo Levitin, quando estão imersos nesse nível constante de estimulação sensorial nova, as crianças e os jovens são projetados num estado de hiperatenção contínua. Diz também que "A multitarefa cria um círculo de *feedback* de dependência de dopamina, que recompensa eficazmente o cérebro por perder o foco e por buscar estimulação externa constantemente".[9]

É esse estado de excitação que pode produzir vários fenômenos relativamente novos na infância de hoje. Como observa a psicóloga clínica Catherine Steiner-Adair, autora de *The Big Disconnect: Protecting Childhood and Family Relationships in the Digital Age*,[10] a queixa mais comum quando se pede às crianças que fiquem off-line é "Estou entediado". Diante das possibilidades deslumbrantes que se oferecem à sua atenção numa tela, as crianças pequenas rapidamente ficam cercadas, acostumadas e cada vez mais semidependentes de uma estimulação sensorial contínua. Quando o nível constante de estimulação lhes é retirado, reagem, como seria de prever, com um tédio aparentemente insuportável.

"Estou entediado!" Há diferentes tipos de tédio. Há o tédio natural, que faz parte do tecido da infância e pode proporcionar às crianças a iniciativa de criarem suas próprias formas de entretenimento e simplesmente se divertirem. Esse é o tédio que Walter Benjamin descreveu como "o pássaro de sonho que choca o ovo da experiência".[11] Mas pode existir também uma forma nova de tédio, não natural, culturalmente induzida, que se segue à estimulação digital. Essa forma de tédio pode desanimar as crianças de modo a impedi-las de querer explorar e criar por iniciativa própria experiências no mundo real, particularmente fora de seus quartos, casas e escolas. Como escreveu Steiner-Adair, "Se ficarem dependentes de brincar nas telas, as crianças não saberão mover-se por esse estado de fuga que chamam de tédio, que é frequentemente um prelúdio necessário para a criatividade".[12] Seria um desastre intelectual pensar que, com a intenção de dar às nossas crianças tudo aquilo que podemos, através das muitas ofertas criativas dos e-books e das inovações tecnológicas mais recentes e aprimoradas, possamos estar privando-as, inadvertidamente, da motivação e do tempo necessários para construir suas próprias imagens do que leem, e montar seus próprios mundos imaginários off-line, que são os habitats invisíveis da infância.

Esses alertas não são nem uma lamentação saudosista, nem uma recusa dos usos poderosos e excitantes que a imaginação da criança pode fazer com o apoio da tecnologia. Voltaremos mais adiante a estes usos. E as preocupações com uma "infância perdida" não deveriam ser descartadas como luxo cultural (leia-se: ocidental). O que acontece com infâncias que são perdidas *de verdade* – poderíamos perguntar – nas quais a luta diária pela sobrevivência passa por cima de tudo mais? Essas crianças estão sempre presentes no meu pensamento e trabalho.

Mas eu me preocupo com todas as crianças. Por isso, me preocupo muito com as trajetórias do desenvolvimento cognitivo de crianças que são estimuladas e entretidas tão constantemente por meios virtuais, que raramente querem sair (da tela) para descobrir sua própria capacidade de se entreterem com esconderijos criados por elas, preferivelmente fora de casa, em que conglomerados de arbustos e galhos se tornam "A Terra dos Marcianos", uma toalha de mesa por cima de um galho de árvore mais baixo se torna uma tenda de iroqueses, onde suas imaginações ficam imersas naquilo que elas estão fazendo, e o jantar é servido cedo demais. O tempo para em lugares como esses, e o pensamento se alonga. E, como defende memoravelmente o neurocientista Fogassi, o córtex motor da criança[13] aprimora a cognição e também precisa de uma ativação considerável!

Esses problemas tornam-se mais preocupantes quando consideramos as crianças mais velhas, porque o tempo gasto em frente às telas dobra ou triplica chegando a mais de 12 horas por dia para adolescentes, com a variedade de seduções geradoras de dependência oferecidas pelas atrações digitais. Steiner-Adair não usa meias-palavras para falar do efeito viciante que a imersão digital tem sobre as crianças: "Falar de dependência não é uma hipérbole: é uma realidade clínica [...]. Como adultos, nos é dada a escolha de bagunçar nossas mentes e pôr em risco nossa neurologia, mas um pai ou uma mãe zelosos não arriscariam dessa forma, conscientemente, o futuro de seu filho. Ainda assim, estamos entregando esses recursos – que descrevemos como viciosos – a nossos filhos, que são ainda mais vulneráveis ao [...] impacto do uso diário sobre seus cérebros em desenvolvimento [...]. Em nosso afã de sermos atualizados e oferecer aos filhos todas as vantagens, estaríamos pondo-os em perigo?"[14]

Não poderia haver descrição mais dolorosamente realista da capacidade avassaladora dos mundos digitais de criar dependência nos jovens do que o retrato que Allegra Goodman, em seu romance *The Chalk Artist*,[15] faz de Aidan, um jovem muito inteligente e impressionável, que vive parte em Cambridge, Massachusetts, parte no mundo virtual do jogo chamado EverWhen. Este garoto amável e sensível gasta todas as horas em que está acordado (e a maior parte daquelas em que deveria estar dormindo) num mundo virtual sangrento ao qual acaba dando prioridade, com consequências trágicas. Alguns, como o psiquiatra Edward Hallowell, chegam a sugerir que estamos criando jovens com quadro de déficit de atenção ambientalmente induzido pelo controle incessante e obsessivo das distrações digitais sobre a criança. A preocupação desse clínico é que o número crescente de crianças diagnosticadas com déficit de atenção pode estar refletindo não só melhores diagnósticos precoces, mas também o surgimento de novas formas de déficit de atenção.[16]

O neurocientista de Stanford Russel Poldrack[17] e sua equipe vêm investigando esse problema há mais de uma década, considerando inclusive as diferenças fisiológicas entre crianças com e sem diagnóstico de déficit de atenção e, mais recentemente, em desempenhos multitarefa para estudantes que cresceram no contexto da mídia digital. Como se podia esperar, para as crianças com déficit de atenção, havia diferenças significativas nos sistemas inibidores pré-frontais, essenciais para a comutação exigida em multitarefas. Especificamente, as crianças diagnosticadas com déficit de atenção eram menos capazes de focar a atenção numa única tarefa porque não conseguiam parar de dar atenção a todas as demais. Dado o número crescente de distrações que povoam os mundos digitais de muitas crianças, precisamos perguntar se maiores quantidades de crianças sem esse diagnóstico não estão ficando propensas a comportamentos semelhantes aos de crianças com déficit de atenção, devido ao ambiente. Nesse caso, que outros efeitos essas mudanças teriam sobre outros aspectos de seu desenvolvimento?

Por exemplo, um aspecto positivo está surgindo ao mesmo tempo: a crescente capacidade dos jovens criados em ambiente digital para lidar, sem queda no desempenho, com o deslocamento da atenção por múltiplos fluxos de informação, pelo menos em certas circunstâncias. Há atualmente um longo e complexo corpo de pesquisas sobre mudança de tarefa ou mudança de atenção, realizadas habitualmente com adultos. Embora estudos anteriores de Poldrack e outros tenham encontrado evidências convincentes de que os seres humanos são incapazes de passar de um foco de atenção a outro[18] sem consideráveis "custos cerebrais" (isto é, para sua capacidade de processar qualquer coisa em profundidade), um dos estudos recentes de Poldrack indica que os jovens criados em ambiente digital podem fazê-lo *se* tiverem sido treinados o bastante em uma das tarefas. Se nossas crianças se saem melhor do que a maioria dos adultos ao lidar com múltiplas fontes de informação, elas possuem habilidades que serão cada vez mais importantes para muitas profissões futuras. Em outras palavras, sem prepará-las necessariamente para que se tornem uma geração de controladores de voo, elas podem muito bem vir a ser melhores que seus pais em aprender a acompanhar e realizar tarefas competentemente em meio a distrações atencionais – dentro de certos limites cujos detalhes precisamos pesquisar e entender rigorosa e sistematicamente. Isso é especialmente importante porque muitos jovens dizem que, quando leem numa tela, se sentem 90% propensos à multitarefa, contra 1% quando a mídia é impressa.

Estamos suspensos entre a promessa e entrega de contribuições cada vez maiores da nossa cultura digital a todos os aspectos de nossas vidas (inclusive a extensão da própria vida) e a revelação de consequências inesperadas que as acompanham. Pesquisas de Steiner-Adair, Hallowell e crescente número de outras apontam para a necessidade de que pesquisemos mais a fundo os variados efeitos das irresistíveis solicitações digitais que ameaçam muitas de nossas crianças, particularmente no que se refere à cognição.

A MEMÓRIA NA MENTE DE UM GAFANHOTO

Se, para mim, esta pesquisa necessária começa pela atenção e pela leitura, é porque são essas as coisas que conheço melhor, e também aquelas em que os primeiros grandes impactos cognitivos podem vir a ser mais visíveis. São também as áreas em que podemos usar a ciência e a tecnologia com maior chance de uma mudança para melhor. Se na criança pequena, a atenção, que é espasmódica e exploratória por natureza, se deteriora cada vez mais por causa de um *input* constante, nós pesquisadores precisamos estimar os efeitos em cascata sobre a memória e outros aspectos do desenvolvimento cognitivo. Uma das questões gira em torno da capacidade da criança para manter as coisas na memória de trabalho, uma das variáveis mais importantes para aprender a escrever e a contar. A escritora Maggie Jackson tem um magnífico símile digital para pensar na memória de trabalho: "Nossa memória de trabalho é um pouco como um painel digital de notícias em Times Square: constantemente atualizado, mas nunca mais do que um trechinho, e nada de voltar atrás".[19] Considere-se agora o fato de que nós adultos, quando assistimos ao noticiário da televisão, temos frequentemente dificuldade em ouvir o apresentador e ler ao mesmo tempo a legenda de notícias ao pé da tela com um resultado que chegue perto da compreensão ideal de um ou outro conteúdo. Quanto mudará a memória de trabalho nas crianças pequenas, se houver sempre estímulos em demasia, competindo por sua atenção? Precisamos descobrir.

Uma segunda questão envolve outras formas de memória. Se começarem a ocorrer mudanças na memória de trabalho, podem-se prever mudanças na memória de longo prazo também. Se ambas mudarem, poderíamos prever mudanças em cascata no modo como as crianças constroem seu conhecimento de fundo. Isso, por sua vez, impactará o desenvolvimento e a implementação de inúmeras habilidades da leitura profunda no período de formação do circuito de leitura jovem.

Evidências indiretas relevantes estão se acumulando, vindas de várias fontes. Um dos exemplos mais ilustrativos e antigos do comportamento "mente de gafanhoto" das crianças conectadas foi encontrado num estudo dos pesquisadores holandeses Maria de Jong e Adriana Bus[20] no início dos anos 2000. Embora os e-books fossem muito menos avançados do que hoje, as escolhas básicas eram bastante semelhantes: as crianças ouviam a leitura de um texto simples ou um texto incrementado com estímulos diversificados. As crianças flamengas de 4 ou 5 anos fizeram a escolha com os pés e mãos, não com o córtex pré-frontal. Brincaram com todos os elementos acrescentados, interessaram-se aleatoriamente pelo texto e foram menos capazes de seguir a narrativa ou lembrar os detalhes do que quando ouviram o texto sem os destaques. Em outras palavras, o número de estímulos que disputavam a atenção das crianças afetou a memória, que, por sua vez, afetou a compreensão.

Estudos recentes fortalecem essa descoberta intuitiva. O Centro Joan Ganz Cooney e o programa Digital Media & Learning da Fundação MacArthur[21] produziram, nos últimos anos, uma série de estudos e relatórios extremamente importantes sobre os efeitos da tecnologia nas crianças. Num estudo de formato muito semelhante ao da pesquisa holandesa, os pesquisadores do Cooney compararam os efeitos dos livros impressos, com os dos e-books e dos e-books incrementados, sobre as habilidades de letramento das crianças. Um número crescente de outros pesquisadores universitários, incluídos aí os psicólogos do desenvolvimento Jathy Hirsch-Pasek e Roberta Golinkoff,[22] mostraram que a multiplicação das distrações nos e-books incrementados, em muitos casos, impedia a compreensão: "Os e-books muito incrementados[23] frequentemente distraíam leitores iniciantes da narrativa [...]. Em resumo, um excesso de sinos e apitos acoplados a tecnologias que de outro modo seriam fascinantes não contribuíram para construir habilidades de escrita mais sólidas".

A incapacidade das crianças menores aí estudadas de reconstruir uma narrativa ou evocar detalhes deve ter lembrado a você os estudantes mais velhos descritos nos achados de Anne Mangen, citados na última carta. Aqueles estudantes tinham mais dificuldade em lembrar a sequência e os detalhes de uma história de amor apaixonante quando liam numa tela do que na forma impressa. Ambas as conclusões sugerem possíveis mudanças na maneira como os leitores digitais relacionam a atenção com as diferentes formas de memória, aqui também com potenciais efeitos em cascata sobre a compreensão das crianças e seu pensamento mais profundo acerca do material lido. A cientista israelense Tami Katzir encontrou precisamente isso num vasto e importante estudo sobre crianças do quinto ano. Ela achou diferenças significativas na compreensão da leitura quando a criança lia a mesma história impressa e na tela. Contrariando a preferência declarada da maioria pela leitura digital, as crianças tiveram desempenho melhor na compreensão daquilo que liam na forma impressa.

O que continua faltando nas pesquisas que vêm se acumulando é uma "explicação cabal" que descreva as relações desenvolvimentais específicas entre atenção parcial contínua, memória de trabalho e formação e implementação dos processos de leitura profunda nas crianças. Comecemos pela primeira dessas três relações. Como serão afetados a memória e o conhecimento de fundo pela expectativa da criança digital de que sempre haverá efeitos voltados para múltiplos fragmentos de informação recebidos ininterruptamente? E, ainda mais do que em relação ao leitor experiente, temos que ser intransigentes em nossos esforços para sondar e compreender as consequências do fato de que, à medida que o tempo passa, nossas crianças estão confiando cada vez mais em fontes externas de conhecimento como o Google ou o Facebook. Tenho várias hipóteses.

Quando a expectativa gera o malogro. Anos atrás, como pesquisadora iniciante, apresentei minha primeira comunicação formal de pesquisa num congresso internacional de neurociência na Itália. Depois de minha apresentação, um pesquisador britânico famoso, John Morton, quis falar comigo sobre sua pesquisa correlata a respeito da memória. Mas antes, me pediu para fazer um pequeno experimento: repetir números que ele ia dizendo, no que vinha a ser um exercício banal de memória, mas ele não disse isso. Ele não deu pistas sobre a quantidade de números que estaria falando. Simplesmente foi pronunciando as palavras num tom monótono. Na realidade, ele me deu somente sete números, mais ou menos dois de cada vez, mas eu não percebi. Em vez disso, esperei que ele me desse cada vez mais números para testar a capacidade de minha memória de trabalho – e gelei. Não conseguia mais repetir como resposta nem mesmo sete dígitos, porque eu esperava que mais dígitos viriam, e que seria impossível processá-los. Fiquei mortificada. Passaram-se 30 anos, mas o intimidador professor Morton me preparou para ver até que ponto as expectativas podem afetar o uso de nossas capacidades de memória de trabalho.

Esse episódio carregado de emoção (a emoção sempre faz bem à memória de longo prazo) me leva à seguinte hipótese: pode haver uma diminuição crescente do uso da memória de trabalho nas crianças por elas pressentirem que não irão lembrar todas as informações apresentadas numa tela sempre em movimento. Lembre-se, leitor, a abordagem que usamos na leitura da mídia digital contamina nossa leitura do impresso. Como as crianças associam tão frequentemente as telas com a TV e os filmes, surge a questão se sua percepção daquilo que é apresentado num tablet ou na tela de computador está sendo inconscientemente processado como um filme, o que faz os inúmeros detalhes e diferentes estímulos na tela parecerem impossíveis de ser lembrados. E por isso não são. Na mesma linha, pessoas mais velhas que leem na tela podem estar fazendo um uso menor da memória de trabalho de que dispõem porque também processam o texto cada vez mais como se fosse um filme, que nunca tentariam lembrar da mesma maneira.

Os efeitos de responder a estímulos múltiplos. Se esta expectativa está correta, duas consequências conhecidas seriam previsíveis: em primeiro lugar, a sequência e os detalhes da narrativa seriam processados menos ativamente, afetando assim a memória de quem lê. Em segundo lugar, a dimensão recuperativa da leitura – o fato de que ao ler num livro físico ou jornal podemos voltar atrás e reler o que veio antes – seria menos explorada na tela, onde o espaço físico para palavras é tão efêmero como o movimento contínuo das imagens no filme. Nos termos de Maggie Jackson, na tela "não dá para olhar para trás". Portanto, a dimensão recursiva na linguagem escrita seria considerada menos importante do que é de fato.

Em termos de desenvolvimento cognitivo, a possibilidade de retorno ajuda a olhar para trás, o que auxilia as crianças a monitorar o que compreendem, e assim repisar mais os detalhes na memória de trabalho e consequentemente consolidar na memória de longo prazo aquilo que elas aprendem. Se, inconscientemente, estiverem processando a informação da tela mais como um filme, os detalhes do enredo parecerão mais evanescentes e menos concretos. Em outras palavras, o sequenciamento desses detalhes se embaralharia na memória, exatamente como parecia acontecer com os sujeitos mais velhos de Mangen e, muito provavelmente, com crianças muito mais jovens também.

Não reivindico os créditos dessa especulação, caso resulte ser verdadeira. A historiadora Alison Winter, da Universidade de Chicago, escreveu uma história provocadora sobre o papel da memória no século XX. Ela argumenta que nossas invenções culturais[24] como o cinema, os gravadores de fita-cassete e os computadores mudaram as tarefas que confiamos à nossa memória e, curiosamente, servem de poderosas metáforas para explicar como a memória funciona em qualquer época histórica. Sua sugestão é que a maioria de nós ainda acredita que as "fotos" que recuperamos de nossas memórias são o que são sem qualquer referência à natureza das câmeras que as tiraram. Ampliando a sugestão da autora, levanto a hipótese de que o filme não só fornece uma metáfora para o que pode estar acontecendo na memória de trabalho de uma criança, como pode ter-se tornado ele próprio um hábito mental fisiológico para ver qualquer coisa numa tela. O resultado seriam usos menos efetivos de várias formas de memória por parte das crianças, mas não necessariamente mudanças irreversíveis, pelo menos no início da infância.

De certa forma, o trabalho da psicóloga britânica Susan Greenfield apoia essas hipóteses. Como Mangen, ela realça que as características mais comuns da narrativa, como uma sequência ordenada acompanhada de um encadeamento não aleatório de causas e efeitos para os eventos do enredo, podem perder-se pelo caminho quando as crianças processam a partir da tela: "Enquanto as narrativas são o âmago dos livros, na internet estão longe de ser evidentes, pois ali a escolha paralela, o uso do hipertexto e a participação aleatória são mais típicos".[25] Ademais, ela pergunta: se os *inputs* da tela "chegam ao cérebro como imagens e fotos, e não como palavras, poderiam eles, por *default*, predispor os receptores a ver as coisas mais *literalmente* do que em termos abstratos?".[26]

Se o descompasso entre a tela e a narrativa contribuirá para mudanças tanto na memória de trabalho quanto no pensamento abstrato é um tema que exigirá pesquisas muito mais aprofundadas. As perguntas sobre sua influência nas crianças, porém, só se tornarão mais cruciais para a sociedade ao longo do tempo, particularmente quando uma relação for percebida entre o modo como as crianças usam sua memória consolidada para construir seu repositório de conhecimento de fundo e como fazem juízos críticos sobre a verdade e a veracidade daquilo que veem nas telas.

O conhecimento internalizado de nossas crianças

No âmago da leitura profunda e do desenvolvimento cognitivo está a capacidade profundamente humana que permite às crianças usar aquilo que já sabem como base para comparar e compreender as informações novas e assim construir um conhecimento de fundo conceitual e paulatinamente mais rico. Recorro a dois exemplos: um do passado do meu leitor e o outro do meu presente. Vamos lembrar a história de Curious George,* em que o querido e danado macaquinho pega carona em alguns balõezinhos que escaparam (bem, na verdade foram roubados) e voa com eles para o céu. Quando lá de cima ele olha para a terra distante, comenta com uma sonora risada que as casas se parecem "com casinhas de boneca". As crianças familiarizadas com casas de bonecas, suas dimensões diminutas e sua aparência, começarão a entender uma coisa nova: que as coisas parecem diferentes, menores, quando são vistas de grandes alturas. O conceito da percepção pictórica da profundidade começa com comparações desse tipo.

Mas comparações como essa são úteis para as crianças somente quando existe um conhecimento de base para comparar. Recentemente, visitei um grupo de crianças bem espertas, numa região remota da Etiópia, em que não havia nem escolas, nem eletricidade, nem pisos de nenhum tipo. Como parte de nosso trabalho sobre letramento no mundo, mostrei às crianças a imagem de um polvo. Elas riram. Nunca tinham visto nem ouvido falar de tal criatura, e nenhuma tentativa dos intérpretes de explicar que moram no oceano ajudou. Nosso plano original de usar aplicativos com histórias de sereias e outras criaturas do mar evaporou-se. O oceano não fazia o menor sentido para crianças que tinham que caminhar diariamente quatro horas entre ida e volta para trazer água, o mesmo acontecendo com navegar o céu num balão, outro item desconhecido.

O ato de fazer analogias é o grande elo conceitual entre aquilo que é conhecido e o que ainda não é, mas é uma entidade complicada no desenvolvimento das crianças, pois depende do que o entorno oferece. Para muitas crianças na cultura do Ocidente, esse entorno é providencialmente rico pelo tanto que dá, mas,

* N.T.: Curious George (George, o Curioso) é personagem de uma série de livros infantis, lançada na França às vésperas da Segunda Guerra Mundial. É um macaquinho que saiu da África para uma grande cidade tipicamente europeia.

paradoxalmente hoje, pode estar dando demais e pedindo de menos. Maggie Jackson fez a observação instigante de que, quando há uma sobrecarga excessiva de informação, a construção do conhecimento de fundo se torna mais difícil.[27] Como em minhas observações sobre a memória de trabalho da criança, ela defende que por recebermos tanto *input*, já não gastamos o tempo necessário para pôr à prova, fazer analogias e armazenar a informação recém-chegada, com consequências para o que sabemos e como estabelecemos inferências.

O tempo exigido para processar o que percebemos e o que lemos tem uma importância profunda, tanto na construção da memória, como no armazenamento de conhecimento de fundo, ou em qualquer outro processo de leitura profunda. A crítica literária Katherine Hayles[28] aprimora essa observação importante. Ela enfatiza que, embora tenhamos evidências abundantes de que as mídias digitais estão ampliando o volume e o ritmo dos estímulos visuais, esquecemos de considerar a correlação entre o aumento do ritmo e a diminuição do tempo que o espectador tem para responder. Se relacionarmos essa constatação com o circuito da leitura profunda, menos tempo para processar e perceber significa menos tempo para conectar a informação recebida com o conhecimento de fundo do indivíduo e, portanto, menos plausibilidade de que o resto dos processos de leitura profunda será implementado.

Ou desenvolvido – Como escreveu Eva Hoffmann sobre os adultos, nossa noção do tempo baseada nos computadores está "nos acostumando a unidades de pensamento e percepção cada vez mais rápidas e curtas".[29] Nas crianças, é muito possível que a combinação de mais informação com menos tempo para processá-la constitua a maior ameaça ao desenvolvimento da atenção e da memória, com sérias consequências em cascata para o desenvolvimento e uso de uma leitura e um pensamento mais sofisticados. No circuito da leitura profunda, tudo é interdependente. Se as crianças estão construindo menos conhecimento porque estão aprendendo a confiar cada vez mais em fontes de conhecimento mais externas, como o Google e o Facebook, haverá mudanças significativas e imprevisíveis em sua capacidade de estabelecer analogias entre aquilo que já conhecem e aquilo que estão lendo pela primeira vez e assim derivar inferências corretas. Vão apenas pensar que conhecem uma determinada coisa.

Isso pode soar familiar para você. Certamente soaria familiar para Sócrates, que deixava bem clara sua preocupação de que, se confiassem demais num "papiro que não poderia falar em resposta", seus discípulos teriam somente a ilusão de um conhecimento pessoal, não a verdade desse conhecimento. Variações desse tema arquetípico* têm pontuado os últimos 150 anos, com os escritores e cineastas questionando nossa confiança crescente em várias formas de tecnologia. Tanto Tom Hanks, quando interpreta um astronauta em *Apollo 13*, como Matt Damon, quando interpreta um botânico em *Perdido em Marte*, perdem a capacidade de confiar na tecnologia e só conseguem sobreviver porque são capazes de confiar em seu próprio conhecimento. No primeiro quartel do vigésimo primeiro século, nossas crianças precisam ser educadas como esses cientistas da ficção, desde o ensino infantil até o ensino médio, tanto para desenvolver acuidade tecnológica como para criar estoques profundos de conhecimento internalizado.

Portanto, minha versão para o século XXI das preocupações socráticas envolve várias questões interligadas: o fluxo contínuo de informações e distração próprio de nossa cultura irá alterar ou diminuir a atenção e a memória das crianças pequenas? O fato de que a maioria das "respostas" está imediatamente disponível on-line vai fazer com que as crianças maiores se esforcem menos para aprender por si mesmas? Se uma ou outra dessas possibilidades se verificar, nossos jovens desenvolverão uma resposta tão passiva ao conhecimento que, ao fim e ao cabo, o estoque de coisas que conhecem e sua capacidade de conectá-las por meio da analogia e da inferência, acabarão sendo depauperados?

Se qualquer um desses cenários se tornar realidade, essas mudanças alterarão outros processos da leitura profunda, nomeada-

* N.T.: *Ur-theme* no original.

mente, a empatia, a escolha de uma perspectiva, a análise crítica e as formas mais verbais de pensamento criativo, na geração seguinte? Formas de conhecimento mais visuais poderão compensar essas perdas e mesmo oferecer veículos alternativos para o desenvolvimento de habilidades críticas? Estamos pondo em risco o desenvolvimento intelectual de nossos jovens quando os ensinamos a confiar demais, muito cedo, muito rapidamente, nas fontes externas de conhecimento. Também impedimos seu progresso numa cultura digital, quando os ensinamos a confiar demais, ou por tempo excessivo, apenas nas formas tradicionais daquilo que nós e eles já conhecemos. O desenvolvimento intelectual de nossas crianças depende de encontrar um equilíbrio variável, criterioso, entre esses dois princípios.

O Sócrates antitecnológico não é meu único companheiro nesses pensamentos. Em uma entrevista dada a Charlie Rose, o fundador do Google, Eric Schmidt, advertiu: "Preocupa-me que o nível de interrupção, a espécie de avassaladora rapidez que é própria da informação [...] possam estar de fato alterando a cognição. Isso está afetando o pensamento mais profundo."[30] Espero que o Sr. Schmidt não venha a lamentar o dia em que disse isso, mas sou-lhe grata por essa fala honesta, que vai ao âmago de minhas preocupações.

A cognição alterada alterará a leitura profunda e o pensamento mais profundo?

Catherine Steiner-Adair intitulou seu livro *The Big Disconnect* para realçar a esperança de que os pais consigam ajudar os filhos a se desligarem do uso digital excessivo. Tenho certeza de que ela concordaria que um "desconectar-se" também sensível ao tempo diz respeito ao enfrentamento do sutil afastar-se da situação em que as crianças constroem sua própria inteligência e confiam nela, quando descobrem a facilidade com que podem acessar fontes externas de conhecimento. A psicóloga Susan Greenfield levou essa posição ao extremo em um experimento mental: "Imagine que, no futuro, as pessoas ficarão de tal modo acostumadas a acessos externos para qualquer tipo de referência que não internalizarão quaisquer fatos, e muito menos os colocarão em um contexto, para apreciar sua significância e compreendê-los".[31]

Todas essas perguntas e preocupações parecem contradizer o trabalho intelectualmente visionário sobre o futuro da inteligência tal como foi concebido por futurólogos como Ray Kurzweil.[32] Ao longo de seu trabalho e em suas extraordinárias criações, Kurzweil antevê um futuro em que a inteligência humana se tornará inseparável da inteligência artificial (seu *princípio de singularidade*), permitindo-nos desenvolver capacidades intelectuais exponencialmente expandidas.

Deixando de lado os problemas éticos e pessoais-sociais envolvidos nessas visões do futuro, se as gerações futuras desenvolverão ou não capacidades analógicas, empáticas, crítico-analíticas e criativas altamente sofisticadas é uma responsabilidade nossa de agora. Nenhum conselho de ética da pesquisa que se dê ao respeito, em nenhuma universidade, permitiria que um pesquisador fizesse o que nossa cultura já fez sem avaliar as evidências disponíveis: introduzir um conjunto completo, quase viciante de recursos que têm poder sobre a atenção, sem conhecer os possíveis efeitos colaterais e ramificações para os sujeitos (no caso, nossas crianças).

Tristan Harris[33] é um perito em tecnologia do Vale do Silício, cujo conhecimento dos princípios de "*persuasion design*" em vários aplicativos e dispositivos tornaram-no um crítico declarado de como certas características baseadas nesses princípios são selecionadas intencionalmente para viciar os usuários. Josh Elman,[34] outro perito do Vale do Silício que valoriza os esforços de Harris, compara os efeitos viciantes de diversos dispositivos aos da nicotina, usados pela indústria do fumo para criar dependência antes que a ligação com o câncer fosse tornada pública. Fundador da iniciativa jurídica

Time Well Spent, Harris disse recentemente em entrevistas para a PBS* e *The Atlantic* que "Nunca antes na história as decisões de um punhado de designers (em sua maioria brancos, residentes em São Francisco, com idade entre 25 e 35 anos) trabalhando em três companhias" – Google, Apple e Facebook – "tiveram tanto impacto sobre o modo como milhões de pessoas pelo mundo afora despendem sua atenção [...]. Deveríamos sentir uma enorme responsabilidade e lidar direito com isso".[35] A maioria de nós, incluindo as pessoas que dirigem essas companhias e trabalham nelas, concordaria em admitir essa responsabilidade[36] e, de fato, assumi-la.

A responsabilidade começa pelo reconhecimento de que uma grande parte dos usuários de telefones celulares (hoje na casa de um bilhão) são crianças. Esses mais jovens da nossa espécie são intrinsecamente mais suscetíveis a princípios de persuasão, tanto quando voltados às necessidades de aceitação social, como quando envolvem técnicas altamente eficazes para influenciar seu uso crescente. Os pombos do psicólogo B. F. Skinner e nossas crianças seguem os mesmos programas de reforço para ganhar uma recompensa. Os designers sabem disso. Todos nós precisaríamos saber.

Como próximo passo, precisaríamos apoiar e realizar pesquisas longitudinais objetivas para compreender os efeitos positivos e negativos (incluindo os riscos de dependência) das várias mídias e meios sobre o desenvolvimento da atenção, da memória e da língua oral e escrita em diferentes crianças. Temos de conectar as peças do conhecimento existente, que são muitas e às vezes contraditórias, sobre as mídias que se servem da escrita e da tela, e procurar compreender que papéis cada uma desempenharia numa trajetória ideal para crianças cognitivamente diferentes, de idades diferentes, em ambientes socioeconômicos diferentes. Já está mais do que na hora.

---

* N.T.: PBS é a sigla da Public Broadcasting Services, a rede não comercial de televisão com sede em Arlington, Virginia, que produz e distribui programas de bom conteúdo educacional para adultos e crianças. Seu mais célebre programa foi *Sesame Street* (*Vila Sésamo*).

Você e eu podemos ter ideias aparentemente contraditórias sem ser subjugados por essa dissonância cognitiva.[37] Chegamos a um ponto em que o desenvolvimento intelectual de nossas crianças não pode ser pensado no interior de um dilema binário de comunicação, em que um dos meios seja intrinsecamente melhor do que o outro. Até aqui, alertei contra os efeitos previsivelmente negativos das aplicações de mídias digitais. No entanto, estou convencida de que, com mais sabedoria do que demonstramos até o momento, podemos combinar a ciência e a tecnologia para discernir o que é melhor, e quando, para cada criança desde o nascimento até a adolescência, usando todas as mídias, dispositivos e ferramentas digitais de maneira ideal.

O que está em jogo é demasiado sério para que nos apeguemos a um lado ou outro. A realidade é que não podemos e não devemos recuar; nem deveríamos avançar impensadamente. Nesse sentido, encoraja-me profundamente o trabalho que vem sendo realizado[38] por pesquisadores como os da rede E-READ europeia, da rede New America, do Joan Ganz Cooney Center, e do programa da MacArthur Foundation por sua constante atenção às forças e fraquezas de nossa mídia digital e a seus efeitos nas vidas de nossas crianças. Como eles, acredito que o essencial em nosso trabalho é ajudar a "construir os hábitos da mente e as habilidades de investigação crítica que estimulam o conhecimento, independentemente do lugar de onde vem o texto, e de a imagem estar no papel ou na tela".[39]

Dada a natureza conflitante, não resolvida, das pesquisas sobre muitas das questões que giram em torno do desenvolvimento do cérebro leitor, perguntam-me frequentemente: Mas o que precisamos fazer *agora*? As próximas três cartas são uma tentativa sistemática de usar essas questões complexas para imaginar uma vida de leitura ideal para crianças, desde o início da infância até os 10 anos, a partir dos conhecimentos de que já dispomos. E, em seguida, pretendo saltar para um cérebro leitor futuro, que pode surpreender muitos.

Sinceramente,

Sua Autora

NOTAS

[1] Papa Francisco, *Homilia*, Praça Manger, Belém, 25 de maio de 2014, em https://w2.vatican.va/content/francesco/en/homilies/2014/documents/papa-francesco_20140525_terra-santa-omelia-bethlehem.html.

[2] P. M. Greenfield, "Technology and Informal Education: What Is Taught, What Is Learned", *Science* 323, n. 5910, 2 de janeiro de 2009, p. 71.

[3] W. Shakespeare, *A Midsummer Night's Dream.*

[4] Ver K. Subrahmanyam, M. Michikyan, C. Clemmons et al., "Learning from Paper, Learning from Screens: Impact of Screen Reading and Multitasking Conditions on Reading and Writing Among College Students", *International Journal of Cyber Behavior, Psychology and Learning* 3, n. 4, outubro-dezembro de 2013, pp. 1-27.

[5] Ver L. Guernsey e M. H. Levine, *Tap, Click, Read: Growing Readers in a World of Screens,* San Francisco, Jossey-Bass, 2015, p. 184.

[6] *"grasshopper mind"*: M. Weigel e H. Gardner, "The Best of Both Literacies", *Educational Leadership* 66, n. 6, março de 2009, pp. 38-41.

[7] Ibid.

[8] D. Levitin, *The Organized Mind: Thinking Straight in the Age of information Overload,* New York, Dutton, 2014, p. 170.

[9] Ibidem, p. 96.

[10] C. Steiner-Adair, *The Big Disconnect: Protecting Childhood and Family Relationships in the Digital Age,* New York, Harper Collins, 2013.

[11] Citado em J. S. Dunne, *Love's Mind: An Essay on Contemplative Life,* Notre Dame, IN, University of Notre Dame Press, 1993, p. 16.

[12] Steiner-Adair, *The Big Disconnect,* p. 54.

[13] L. Fogassi, Discussão de um painel, *The Reading Brain in a Digital Culture,* Spoleto, Itália, 7 de julho de 2016.

[14] Steiner-Adair, *The Big Disconnect*, p. 6.

[15] A. Goodman, *The Chalk Artist,* New York, Dial Press, 2017.

[16] Andrew Piper disse algo semelhante em *Book Was There: Reading in Electronic Times,* Chicago, University of Chicago Press, 2012, p. 46.

[17] Poldrack coordenou várias pesquisas influentes sobre os efeitos negativos da atuação por multitarefas. Ver por exemplo, K. Foerde, B. J. Knowlton e R. A. Poldrack, "Modulation of Competing Memory Systems by Distraction", PNAS 103, n. 31, 1º de agosto de 2006, pp. 11778-83. Mas os estudos mais recentes mostram algumas diferenças importantes para jovens criados num ambiente digital que são treinados em tarefas particulares. Ver K. Jimura, F. Cazalis, E. R. Stover e R. A. Poldrack, "The Neural Basis of Task Switching Changes with Skill Acquisition", *Frontiers in Human Neuroscience* 8, 22 de maio de 2014, 339, pp. 1-9.

[18] Jimura et al., "Neural Basis of Task Switching Changes with Skill Acquisition", pp. 1-9.

[19] M. Jackson, *Distracted. The Erosion of Attention and the Coming Dark Age,* Amherst, NY, Prometheus Books, 2008, p. 90.

[20] Ver M. T. de Jong e A. G. Bus, "Quality of Book-Reading Matters for Emergent Readers: An Experiment with the Same Book in a Regular or Electronic Format", *Journal of Educational Psychology* 94, nº 1, 2002, pp. 145-55.

[21] Ver em particular Guernsey e Levine, *Tap, Click, Read;* L. M. Takcuchi e S. Vaala, *Level Up Learning: A National Survey on Teaching with Digital Games,* New York, Joan Ganz Cooney Center at Sesame Workshop, 2014. Ver também os MacArthur Foundation Reports on Digital Media and Learning: por exemplo, J. P. Gee, *New Digital Media and Learning as an Emerging Area and "Worked Examples" as One Way Forward,* Cambridge, MA, MIT Press, 2009; M. Ito, H. A. Horst, M. Bittanti et al., *Living and Learning with New Media: Summary of Findings from the Digital Youth Project* Cambridge, MA, MIT Press, 2009; C. James, *Young People, Ethics, and the New: Digital Media: A Synthesis from the Good Play Project,* Cambridge, MA, MIT Press, 2009; J. Kahne, E. Middaugh e C. Evans, *The Civic Potential of Video Games,* Cambridge, MA, MIT Press, 2009.

[22] J. Parish-Morris, N. Mahajan, K. Hirsh-Pasek et al., "Once upon a Time: Parent-Child Dialogue and Storybook Reading in the Electronic Era", *Mind, Brain, and Education* 7, n. 3, setembro de 2013, pp. 200-11. K. McNab e R. Fielding-Barnsley, "Digital Texts, iPads, and Families: An Examination of Families' Shared Reading Behaviours", *International Journal of Learning: Annual Review*, 20, 2013, pp. 53-62; Takeuchi and Vaala, *Level Up Learning*; L. Guernsey and Levine, *Tap, Click, Read*, p. 18.

[23] "The highly enhanced e-book", Guernsey and Levine, *Tap, Click, Read*, p. 184.

[24] Ver A. Winter, *Memory: Fragments of a Modern History*, Chicago, University of Chicago Press, 2012; ver também minha resenha sobre esse livro: M. Wolf, "Memory's Wraith", *The American Interest* 9, n. 1, 11 de agosto de 2013, pp. 85-89.

[25] S. Greenfield, *Mind Change: How Digital Technologies Are Leaving Their Mark on our Brains*, New York, Random House, 2015, pp. 243.

[26] Ibidem, pp. 46-47.

[27] Ver a discussão em Jackson, *Distracted*, especialmente pp. 79-80.

[28] N. K. Hayles, "Hyper and Deep Attention: The Generational Divide in Cognitive Modes", *Profession* 13, 2007, pp. 187-99.

[29] E. Hoffman, *Time*, New York, Picador, 2009, p. 12.

[30] Citado em Greenfield, *Mind Change*, p. 26.

[31] Ibidem, 206.

[32] R. Kurzweil, *The Singularity is Near: When Humans Transcend Biology*, New York, Viking, 2005. Ver particularmente a discussão em 4, pp. 128.

[33] Tristan Harris: "Your Phone Is Trying to Control Your Life", entrevista conduzida por Tristan Harris, PBS *News Hour*, 30 de janeiro de 2017. Ver também B. Bosker, "The Binge Breaker", *The Atlantic*, novembro 2016.

[34] Bosker, "The Binge Breaker".

[35] Ver a discussão em B. Bosker, "The Binge Breaker."

[36] Como se discute em Bosker, "The Binge Breaker", Larry Page, o CEO da Google, discutiu a avaliação de Harris de como a Google poderia ter respondido melhor a essas críticas. Mais tarde, Harris trabalhou especificamente sobre a incorporação do "projeto ético" na Google, antes de sair para fundar sua empresa Time Well Spent. Em 2015, a Google mudou seu princípio-guia para "Faça a coisa certa", NBC News, Tech News, 19 de janeiro de 2018.

[37] A citação original provém de "The Crack-Up" (1936): "O teste de uma inteligência de primeira linha é a capacidade de manter na mente ao mesmo tempo duas ideias opostas, e ainda assim conservar a capacidade de funcionar". F. Scott Fitzgerald, "The Crack-Up", *Esquire*, 7 de março de 2017 em: http://www.esquire.com/lifestyle/a4310/the-crack-up/.

[38] Ver Guernsey e Levine, *Tap, Click, Read*, e Baron, *Words on Screen*. Sobre os estudos europeus baseados na rede E-READ, ver M. Barzillai, J. Thomson e A. Mangen, "The Influence of E-books on Language and Literacy Development", em *Education and New Technologies: Perils and Promises for Learners*, ed. K. Sheehy e A. Holliman,Londres, Routledge, a sair).

[39] Guernsey e Levine, *Tap, Click, Read*, p. 40.

DO COLO PARA OS COMPUTADORES DE COLO (LAPTOPS)* NOS CINCO PRIMEIROS ANOS. NÃO VÁ TÃO DEPRESSA

> Será que a barreira real é [...] que os livros não têm chance de disputar nossa atenção com os produtos empolgantes da multimídia? Vamos encarar: a mídia com tela é o elefante na sala. Compreender de verdade o letramento das crianças no século XXI é impossível se não encararmos essa criatura, dando uma boa olhada nela.[1]
>
> Lisa Guernsey e Michael Levine

> Gostemos ou não, os livros e as telas estão agora ligados entre si. Só seremos capazes de entender como as novas tecnologias vão mudar – ou não – o nosso modo de ler, se desembaraçarmos pacientemente esse emaranhado.[2]
>
> Andrew Piper

Caro Leitor,

O quarto do bebê é "o local onde acontece".[3] Para mim, os primeiros momentos de vida ideal de leitor começam com um bebê no colo de uma pessoa querida, "carregada nos braços",[4] lugar

* N.T.: Renunciamos a traduzir o jogo de palavras contido no título original inglês *"From laps to laptops"*. *Lap* é colo e *laptop* é, como se sabe, o computador portátil projetado para ser usado originalmente no colo; essa ligação se perde nas denominações que prevaleceram no Brasil para os dois tipos de computador pessoal: (1) *PC, computador de mesa* e (2) *Laptop* ou *notebook*.

próprio para que o contato compartilhado, o olhar e a experiência de ouvir alguém ler proporcionem as melhores portas para esse mundo doce e novo. Antes que o bebê possa pronunciar a primeira palavra, nos cérebros mais jovens, essa dimensão física que nunca envelhece da primeira experiência com a leitura conecta o sentir – táctil e emocional – com as regiões da atenção e da memória, da percepção e da linguagem.

Pode não ser coincidência: o desenvolvimento inicial do cérebro dá prioridade aos circuitos subjacentes ao sentimento, antes mesmo da cognição. Sempre me impressionou o fato de que a amígdala no cérebro da criança (que tem participação nos aspectos emocionais da memória) grava suas redes neurais *antes* que sejam formadas redes para seu vizinho próximo, o hipocampo, o mais conhecido depósito da memória. É um aceno bastante afetuoso a Sigmund Freud, John Bowlby, Mary Ainsworth e todas aquelas figuras antigas na história da psicologia que deram ênfase à profunda importância das primeiras emoções e do primeiro vínculo na vida da criança.

Mas o fato de que as crianças não são capazes de articular seus pensamentos não significa que não estejam processando a linguagem, desde os primeiríssimos momentos. Num trabalho de pesquisa fascinante, Stanislas Dehaene e sua esposa, a neuropediatra Ghislaine Dahaene-Lambertz, observaram a ativação do cérebro em bebês de dois meses enquanto ouviam a fala da mãe. Usando uma adaptação bastante adequada do fMRI,* descobriram[5] que os mesmos circuitos de linguagem que usamos para ouvir a fala eram ativados nesses bebês. Seu circuito de linguagem simplesmente entrava em ativação muito mais lentamente nos primeiros meses de desenvolvimento devido à falta de mielinização isolante, que, muito rapidamente, aumentaria e aceleraria a transmissão entre neurônios em várias redes. Portanto, antes que muitos de nós sequer suspeitemos que os bebês estejam nos escutando, eles já estão esta-

* N.T.: MRI, acróstico de *Magnetic Resonance Imaging* ([criação de] imagens por ressonância magnética); fMRI = criação de imagens por ressonância magnética funcional.

belecendo conexões impressionantes entre ouvir as vozes humanas e desenvolver seu sistema linguístico.

Pense-se quantas coisas mais podem acontecer nessas regiões quando os pais, devagar, deliberadamente, leem para os filhos, *só para eles*, num contexto de atenção recíproca. Esse ato desconcertantemente simples traz contribuições imensas: proporciona não só as associações mais palpáveis com a leitura, mas também uma interação entre pais e filhos sem hora para terminar, que envolve atenção compartilhada, aprendizado de palavras, sentenças e conceitos, e mesmo o conhecimento do que é um livro. Uma das influências mais salientes sobre a atenção das crianças pequenas envolve o olhar compartilhado que ocorre e se desenvolve quando os pais leem para elas. Com um mínimo de esforço consciente, as crianças aprendem a voltar sua atenção visual para aquilo que está sendo olhado pelos pais ou cuidador, sem perder nada de sua própria curiosidade e comportamentos exploratórios. Como observa o filósofo Charles Taylor, "A condição crucial para o aprendizado humano da linguagem é a atenção *compartilhada*",[6] que ele e outros pesquisadores da ontogênese da linguagem julgam ser um dos traços mais importantes da evolução humana.

Podemos agora ver literalmente o que acontece com o desenvolvimento da linguagem quando um dos pais ou cuidador lê para ela. Pesquisas recentes por imagem do cérebro, dirigidas pelos neurologistas pediatras John Hutton, Scott Holland e seus colegas do Children's Hospital Medical Center de Cincinnati permitem ter uma visão inédita da extensa ativação de redes referentes à linguagem em crianças para as quais alguém lê (nesse caso o leitor eram as mães).[7] O grupo de Hutton mostrou como é ativo o jovem cérebro ao ouvir histórias e se envolver com a mãe em tudo o que acontece com grandes cachorros vermelhos, coelhos fujões e macaquinhos. Ocorrem mudanças significativas não só nas regiões do cérebro que subjazem aos aspectos receptivos da língua (o que aprimora o aprendizado do sentido das palavras), mas também em regiões que subjazem aos aspectos expressivos do aprendizado da linguagem (que habilitam as crianças a articular novas palavras e novos pensamentos).

O vão do colo: os dois primeiros anos

Tanto numa perspectiva cognitiva como numa perspectiva socioemocional, eu gostaria que os dois primeiros anos da vida de leitura fossem o equivalente à infância da maravilhosa exortação de Juliana de Norwich "Tudo estará bem, e tudo estará bem, todo tipo de coisas estará bem".[8] Veja: tudo vale a pena quando você lê para seu filho. É quase infinito o bem que você faz aos vários componentes do circuito de leitura. Cada peça componente precisa ser desenvolvida individualmente durante os cinco anos que se passam antes que a criança aprenda a ler. Lembre simplesmente que cada livro sobre trens intrépidos e porquinhos assustadiços, para não falar do ratinho que se esconde em um lugar diferente a cada página de *Goodnight Moon,** ajuda a transmitir um novo fragmento de informação sobre os inúmeros conceitos subjacentes que cercam esses pequenos habitantes da infância. Tudo isso levará o pequenino a aprender como funcionam a vida e as palavras.

Não há maneira melhor para as crianças aprenderem como funcionam as palavras. Grande parte da minha pesquisa diz respeito àquilo que descrevi na Carta Número 2 como as "representações" da informação, que são os elementos básicos nos componentes do circuito de leitura do cérebro. Quando você lê para os filhos, você os expõe a múltiplas representações – dos sons ou fonemas nas palavras faladas, das formas visuais das letras e seus padrões nas palavras escritas, dos sentidos nas palavras orais e escritas, e assim por diante, para cada componente de circuito. O cérebro jovem fixa representações dessa informação cada vez que a criança ouve, vê, toca ou cheira os livros. Quan-

* N.T.: Ricamente ilustrado por Clement Hurd, o livro *Goodnight Moon* foi lançado em 1947 pela escritora americana Margaret Wise Brown e é considerado até hoje um dos principais títulos da literatura infantil norte-americana. Fala de um coelhinho que se prepara para dormir, e que deseja boa-noite a tudo que o cerca. Existem adaptações para várias mídias e traduções para várias línguas, inclusive o português do Brasil (*Boa noite, lua*, SP, Editora Martins Fontes).

do sua criança pequena implora para que você leia de novo *The Runaway Bunny** ou *Thomas the Tank Engine*** ou, quem sabe, os livros de Olívia e Madeline,*** ela está acrescentando uma exposição depois de outra a essa informação, e é exatamente isso que reforça e consolida todas essas representações.

É essa a matéria do desenvolvimento linguístico e conceitual (muito embora você chegue a pensar que é a matéria de alguma coisa completamente diferente depois da enésima releitura). Lembre-se apenas que isso contribui para os conceitos e as palavras que sua criança já conhece, e cria a base para aquilo que virá a seguir. O pensamento analógico cresce com essas páginas bem gastas, e o desenvolvimento da linguagem floresce. Quando você fala com as crianças, você as expõe às palavras que as cercam. Uma coisa maravilhosa. Quando você lê para elas, você as expõe a palavras que elas nunca ouvem em outros lugares, e a sentenças que ninguém usa ao redor delas. Não é simplesmente o vocabulário dos livros, é a gramática das histórias e livros, e o ritmo e aliteração de rimas, poemas humorísticos e letras de canções que não apareceriam de forma tão agradável em outra situação.

---

* N.T.: *The Runaway Bunny* [O coelhinho fujão] é um clássico infantil lançado em 1942 por Margaret Wise Brown, com ilustrações de Clement Hurd. Conta a história de um coelhinho que se esconde da mãe dizendo que foi embora. Mas a mãe sempre o encontra.

** N.T.: Lançada em 1946 pelo padre britânico Wilbert Vere Awdry (1911-1997), *Thomas the Tank Engine* é a história para crianças da locomotiva a vapor Thomas e de seus amigos, Percy e Toby. Sua ação se passa numa ferrovia que percorre a ilha imaginária de Sodor, e suas personagens são meios de transporte falantes: locomotivas, vagões ou ônibus. Relançada no final do século passado como livro e como série de TV, a história da locomotiva Thomas teve sucesso mundial e promoveu o lançamento de inúmeros produtos destinados a crianças.

*** N.T.: Publicada a partir de 2000, a série de livros dedicada a Olívia já recebeu prêmios importantes por seu valor pedagógico e tem chamado a atenção por sua originalidade gráfica. Criação do ilustrador e figurinista teatral Ian Falconer (nascido em 1959), a personagem de *Olivia* é uma porquinha que interage com familiares e amigos num mundo em que todos são porquinhos. Vive problemas típicos de um ambiente familiar, enfrentando-os de maneira criativa e bem-humorada, e buscando extrair de cada experiência uma lição ou um projeto de vida. • O primeiro livro infantil protagonizado pela menina Madeline foi lançado em 1939 pelo escritor austríaco naturalizado americano Ludwig Bemelmans (1898-1962), iniciando uma série que se prolongaria por dez anos. As histórias se passam num orfanato católico de Paris que abriga um grupo de crianças entre as quais a própria Madeline, e contam as aventuras em elas se envolvem. O sucesso da série motivou adaptações para outros formatos; a natureza de sua mensagem fez de Madeline uma série premiada e prestigiosa na educação infantil.

Todas essas experiências iniciais proporcionam o começo ideal de uma vida de leitor: antes de tudo, a interação humana e suas associações com tato e o sentir; em segundo lugar, o desenvolvimento de uma atenção compartilhada, através de um olhar compartilhado e de orientações amáveis; e, em terceiro lugar, a exposição diária a novas palavras e novos conceitos, à medida que reaparecem a cada dia como por mágica no mesmo lugar na mesma página.

NO ENTANTO, POR QUE...?

Alguns de vocês devem estar perguntando neste momento: a criança não pode aprender tudo isso, ou mais, a partir das repetições mais fáceis de palavras e conceitos que os dispositivos digitais conseguem proporcionar sem esforço, para não mencionar a variedade interminável de e-books e histórias aí disponíveis? É aqui que entra o "elefante" no quarto do bebê, e o primeiro de vários conceitos que você deveria examinar dentre minhas ideias sobre os primeiros passos da vida de leitor.

Uma das características que baliza a experiência inicial de leitura é sua fisicalidade; outra é a recorrência: Quão fácil é retornar e repetir o que fez esse macaquinho travesso? As telas para os bem pequenos carecem de ambas. Como escreveu Andrew Piper em *Book Was There: Reading in Electronic Times*, "A página digital [...] é uma falsificação. Não está *realmente* ali".[9]

As páginas físicas são as placas de Petri* subvalorizadas da primeira infância. As páginas dão uma substância física à repetição e recorrência linguística e cognitiva, e isso fornece as múltiplas exposições necessárias para as imagens e os conceitos nessas páginas, que são os primeiros aportes para a formação do conhecimento de fundo da criança. Quero que as crianças provem o *estar ali* físico e temporal dos livros antes de descobrir a tela, sempre oscilante e um ersatz. Em termos literais e cognitivos, um grande nú-

* N.T.: *Petri dishes*, no original. As placas de Petri são os recipientes em que os biólogos preparam culturas e observam evolução de microrganismos vivos.

mero de espectadores muito jovens são entregues cedo demais a seus dispositivos – para serem entretidos continuamente por uma coisa muito plana, que não tem nem o colo nem a voz das pessoas amadas que poderiam ler e falar só para eles.

Como afirmam tanto Andrew Piper quanto Naomi Baron, a leitura não tem a ver somente com o cérebro das crianças pequenas; envolve o corpo como um todo: elas veem, cheiram, ouvem e sentem os livros. E, se os pais forem compreensivos e indulgentes, também os saboreiam. Isso não acontece com a tela que não tem colo. Colocar na boca um iPad não é exatamente a mesma coisa. Ver, ouvir, morder e tocar os livros ajuda as crianças a fixar o melhor das conexões multissensoriais e linguísticas, naquele período que Piaget chamou apropriadamente de estágio sensório-motor do desenvolvimento cognitivo.

Em segundo lugar, as pesquisas feitas pelos psicólogos do desenvolvimento durante os últimos anos mostraram que crianças criadas com ou sem os recursos mirabolantes de vários aparelhos diferem no desenvolvimento inicial da linguagem aos 2 anos de idade. As crianças que recebem a maior parte de seu *input* linguístico de seres humanos levam vantagem nos indicadores de linguagem. Essa conclusão é intuitiva. O *input* que provém de fontes não humanas está um passo atrás e não enfoca uma criança específica. Por outro lado, por mais atraentes que possam ser, essas fontes externas raramente levam o foco do olhar ou do ouvido do pequeno exatamente para aquilo que está sendo dito ou aprendido. No mundo das crianças menores, nós, seres humanos, contamos mais. Que tenhamos que provar isso é uma pena.

Mas precisamos. Mais exatamente, precisamos demonstrar o que é benéfico e o que não é no uso da mídia digital durante a primeira infância. Por exemplo, numa sondagem recente feita pela Common Sense Media,[10] há uma evidência preocupante de que, nos últimos dez anos, os pais passaram a ler menos para os filhos. Por vários motivos: velhos e novos. Haverá sempre uma nova safra de jovens pais que ficam surpresos diante do que consideram absurdo: ler para um bebê que não entende. Eles estão simplesmente desinformados de que a criança está aprendendo muito enquanto eles leem. Outros pais podem ler menos porque, consciente ou inconscientemente, estão transferindo a tarefa ao que consideram um "leitor melhor" que fala pela tela, particularmente quando sua língua nativa não é o inglês. É possível que estes pais nunca se deem conta da importância de lerem em sua própria língua, para tornar a criança bilíngue ou multilíngue. E, agora que o tablet se tornou a mais nova e a mais eficaz das chupetas, alguns pais podem estar lendo menos para os filhos porque essa babá novíssima e pouco exigente os substitui no final de seu dia cansativo.

Quaisquer que sejam os motivos, essa baixa na leitura de pais para filhos[11] foi constatada contrariando toda a pesquisa que se acumulou sobre sua importância para o desenvolvimento futuro da leitura. Por mais de quatro décadas, um dos mais importantes prognósticos de um bom desempenho futuro na leitura[12] dependia de quanto os pais liam para as crianças. Há agora, pelo mundo afora, uma série de excelentes iniciativas que pressionam os pais a fazer isso, como a campanha dos pediatras norte-americanos *Reach Out and Read*,[13] lançada por Barry Zuckerman e Perri Klass; o projeto italiano *Born to Read*;[14] e o bem-sucedido programa de Judy Koch *Bring me a Book*,[15] na Califórnia e na China.

A abordagem *Reach Out and Read* apoia-se num amplo conjunto de pesquisas documentando como algumas instruções simples de um pediatra sobre leitura compartilhada de alguns livros apropriados em cada "consulta de rotina" podem mudar o padrão da leitura que os pais fazem para os filhos. Livros, não aplicativos. Como Barry Zuckerman, Jenny Radesky e seus colegas detalham em orientações para pediatras e pais, livros físicos – não aplicativos ou livros eletrônicos –[16] são os melhores fundamentos de uma *leitura dialógica*, na qual pais e filhos formam um vínculo de comunicação interativa que constrói linguagem e envolvimento. Os dados de Hutton, baseados em imagens do cérebro, demonstram os efeitos significativos dessa forma de leitura sobre o desenvolvimento das regiões da linguagem na primeira infância.

Isso equivale a dizer que, antes que a criança chegue aos 2 anos, no início ideal do mundo da leitura, deve haver um contato limitado[17] com dispositivos digitais. Esses dispositivos podem comparecer do mesmo modo que os animais de pelúcia: nem vistos como "ilegais", nem usados como prêmio. Anos atrás, quando a televisão era a grande preocupação a respeito das crianças, minha família "proibiu" seu uso quando nos demos conta de que David, então com 2 anos, estava vendo televisão demais. Ele não tinha culpa, eu sim. Tentando equilibrar a vida familiar com a vida profissional, eu estava usando inconscientemente a televisão como substituto da chupeta quando chegava em casa, exatamente como estão fazendo muitos pais de hoje com os dispositivos *touch-screen*. Para corrigir isso, desde então até quando David completou 10 anos, não houve mais televisão em casa. Aos 10 anos, como era de se prever, ele estava muito mais interessado em televisão do que qualquer criança do bairro, incluindo o irmão mais velho, Ben, que tinha assistido televisão até os 5 anos.

Não quero exagerar as lições aprendidas aqui. Há muitas diferenças individuais entre nossas crianças, mas somos todos descendentes de Adão e Eva. Os seres humanos, tanto jovens como velhos, tendem a ficar obcecados com o fruto proibido, às vezes a ponto de mistificá-lo e fazer dele um objeto de desejo. Não precisamos de nenhuma complicação a mais, em matéria de crianças pequenas e mundo digital, além das que já estão à nossa frente.

Eu gostaria de acreditar que é possível para as crianças pequenas menores de 2 anos equiparar dispositivos digitais a um urso de pelúcia e outros brinquedos na prateleira da infância, sem que o dispositivo se torne o preferido. Antes dos 2 anos, a interação humana e a interação física com os livros e outros materiais impressos são o melhor acesso ao mundo da língua falada e escrita e do conhecimento internalizado, que são os blocos que vão montar o circuito de leitura mais tarde.

Entre 2 e 5 anos: quando a linguagem e o pensamento levantam voo juntos

Deus fez o homem porque Ele ama as histórias.

Elie Wiesel[18]

Durante o tempo fugaz entre 2 e 5 anos de idade, as crianças em meu mundo da leitura seriam cercadas de histórias, livros pequenos, livros grandes, palavras pequenas, palavras quaisquer, letras, números, cores, lápis de cor, música – muita música! – e todo tipo de coisas capazes de provocar sua criatividade, suas habilidades comunicativas e suas explorações físicas, em ambientes fechados ou fora de casa. Tanto o aprendizado da música quanto as diferentes modalidades de práticas físicas, como o esporte e os jogos, ajudam as crianças a aprender a disciplina e a recompensa por terem sido atentas. Nem todos os nossos futuros leitores ideais se tornarão músicos ou atletas, mas espero que se tornem pequenos cartógrafos cognitivos, para quem cada saída para um novo canto de seus mundos acrescente novo material a seu estoque de conhecimento de fundo e suas experiências crescentes com palavras.

Eu gostaria que as crianças tivessem o maior raio de liberdade segura para suas explorações, mas para muitos pais isso não é tão simples. A pesquisa de Joe Frost mostra que o raio de ação das crianças[19] encolheu 90% desde 1970. Há muitas razões para isso, mas as crianças constroem seu conhecimento de fundo internalizado com qualquer exploração bem ou malsucedida, e também com qualquer livro ouvido, canção cantada, jogo jogado e rima ou anedota repetidas interminavelmente. Há muitas maneiras de ampliar o círculo em que vivem as crianças.

Por exemplo, nos dois primeiros anos, daria um jeito para que os pais e as babás lessem diariamente para as crianças, tornando a leitura noturna de histórias um ritual. Dessa maneira, não só as crianças viajam na imaginação para lugares muito longe de onde vivem, mas também têm a oportunidade de familiarizar-se com esquemas cognitivos importantes de histórias e contos de fadas que reaparecerão várias vezes em seus anos de escola. São as histórias que os preparam para sua cultura e lhes ensinam lições de vida: o que significa ser um herói, um vilão ou uma princesa temível; o que significa ser bom para os outros; como nos sentimos quando alguém é desleal ou injusto. As leis morais universais que cada cultura possui começam com histórias.

A verdade é que nós, seres humanos, somos uma espécie contadora de histórias. Em seu fascinante livro *The Storytelling Animal: How Stories Make us Human,* Jonathan Gottschall formula em chave literária a hipótese de que as histórias ajudam nossas crianças (e na verdade todos nós) a "praticar o exercício de reagir aos tipos de desafios que são e sempre serão os mais cruciais para nosso sucesso enquanto espécie".[20] Tal pensamento é uma expansão de algo sobre que o cientista cognitivo Steven Pinker também abordou,[21] ao argumentar que as histórias, como as jogadas de *bridge* ou de xadrez, nos ajudam a encarar dificuldades semelhantes na vida, munidos de estratégias possíveis para enfrentá-las.

Nem mais nem menos que isso. Assim como os romances proporcionam novos caminhos para a empatia e a adoção de perspectivas no circuito do cérebro leitor adulto, as histórias da infância proporcionam um fundamento inigualável para aprender as perspectivas de outras pessoas e, claro, de animais adoráveis, em lugares que ficam a muitas milhas, séculos ou continentes de distância. A empatia é estimulada cada vez que Marta consola Jorge,* cada vez que Horton, o elefante querido,** quer ajudar a chocar o que é,

* N.T.: *George* e *Martha* são dois hipopótamos, protagonistas de uma série de livros infantis escrita pelo americano James Marshall nas décadas de 1970 e 1980. Os livros contam as atividades e a convivência das duas personagens, passando uma mensagem que valoriza a amizade. *George and Martha* inspirou uma longa série de programas televisivos.

** N.T.: O elefante Horton é o protagonista de vários livros infantis do Dr. Seuss (Theodor Seuss Geisel, 1904-1991), alguns dos quais publicados postumamente. O primeiro deles, de 1940, é *Horton Hatches the Egg* (Horton choca o ovo): preocupado ora em proteger um ovo, ora em proteger o mundo contra todo tipo de ataque, o elefante sempre sai vencedor, passando um exemplo de coragem e otimismo. Como seria de esperar, Horton virou personagem de filmes de animação e, mais recentemente, de várias séries televisivas.

claramente, um ovo de outro animal; toda vez que garotinhas ou garotinhos, ou os Sneetches,* são feridos ou rejeitados porque não se parecem com as outras pessoas, por mais que se esforcem. A empatia aprendida em histórias como essas expande o mundo da infância e alcança um valor humano essencial: afinidade e solidariedade com "os outros".

E há muito mais acontecendo sob a superfície. A pesquisa dos neurocientistas, que mostra haver excitação tanto do sentimento como do conhecimento, quando tentamos compreender o que os outros estão sentindo e pensando, indica que a empatia é a plataforma da criança para o conhecimento solidário, ou aquilo que Martha Nussbaum chamou de "imaginação solidária".[22] O legado persistente das histórias infantis pode começar com a simples mágica tecida por elas, mas a compreensão de "outros" que elas promovem vai prolongar-se por toda a vida e, com sorte, vai influenciar o modo como a próxima geração tratará seus coabitantes neste nosso planeta compartilhado. Aqui começa o laboratório moral do desenvolvimento humano que Frank Hakemulder menciona.[23]

Cogumelos** e aprendizado da linguagem secreta da história

Assim como começa aqui um fundamento moral, também começam os fundamentos para aprender palavras que a criança nunca ouviria de outro modo. Com certa frequência, quando leem histórias para os filhos, os pais fazem inconscientemente as novas palavras saltarem da página. Por uma espécie de re-

* N.T.: *The Sneetches and Other Stories* é uma coletânea de contos lançada em 1953 pelo Dr. Seuss. As histórias tratam de temas como a tolerância, a diversidade e a capacidade de conciliar; foram premiadas por seu interesse educativo, tendo sido reescritas a partir da década de 1970 como seriados televisivos.

** N.T.: *Toadstools* (literalmente, "banquinhos de sapo") no original. *Toadstools* é a denominação de vários tipos de cogumelos que têm uma cabeça larga e macia. Foi talvez esta característica, que faz pensar numa almofada, o que levou a representá-los como "banquinhos de sapo".

flexo, eles começam a alongar certas palavras e a animar outras: "Era uma vez uma floresta escura, encantada, onde não entrava nenhuma luz e onde nenhuma criatura podia viver. Era nesse lugar há muito tempo amaldiçoado que um minúsculo sapo, muito tímido, vivia debaixo de um cogumelo grande e estranho. O cogumelo falava! Toda noite, o cogumelo sussurrava segredos ao sapo, e toda manhã o sapo contava todos os segredos à triste princesa que ele amava em vão."

Nenhum pai produz normalmente sentenças com esse tanto de adjetivos descritivos, frases preposicionais e orações subordinadas, e muito menos palavras como *encantada, há muito tempo amaldiçoado* e *em vão*. Essa é a linguagem secreta das histórias, que não é encontrada em nenhum outro lugar e que cria o encantamento com esta palavra que excita, é longa e dá comichão – *eraumavez* – e prossegue explorando múltiplos aspectos da língua falada e escrita – como o conhecimento semântico (onde mais um cogumelo é chamado de "banquinho de sapo"?), a sintaxe e mesmo a fonologia – sem que ninguém tenha nada a objetar.

Um segredo conhecido de todo linguista voltado para a fala infantil é que ninguém pronuncia os fonemas nas palavras tão distintamente como quando está falando com uma criança. *Motherese** é um termo usado há muito tempo por uma das mais ativas e influentes estudiosas da língua das crianças das últimas cinco décadas, Jean Berko Gleason,[24] para caracterizar o modo como todos nós exageramos a pronúncia, alongamos as palavras e, inclusive, falamos num tom mais agudo quando nos dirigimos a uma criança pequena. "Todos nós" inclui os irmãozinhos e as irmãzinhas.

Nunca vou esquecer quando meu filho de 5 anos, Ben, iniciou seu irmão de 2, David, nos prazeres de repetir sem parar as palavras "*poo*" e "*pee*" (cocô, xixi), faladas de todas as maneiras possíveis. Eles estavam sentados juntos num pequeno nicho debaixo de uma janela triangular pouco usada, onde pensavam que não poderiam ser vistos. Mas podiam ser ouvidos, deliciando-se

* N.T.: O *motherese* é "*língua da mãe*". O termo tem grande circulação entre os estudiosos brasileiros da aquisição da linguagem, razão pela qual o mantivemos na tradução.

reciprocamente com as maneiras inesperadas como conseguiam pôr em sequência as palavras "*poo poo*" e "*pee pee*", para formar uma frase sem sentido atrás de outra. Para eles, era um momento de encantadora alegria repetir palavras que pensavam ser tabus, e que pareciam combinar praticamente com qualquer coisa que lhes viesse à cabeça. Ben e David nunca ficaram sabendo que eu gravei todo esse episódio, e Ben não se deu conta de que suas rimas excrementais estavam dando ao irmãozinho uma requintada aula de reconhecimento de fonemas.

A pesquisa sobre a relação entre o conhecimento tácito de fonemas e o êxito posterior na leitura é bem conhecida, assim como a relação entre o conhecimento de vocabulário e a leitura posterior. Menos conhecida é uma pesquisa mais antiga, de especialistas britânicos, segundo a qual as rimas da série *Mother Goose* (*Mamãe Gansa*)* são uma das melhores preparações para dirigir a atenção das crianças aos fonemas das palavras.[25] Quer se trate de "Little Miss Muffet",** que chama a atenção das crianças para as aliterações, ou de "Hickory, Dickory, Dock",*** em que a atenção se volta para os sons rimados no final das frases, aquilo que os pesquisadores chamam de "consciência fonêmica" está se desenvolvendo em cada criança imperceptivelmente – exatamente como acontecia no esconderijo secreto de Ben e David, o lugar que eles chamaram, com uma aliteração perfeita em *p*, de *Poo Poo Pee Pee Place...*

E é exatamente como a consciência se desenvolve – na música. As pesquisas de Cathy Moriz, do neurocientista da música Aniruddh Patel, de Ola Ozernov-Palchik, e de outros membros de nosso grupo

* N.T.: *Mother Goose* (*Mamãe Gansa*), é a personagem-título dos *Contes de ma mère l'oie*, do escritor francês Charles Perrault (1628-1703); o livro vem sendo reeditado até hoje.

** N.T.: "Little Miss Muffet" é uma das tantas canções de ninar em inglês na qual o ritmo é mais importante do que o sentido das palavras. Uma das versões diz: *Little Miss Muffet / Sat on a tuffet / Eating her curds and whey; / Along came a spider / Who sat down beside her / And frightened Miss Muffet away.* (A menina Muffet / Sentou num pufe / comendo seu queijo com soro / Chegou uma aranha / que sentou ao seu lado / e fez a menina Muffet fugir assustada.)

*** N.T.: "Hickory Dickory Dock" é o primeiro e último verso de uma cantilena inglesa, que diz "*Hickory, dickory, dock / The mouse ran up the clock / The clock struck one / The mouse ran down / Hickory, dickory, dock*". ("H.D.D. / O camundongo subiu no relógio / O relógio tocou uma hora / O camundongo desceu correndo/ H.D.D.")

de pesquisa da Universidade Tufts mostram que o ritmo em música[26] tem uma relação especial com o desenvolvimento dos sons da língua, os mesmos fonemas que são tão importantes no desenvolvimento posterior da leitura.

O ritmo na música e as rimas da linguagem fazem contribuições que não se limitam aos fonemas. Pense no que acontece quando você lê para uma criança de 3 ou 4 anos: automaticamente, começa a falar mais claro e com um propósito mais definido. Nesse processo, o contorno prosódico ou melódico de sua voz ajuda a veicular os sentidos das palavras para a criança. Você troca o registro de sua voz de todos os dias e torna-se outra pessoa. Sem perceber, estará acelerando sem esforço o desenvolvimento de muitas das partes mais importantes do conjunto de circuitos da leitura: os menores sons das palavras; as partes um tanto maiores de morfemas como *ed* e *er*; os sentidos das palavras; os diferentes modos como as palavras podem ser usadas numa sentença. Todas essas fontes de conhecimento ensinam à criança como as palavras funcionam na fala e na história.

Contudo, é importante notar que só as partes componentes do circuito da leitura – não seu todo conexo – estão se desenvolvendo progressivamente. A menos que sejam anormalmente precoces, como Jean-Paul Sartre (personagem histórica) ou Scout (personagem fictícia) em *To Kill a Mockingbird* (*O sol é para todos*),* as crianças não conectarão esses componentes para poder ler e só precisarão aprender isso muito mais tarde; e, na minha sequência ideal, eles não serão forçados fisiológica ou psicologicamente a fazê-lo. (Se provoquei sua curiosidade, recomendo meu *Proust and the Squid* em que desenvolvo um discurso inflamado sobre esse assunto).

---

* N.T.: Publicado em 1960 pela americana Harper Lee (1926-2016), o romance *To Kill a Mockingbird* se passa no Alabama, estado natal da autora; embora a narradora seja uma menina de 6 anos (Scout), o livro trata de temas pesados, como o estupro e a desigualdade social. É um dos livros mais lidos nas escolas médias americanas, por valorizar a tolerância e a coragem, e por combater o preconceito. Mas foi fortemente hostilizado pelas posições que defende. O título da tradução brasileira (*O sol é para todos*) não é fiel ao original: o *mockingbird* é a cotovia, usada como símbolo da inocência.

Proteger o tempo perdido da infância

O que precisam fazer os pais com o resto do tempo das crianças, nos ambientes domésticos e pré-escolares, onde estão cercadas por dispositivos digitais e onde o "tempo ocioso" é cada vez mais preenchido com um entretenimento estimulante, mas que não exige nada delas? Eu gostaria que houvesse um movimento de proteção do tempo perdido, em que as crianças precisariam de pouco mais do que a imaginação para transformar uma porta de armário num portal e o pátio da escola na superfície da lua esmagada por asteroides. Para criar o espaço e o tempo na infância para isso, a exposição aos recursos digitais terá que ser introduzida mais gradualmente e de maneira mais ponderada do que acontece hoje. As crianças precisariam ser ajudadas a conceber essas mídias como parte de seu ambiente de fundo, como o são a televisão e os aparelhos de som, não como algo a ser usado para ocupar cada instante ocioso de seu curtíssimo tempo entre 2 e 5 anos de idade.

Isso é mais fácil de dizer do que fazer. Somos todos criaturas da obsessão e as crianças mais do que qualquer um. Elas ficarão obcecadas com qualquer coisa que capture sua atenção, e há poucos chamarizes da atenção mais eficazes do que as telas que se movem, zunem e fazem aflorar os hormônios habitualmente destinados à luta ou à fuga. Meu principal medo para esse período do desenvolvimento é que as crianças e seus hábitos acabem sendo configurados no modo de tela, se nós – enquanto pais e enquanto cultura – não prestarmos atenção no que constitui os dias e as noites desses anos iniciais da infância.

Conectar ou não conectar. A questão é: o que e quando?

Os primeiros desafios que os pais precisam encarar dizem respeito ao conteúdo digital apropriado em termos de desenvolvimento e por quanto tempo a criança deveria estar ligada a qualquer meio digital. É muito difícil imaginar quais aplicativos, atividades e recursos são mais adequados para uma iniciação, e quando essa iniciação deve acontecer para determinada criança. A exposição de um pai de primeira viagem ao "Faroeste Selvagem dos Aplicativos" é tudo menos simples. Os aplicativos disponíveis chegam a mais de um milhão[27] somente para o iPhone, sendo que alguns milhares se apresentam como "educativos" ou "formativos", segundo abrangente pesquisa de Lisa Guernsey e Michael Levine. A maioria dos aplicativos que se autodenominam "educativos" nada têm de educativo e aqueles cujo objetivo declarado é preparar o grupo etário de 2 a 5 anos para o pré-letramento ou letramento só raramente tiveram um especialista envolvido em qualquer estágio do projeto.

Resumida em seu livro recente, a sábia advertência de Guernsey e Levine é que os pais pensem sempre[28] em três Cs – Criança, Conteúdo, Contexto* – antes de comprar um aplicativo e que consultem as páginas na internet criadas especificamente para ajudar os pais na avaliação de ofertas sempre crescentes. Eu acrescentaria que um jeito indolor e agradável de começar esse processo consiste simplesmente em brincar com as crianças nos primeiros minutos depois que o aplicativo for implementado. As crianças aprendem rapidamente a brincar por si mesmas, e os pais descobrem exatamente com a mesma rapidez se determinado aplicativo é envolvente e digno do tempo da criança. Não estou sugerindo mais uma dimensão para o fenômeno dos "pais-helicóptero"** nem recomendando que todos os aplicativos, na fase dos 2 aos 5 anos, sejam "educativos". Em vez disso, é importante que os pais aprendam junto com as crianças o que atrai a imaginação de cada uma, o que desenvolve características que lhe são próprias em idades diferentes e o que é apenas baboseira. Depois, devem simplesmente deixar que a criança explore

* N.T.: *CCC - Criança, Conteúdo, Contexto*. Aqui, por coincidência, foi possível usar o mesmo acrônimo do original, que resume a expressão *Child, Content, Context*.

** N.T.: Alude-se aqui ao "*helicopter parenting*", o comportamento dos pais (e sobretudo da mãe que não trabalha) que controlam muito de perto as atividades das crianças pequenas, numa atitude que evoca o helicóptero que patrulha uma área pairando sobre ela. Esse comportamento preocupa os psicólogos, que o responsabilizam por problemas posteriores no rendimento escolar e na socialização das crianças.

essa mídia como faria com um parque ou um quintal, desde que isso não dure demais!

Quanto à duração e ao momento, minha esperança é que os pais introduzam os aplicativos e os "brinquedos" digitais como algo a ser explorado por períodos relativamente curtos, que vão aumentando gradativamente durante a primeira infância. Numa abordagem mais ampla, Catherine Steiner-Adair sugere que uma criança de 2 ou 3 anos poderia passar de uns poucos minutos a cerca de meia hora por dia, ao passo que a uma criança ligeiramente mais velha seria dado mais tempo, por volta de duas horas diárias. A realidade é que muitas crianças frequentam contextos de aprendizado mais formais, como a escola infantil, onde têm acesso durante o dia a vários dispositivos digitais. Pelas estatísticas mais recentes, as crianças pequenas nesta faixa etária já estão na frente das telas, em média, quatro horas por dia ou mais.

Não tenho nenhuma fórmula mágica para conseguir implementar esse tempo, consideravelmente mais curto de no máximo duas horas, que propus para casa, e entre as crianças há muitas diferenças individuais. O que sugiro é preservar um tempo para brincadeiras de iniciativa das crianças, oferecer o colo dos adultos e noites em que predominem os rituais de contar histórias e os livros físicos. Quatro ou mais horas do dia da criança gastos com meios digitais não permitem facilmente isso, e na realidade podem desviar tanto do jogo infantil espontâneo, quanto da leitura pelos pais, particularmente de histórias em livros cujo ritmo está mais para o da tartaruga do que da lebre.

Sobre isso, há pesquisas incipientes. Um número crescente de pesquisadores do desenvolvimento observa que, quando os pais leem histórias com os filhos em e-books,[29] as interações se concentram frequentemente nos aspectos mais mecânicos e lúdicos, e menos no conteúdo, nas palavras e ideias contidas nas histórias. A maioria dos pais se sai melhor em promover a linguagem e ajudar a esclarecer conceitos para crianças em idade pré-escolar se estiver lendo livros físicos. Como advertem alguns pesquisadores, o formato mesmo do e-book pode "alterar a leitura compartilhada de histórias, antes mesmo que a leitura comece", eventualmente com efeitos negativos sobre a compreensão das crianças[30] entre outros. Adriana Bus pesquisou a leitura conjunta de livros de histórias por muitos anos. Seu trabalho recente detectou uma influência relativamente negativa dos livros digitais interativos sobre o vocabulário das crianças e sua capacidade de entender o conteúdo das histórias. Mas ela faz esta advertência: quando os pais apoiam ativamente o vocabulário dos filhos nos formatos digitais interativos, pode haver uma influência positiva.

Uma direção promissora para essas influências mais positivas diz respeito a um gênero digital que fica a meio caminho entre a tela e o impresso e que foi projetado intencionalmente para a interação humana entre pais e filhos. O TinkRBook é uma ferramenta de pesquisa criada por minha colega Cynthia Breazeal, junto com sua orientanda de doutorado Angela Chang no Personal Robots Group do Laboratório de Mídias do MIT. No âmago dessa ferramenta, há uma orientação de princípio chamada "bricolagem textual"* que permite à criança... bom, fazer bricolagens no texto. Por exemplo, a criança pode tocar uma palavra na tela e ouvir a palavra falada (Resposta completa: *Esta é a minha voz gravada em áudio*) ou ver uma imagem (por exemplo, de um pato) e influenciar uma ação (por exemplo, uma ninhada saindo de um ovo) ou mexer com seus atributos (por exemplo, mudar a cor das penas). Ao interagir com o texto, a criança pode mudar toda a narrativa da história. Os pesquisadores observaram que os pais podem usar a natureza interativa dos TinkRBooks[31] como ponto de partida para elaborar conceitos e desenvolver o vocabulário, o que muitos dos e-books disponíveis para crianças não faz, e é objeto das mais relevantes críticas contra eles.

Essa visão crítica se baseia em parte naquilo que não acontece tanto quanto deveria, quando os pais leem e-books para as crianças e, em parte, no que acontece quando os e-books se tornam uma

* N.T.: O verbo *to tinker* já indicou o conserto de panelas feito na porta das casas por itinerantes; hoje refere-se, sem conotações negativas, a qualquer tipo de trabalho feito em caráter não profissional. Traduzimos por *bricolagem*, um empréstimo do francês que a língua parece ter assimilado.

razão para que os pais parem de ler. Por exemplo, uma das características cativantes de muitos livros de histórias interativas é a opção "leia para mim". Embora tenha frequentemente aspectos muito positivos, essa opção parece dissuadir muitos pais de lerem para os filhos no exato momento de seu desenvolvimento em que a leitura é mais necessária. Os pais ou acham que são menos necessários para a leitura ou que essa opção é a melhor babá do pedaço. A consequência preocupante é que uma criança pequena pode desenvolver uma compreensão cognitivamente muito menos ativa acerca do que é a leitura. Quando são encarados pela criança como mais uma forma de entretenimento, os processos altamente atencionais e reflexivos inerentes à leitura que esperamos promover podem ser frustrados pela passividade, um caso demasiado precoce do princípio "usar ou largar". Esse resultado inesperado seria exatamente o contrário daquilo que tem em vista qualquer criador inventivo de e-books ou aplicativos, e daquilo que qualquer pai deseja.

Dito isso, é importante observar que há muitas crianças perfeitamente à vontade, dentro ou fora de casa, com livros e tablets e que florescem com ambas as mídias. Para elas há menos base para as preocupações levantadas aqui; elas encontraram o equilíbrio desejado. Na verdade, o que precisa estar no centro do equilíbrio que procuram hoje os pais dos pré-escolares e a maioria dos criadores e pesquisadores digitais é a formação ativa e curiosa da mente da criança. Estamos todos navegando por uma transição que nos levará a uma cultura digital completa, com muitas incógnitas. É a natureza das transições. É importante que não nos lancemos à frente sem apoio no que conhecemos, nem retrocedamos ao passado. Com esse entendimento, Cynthia Breazeal e eu estamos agora colaborando, a partir de nossas diferentes perspectivas, em vários projetos como o do TinKRBook e de robôs verdadeiramente sociáveis para tentar criar atividades digitais que, como a leitura dialógica, consigam promover o aprendizado da linguagem e de outros conhecimentos que são pré-requisitos para a leitura, particularmente para crianças que crescem em ambientes muito diferentes e nunca terão um livro, um professor ou uma escola.

Preparando todas as nossas crianças para o futuro

O quarto do bebê não é o "quarto onde tudo acontece" para todas as crianças. Há crianças que não provêm de lares linguisticamente favorecidos e para as quais o acesso aos recursos digitais inexiste. Patrocinadas inicialmente pelos esforços de Nicholas Negroponte no Media Lab do MIT, Cynthia Breazeal e eu ajudamos a criar uma iniciativa global voltada para o letramento que evoluiu para o Curious Learning, com os colegas Tinsley Galyean, Stephanie Gottwald e Robin Morris. Juntos, estamos estudando a eficácia de tablets digitais com aplicativos cuidadosamente supervisionados e projetados, aproveitáveis tanto no aprendizado da língua oral, como para serem usados na preparação para a leitura em lugares onde não há escolas e onde a disponibilidade de professores é limitada, como nas áreas da África do Sul, em que temos atuado, nas quais há entre 60 e 100 crianças em cada sala de aula. Nosso trabalho começou em aldeias da Etiópia e se expandiu para outros destacamentos avançados na África, Índia, Austrália e América Latina. Recentemente, começamos a trabalhar mais perto de casa com crianças em idade pré-escolar em nossos próprios quintais nas áreas rurais do Sul dos Estados Unidos.

As advertências das últimas cartas sobre aprender nos recursos digitais dão forma a esse trabalho global e local sobre o pré-letramento e vice-versa. O que cativa as crianças e as ajuda a aprender a ler virtualmente por conta própria aumenta nossa compreensão de como se dá o desenvolvimento inicial do letramento. Em nosso trabalho futuro, pretendemos unir a pesquisa sobre o impacto cognitivo das mídias digitais com a de estudiosos como Marti Hearst, de Berkeley, sobre o papel que pode exercer a interface humanos-tecnologia[32] para ajudar crianças a aprenderem a ler, particularmente as que são aprendizes diferenciadas ou vivem em situações adversas. A pesquisa em andamento dos estudiosos da UCLA Carola e Marcelo Suárez-Orozco[33] sugere que números crescentes de crianças imigrantes[34] nos EUA podem beneficiar-se muito pelo modo como as histórias em multimídias conseguem veicular aspectos importantes de nossa cultura, assim como ensinar a nova língua que elas precisam aprender. Mal começamos a conectar todas as pesquisas relacionadas, mas nossa finalidade comum é contribuir para aquilo a que os Objetivos de Desenvolvimento Sustentável da ONU se referem como um direito humano básico de quaisquer crianças do mundo: tornarem-se cidadãos letrados cujo potencial coletivo mudará a face da pobreza, atingindo no futuro milhões de crianças.

Existe uma vida de leitura ideal?

Eu gostaria de crer que os princípios e as advertências aqui descritos para o período entre a primeira infância e a idade de 5 anos serão úteis para muitas crianças pelo mundo afora. Mas há diferenças profundas nas vidas delas, decorrentes tanto dos ambientes em que vivem, quanto de suas características pessoais. Descobrir como adaptar para crianças analfabetas o que sabemos, por exemplo, será um dos grandes desafios deste século. Compreender como utilizar os aspectos envolventes dos dispositivos digitais para ajudar aprendizes diferenciados é uma questão igualmente difícil e cada vez mais importante da pesquisa educacional. Mas há também os desafios menos dramáticos que existem bem sob nossos olhos.

Quero terminar esta carta com uma história meio engraçada e meio triste, que no seu todo traz uma lição de humildade. Algum tempo atrás, uma mãe amorosa, nervosa, muito culta, apareceu em meu centro de pesquisas para que seu filho mais velho pudesse ser testado. Sentou-se na sala de espera com outra criança, uma menina muito miúda de cinco ou seis meses, e me contou que já tinha lido tudo que eu tinha escrito sobre a importância de se ler para os filhos. Olhei com interesse para a enorme bolsa de livros que havia no chão atrás dela. Com um brevíssimo olhar em minha direção, a mãe pôs o bebê no colo e começou a ler. Com uma voz que alcançava o dó da oitava superior, e aceleradamente, avançou sobre as páginas de um livro do Dr. Seuss* retirado da bolsa, parecendo empenhada em terminar todas as 30 páginas – uma intenção clara para todos, incluindo o bebê. Em dois minutos, a pequena estava se contorcendo; em três começou a lamuriar-se, jogando as mãos para cima num protesto inútil. Em quatro minutos ela saiu do sério. Nada ia dissuadir essa mãe bem-intencionada de uma criança do novo milênio da tarefa de ler para a criança tão frequentemente e tanto quanto possível. Eu tinha criado o Velociraptor da Leitura!

Tão gentilmente quanto possível, disse-lhe que não temos que ler o livro todo ou uma história inteira toda vez que lemos para a criança; que é bom ler somente na quantidade e velocidade que a criança é capaz de acompanhar; e que livros simples e ilustrados que ela, mãe, complementaria com poucas palavras podiam ser tão benéficos quanto um livro do Dr. Seuss o seria para uma criança um pouquinho mais velha.

Eu queria ter dito também, o que vou dizer a você agora: confie na mãe ou no pai, ou no avô ou na avó que existe em você. O que e como eles teriam lido para aquela pessoazinha tão jovem e pequena? A atenção compartilhada, como escreveu Charles Taylor, é o começo da grande dança da linguagem que liga uma geração com a seguinte; não a atenção forçada. Conhecer as pesquisas sobre como se desenvolve o letramento é muito bom; mas saber o que é preciso observar na própria criança supera tudo que eu poderia dizer – ou escrever – sobre qualquer mídia ou qualquer abordagem.

As coisas que todos nós temos que aprender são tantas! Isso é especialmente procedente com relação a crianças prestes a cruzar a porta da educação infantil.

Atenção: não será o que você espera.

Dedicadamente,

Sua Autora

* N.T.: Autor dos já citados *Horton* e *The Sneetches and Other Stories*, Theodor Seuss Geisel foi um dos escritores americanos que mais produziram para o público infantil (mais de 60 livros, além de desenhos animados, roteiros de filmes e filmes que ele próprio produziu). Suas personagens são conhecidas dentro e fora dos Estados Unidos, graças a tiragens altíssimas em mais de 20 línguas. Algumas delas são citadas em outras passagens deste livro.

NOTAS

[1] L. Guernsey e M. H. Levine, *Tap, Click, Read: Growing Readers in a World of Screens,* San Francisco, Jossey-Bass, 2015, pp. 8-9.

[2] A. Piper, *Book Was There: Reading in Electronic Times,* Chicago, University of Chicago Press, 2012, ix.

[3] "Room where it happens": uma alusão merecida ao musical da Broadway *Hamilton.*

[4] M. Wolf, *Proust and the Squid: The Story and Science of the Reading Brain,* New York, Harper-Collins, 2007, p. 8I. Ver o quarto capítulo para uma discussão muito mais abrangente.

[5] Ver S. Dehaene, *Consciousness and the Brain: Deciphering How the Brain Decodes Our Thoughts,* New York, Penguin, 2009.

[6] C. Taylor, *The Language Animal: The Full Shape o the Human Linguistic Capacity,* Cambridge, MA, Harvard University Press, 2016, p. 177.

[7] Ver J. Hutton, "Stories and Synapses: Home Reading Environment and Brain Function Supporting Emergent Literacy", apresentação na Reach Out and Read Conference, Boston, maio de 2016. Ver também T. Horowirz-Kraus, R. Schmitz, J. S. Hutton e J. Schumacher, "How to Create a Successful Reader? Milestones in Reading Development from Birth to Adolescence", *Acta Paediatrica* 106, nº 4, abril de 2017.

[8] "All shall be well, and all shall be well, and all manner of things shall be well": Ver as emocionantes descrições que a reverenda madre Julia Gatta fez de Juliana of Norwich em *The Pastoral Art of the English Mystics* (publicado originalmente como *Three Spiritual Directors for Our Time,* Cambridge, MA, Cowley Publishers, 1987.

[9] A. Piper, *Book Was There: Reading in Electronic Times,* Chicago, University of Chicago Press, 2012, p. 54

[10] Ver *Children, Teens, and Reading. A Common Sense Media Research Brief,* 12 de maio de 2014, em https:l/www.commonsensemedia.org/research/children-teens-and-reading. Também citado em C. Alter, "Study: The Number of Teens Reading for Fun Keeps Declining", *Time,* 2 de maio de 2014.

[11] Apesar dessas importantes iniciativas, e do fato de que mais de 80% de crianças mesmo um pouco mais velhas (entre 6 e 8 anos de idade) gostariam que seus pais lessem para elas, tem havido um declínio dessa simples e inestimável contribuição para a formação da leitura nas crianças, e um aumento simultâneo no tempo digital delas. Em http://www.bringmeabook.org.

[12] Começando nos anos 1970 com os estudos de Carol Chomsky e Charles Read, que são referência até agora (ver uma discussão em *Proust and the Squid*) e continuando até o presente com as pesquisas de Catherine Snow e colegas, essa intervenção simples dos pais continua sendo um dos melhores indicadores na previsão de como as crianças lerão mais tarde na vida.

[13] Ver http://www.reachoutandread.org.

[14] Ver http://www.borntoread.org.

[15] Ver http://www.bringmeabook.org.

[16] Sobre este assunto, há um corpo de pesquisa crescente destinado aos pais. Ver N. Kucirkova e B. Zuckerman, "A Guiding Framework for Considering Touchscreens in Children Under Two", *International Journal of Child - Computer Interaction* 12, edição C, abril de 2017, pp. 46-49; N. Kucirkova e K. Littleton, *The Digital Reading Habits* of *Children,* London, Book Trust, 2016; J. S. Radesky, C. Kistin, S. Eisenberg et al., "Parent Perspectives on Their Mobile Technology Use: The Excitement and Exhaustion of Parenting While Connected", *Journal of Developmental & Behavioral Pediatrics* 37, n. 9, novembro-dezembro de 2016, pp. 694-701; J. S. Radesky, J. Schumacher e B. Zuckerman, "Mobile and Interactive Media Use by Young Children: The Good, the Bad, and the Unknown", *Pediatrics* 135, nº 1, janeiro de 2015, pp. 1-3; C. Lerner e R. Barr, "Screen Sense: Setting the Record Straight: Research-Based Guidelines for Screen Use for Children Under 3 Years Old", Zero to Three, 2 de maio de 2014, em https://www. zerotothree.org/resources/1200-screen-sense-full-white-paper. Ver também um estudo anterior: R. Needlman, L. E. Fried, D. S. Morley et al., "Clinic-Based Intervention to Promote Literacy: A Pilot Study", *The American Journal of Diseases of Children* 145, n. 8, agosto de 1991, pp. 881-84.

[17] Ver o *corpus* do trabalho de Kathy Hirsh-Pasekanel e Roberta Golinkoff, por exemplo em R. M. Golinkoff, K. Hirsh-Pasek e D. Eyer, *Einstein Never Used Flash Cards: How Our Children Really Learn - and Why They Need to Play More and Memorize Less,* Emmnaus, PA, Rodale Books, 2003, e os trabalhos recentes, citados na Carta Número 9.

[18] E. Wiesel, *The Gates of the Forest,* New York, Schocken, 1996.

[19] S. Greenfield, *Mind Change: How Digital Technologies Are LeavingTheir Mark on Our Brains,* New York, Random House, 2015, p. 19.

[20] J. Gottschall, *The Storytelling Animal: How Stories Make Us Human,* Boston, Houghton Mifflin Harcourt, 2012, p. 67.

[21] S. Pinker, *How The Mind Works,* New York, W. W. Norton & Company, 1997.

[22] M. C. Nussbaum, *Cultivating Humanity: A Classical Defense of Reform in Liberal Education,* Cambridge, MA, Harvard University Press, 1997, p. 92.

[23] F. Hakemulder, *The Moral Laboratory: Experiments Examining the Effects of Reading Literature on Social Perception and Moral Self-Concept,* Amsterdam, Netherlands, John Benjamins Publishing Company, 2000.

[24] Mais conhecida por seus métodos singulares de extrair conhecimentos morfológicos das crianças através do teste "Wug", J. B. Gleason foi uma das influências inspiradoras da psicologia do desenvolvimento do século XX. Veja-se a nona edição de seu livro *The Development of Language,* New York, Pearson, 2016, coeditado com Nan Ratner Bernstein, que colabora com suas pesquisas nessa área há mais de duas décadas.

[25] Uma linha de pesquisa mais antiga demonstrou que as rimas do *Mother Goose* são uma das melhores preparações para fazer com que a atenção das crianças se volte para os fonemas das palavras. Ver L. Bradley e P. E. Bryant, "Categorizing Sounds and Learning to Read-A Causal Connection", *Nature* 301, fevereiro de 1983, pp. 419-21; L. Bradley e P. Bryant, *Rhyme and Reason in Spelling,* Ann Arbor, University of Michigan Press, 1985; P. Bryant, M. MacLean e L. Bradley, "Rhyme, Language, and Children's Reading", *Applied Psycholinguistics* 11, n. 3, setembro de 1990, pp. 237-52.

[26] Cathy Moritz, Aniruddh Patel, Ola Ozernov-Palchik e outros participantes de meu centro estudaram as relações entre música e leitura, particularmente a relação entre o ritmo em música e a consciência dos fonemas. Moritz e nosso grupo descobriram que um treinamento musical diário nos anos finais da educação infantil permite esperar um desempenho melhor na leitura no final do primeiro ano, uma descoberta que contraria os cortes que tem havido nos programas de música pelo país afora. Ola Ozernov-Palchik e Ani Patel estão realizando estudos mais aprofundados sobre as relações entre música e leitura, de modo a poder usar esse conhecimento como base de prognóstico e intervenção. Ver C. Moritz, S. Yampolsky, G. Papadelis et al., "Links Between Early Rhythm Skills, Musical Training, and Phonological Awareness" *Reading and Writing* 26, n. 5, maio de 2013, pp. 739-69.

[27] Ver uma lista selecionada em L. Guernsey e M. H. Levine, *Tap, Click, Read.*

[28] Ibidem.

[29] A. R. Lauricella, R. Barr e S. L. Calvert, "Parent-Child Interactions During Traditional and Computer Storybook Reading for Children's Comprehension: Implications for Electronic Storybook Design", *International Journal of Child-Computer Interaction* 2, nº 1, janeiro de 2014, pp. 17-25; S. E. Moi e A. G. Bus, "To Read or Not to Read: A Meta-analysis of Print Exposure from Infancy to Early Adulthood", *Psychological Bulletin* 137, n. 2, março de 2011, pp. 267-96; S. E. Moi, A. G. Bus, M. T. de Jong e D. J. H. Smeets, "Added Value of Dialogic Parent-Child Book Readings: Meta-analysis", *Early Education and Development* 19, 2008,pp. 7-26; O. Segal-Drori, O. Korat, A. Shamir e P. S. Klein, "Reading Electronic and Printed Books with and without Adult Instruction", *Reading and Writing: An Interdisciplinary Journal* 23, nº 8, setembro de 2010, pp. 913-30. Ver também M. Barzillai, J. Thomson e A. Mangen, "The Influence of E-books on Language and Literacy Development", *Education and New Technologies: Perils and Promises for Learners,* ed. K. Sheehy e A. Holliman, London, Routledge, 2018.

[30] A. G. Bus, Z. K. Takacs e C. A. T. Kegel, "Affordances and Limitations of Electronic Storybooks for Young Children's Emergent literacy", *Developmental Review* 35, março de 2015, pp. 79-97.

[31] Veja uma descrição mais completa em M. Wolf, S. Gottwald, C. Breazeal et al., "'I Hold Your Foot': Lessons from the Reading Brain for Addressing the Challenge of Global Literacy", *Children and Sustainable Development*, organizado por A. Battro, P. Léna, M. Sánchez Sorondo e J. von Braun, Cham, Suíça, Springer Verlag, 2017. Ver também a dissertação de doutorado de A. Chang, MIT Media Lab, 2011; C. Breazeal, "TinkRBook: Shared Reading Interfaces for Storytelling", IDC, 20 de junho de 2011.

[32] Ver, por exemplo, M. A. Hearst, "'Natural' Search User Interfaces", *Communications of the ACM* 54, nº 11, novembro de 2011, pp. 60-67; M. Hearst, "Can Natural Language Processing Become Natural Language Coaching?, Conferência plenária ACL, Pequim, julho de 2015.

[33] Estes pesquisadores da UCLA produziram um *corpus* extraordinário de trabalhos de pesquisa sobre as crianças imigrantes, tratando, entre outros, de assuntos da flexibilidade cognitiva em aprendizes bilíngues; ver, por exemplo C. Suárez-Orozco, M. M. Abo-Zena e A. K. Marks, organizadores, *Transitions: The Development of the Children of Immigrants*, New York, New York University Press, 2015. Ver também E. Bialystok e M. Viswanathan, "Components of Executive Control with Advantages for Bilingual Children em Two Cultures", *Cognition* 112, nº 3, setembro de 2009, pp. 494-500; K. Hakuta e R. M. Diaz, "The Relationship Between Degree of Bilingualism and Cognitive Ability: A Critical Discussion and Some New Longitudinal Data", *Children's Language* 5, 1985, pp. 319-44; W. E. Lambert, "Cognitive and Socio-Cultural Consequences of Bilingualism", *Canadian Modern Language Review* 34, nº 3, fevereiro de 1978, pp. 537-47; O. O. Adesope, T. Lavin, T. Thompson e C. Ungerleider, "A Systematic Review and Meta-analysis of the Cognitive Correlates of Billingualism", *Review of Educational Research* 80, n. 2, 2010, pp. 207-45.

[34] M.-J. A. J. Verhallen, A. G. Bus e M. T. de Jong, "The Promise of Multimedia Stories for Kindergarten Children at Risk", *Journal of Educational Psychology* 98, nº 2, maio de 2006, pp. 410-19.

CARTA NÚMERO 7

A CIÊNCIA E A POESIA NO APRENDIZADO (E NO ENSINO) DA LEITURA

Não há nada que um bocadinho de ciência não possa ajudar. Pais e educadores precisam ter uma compreensão melhor das mudanças que a leitura produz no cérebro de uma criança [...]. Estou convencido de que um conhecimento melhor desses circuitos simplificará enormemente a tarefa do professor.

Stanislas Dehaene[1]

E o que aprendemos com Seuss? O prazer das palavras e das imagens na brincadeira, claro, mas também os valores melhores e mais humanos que cada um de nós gostaria de ter: iniciativa, determinação, tolerância, respeito pela terra, desconfiança do espírito belicoso, os valores fundamentais da imaginação. É por isso que ler desde cedo é importante.

Michael Dirda[2]

Caro Leitor,

Entre as idades de 5 e 10 anos, as crianças pelo mundo afora começam a aprender a ler e adentram a aventura de conhecimento mais excitante de suas jovens vidas. Na descrição pertinente de William James, "as crianças que aprendem a ler [...] levantam voo para mundos completamente novos tão sem esforço como aves jovens",[3] em seus primeiros pousos na trajetória para Dinotopia e Nárnia e Hogwarts.* Pelo caminho, lutarão com todo tipo de monstros, sejam eles dragões ou assediadores; descobrirão "outros" de todo tipo, entrarão em êxtase por causa de heróis ou jurarão jamais se extasiar. Mas mais que isso, elas sairão da carteira escolar, da cadeira ou da cama para descobrir quem podem vir a ser. Como escreveu Billy Collins em seu maravilhoso poema "On turning ten", aos 4[4] ele era um sábio árabe, aos 7 um soldado valente e aos 9 tornou-se um príncipe.

Para um número muito grande de crianças, porém, nada disso é verdade. Para estas, cruzar a porta do ensino infantil é o começo de um pesadelo que se repete, invisível para quase todas as outras pessoas. Dependendo dos cenários em que viverem, as crianças terão ou não oportunidade no inalcançável sonho americano, com consequências de grande alcance para todos na sociedade.

Todos os indicadores nacionais e internacionais[5] de como as crianças norte-americanas estão se saindo na leitura apontam que, a despeito de toda a riqueza do país, multidões de crianças fracassam e têm um desempenho muito inferior ao de crianças de outros países ocidentais e de países asiáticos. Não podemos ignorar o que isso prenuncia para nossas crianças ou para nosso país. Há fatos que precisamos conhecer, quer tenhamos filhos ou não, e, mais importante, coisas que todos podemos fazer a respeito para recuperar o potencial de nossas crianças.

Especificamente, o último boletim nacional (National Assessment of Educational Progress) documenta que mais de dois terços das crianças americanas do quarto ano não leem em nível "proficiente",[6] isto é, fluentemente e com compreensão adequada. Em termos mais diretos, somente um terço das crianças americanas do século XXI, neste momento, lê com compreensão e velocidade sufi-

---

* N.T.: Ver sobre Dinotopia e Hogwarts nota de tradução na Carta 1. *The Chronicles of Narnia* é uma série de sete romances do britânico C. S. Lewis. O mundo de Nárnia é cenário para as aventuras de um grupo de crianças que têm por antagonista a Bruxa Branca e por defensor o sábio leão Arlan, que fala e é o verdeiro rei de Nárnia.

cientes, precisamente na idade da qual depende seu futuro aprendizado. O quarto ano é uma espécie de Linha Maginot entre aprender a ler e aprender a usar a leitura para aprender.

Mais perturbador ainda, cerca da metade de nossas crianças afro-americanas ou latinas, no quarto ano, não alcança um nível "básico" de leitura, muito menos proficiente. Isso significa que não decodificam suficientemente bem para entender o que estão lendo, o que vai impactar quase tudo que deveriam aprender em seguida, incluindo a matemática e outros assuntos. Costumo me referir a esse período como o "buraco negro da educação americana", porque as crianças que não aprendem a ler fluentemente durante esse período, para todos os efeitos educacionais deixam de existir. Na verdade, ao longo do caminho, muitas dessas crianças "desistem", com pouca esperança de alcançar quaisquer sonhos quando chegarem à idade adulta.

Os serviços prisionais nos vários estados da federação conhecem muito bem tudo isso; muitos deles calculam o número de camas de que vão precisar com base nas estatísticas de leitura do terceiro e quarto ano. Como escreveu a executiva e filantropa Cynthia Coletti,[7] a relação entre os níveis de leitura no quarto ano e a desistência escolar é uma descoberta amarga e devastadoramente significativa. Ela afirma que se esse tanto de crianças está tendo um desempenho muito aquém do esperado, nosso país não conseguirá manter sua posição de liderança econômica no mundo. Fundamentando as conclusões de Coletti, o Conselho para as Relações Internacionais emitiu um relatório em que afirmou sem meias-palavras: "Grandes faixas da população com formação insuficiente comprometem a capacidade dos Estados Unidos de defender-se fisicamente, proteger suas informações seguras, orientar a diplomacia e desenvolver sua economia".[8]

Só um nível de leitura proficiente garantirá que um indivíduo possa avançar até desenvolver e aplicar as habilidades que manterão a saúde intelectual, social, física e econômica de nosso país.

Dois terços ou mais dos futuros cidadãos dos Estados Unidos não chegam nem perto disso.

Por onde começamos?

Para essas crianças, os primeiros cinco anos antes de ir para a escola não se assemelham em nada com a vida ideal que descrevi na última carta. Estou cansada de citar estudos, antigos e novos, que documentam os 30 milhões ou mais de ocorrências de palavras que as crianças de famílias desfavorecidas[9] não ouvem em seus ambientes, e o número de livros e letras que deixam de ver e que, evidentemente, não são lidos para eles antes dos 4 ou 5 anos. Efetivamente, o dinheiro fala alto no desenvolvimento inicial, linguístico e cognitivo, de nossas crianças, como demonstram em extensas análises da Universidade de Chicago o economista James Heckmann[10] e seus colegas. Em outras palavras, as quantias que investimos nos primeiros anos de uma criança produzem retornos mais consideráveis por dólar gasto do que em qualquer outro momento da vida. As implicações de todos os tipos de pesquisa sobre a criança em desenvolvimento não poderiam ser vistas de outra forma: a sociedade precisa investir em programas mais abrangentes para a primeira infância,[11] com profissionais mais altamente qualificados, antes que as primeiras grandes lacunas na linguagem e no conhecimento se tornem permanentemente consolidadas na vida de milhões de crianças.

Uma advertência: Nonie Lesaux, pesquisadora da linguagem da Harvard Graduate School of Education, rejeita o termo *lacuna*[12] porque este sugere que basta que ela seja preenchida. Ela tem razão. A maioria das crianças que recebem apoio insuficiente nos primeiros cinco anos de vida têm um desempenho abaixo do esperado nos cinco anos seguintes e nos próximos cinco, e continuarão não recebendo apoio pelo resto dos anos. A menos que mudemos a equação como um todo: precisamos chegar a uma nova conceituação do tempo de 0 a 5 anos, os primeiros dois mil dias de vida, quando os componentes do circuito de leitura são fixados conforme já discutimos. E precisamos repensar o tempo desde os anos finais da educação infantil até o quinto ano, os segundos dois mil dias. Esse período, foco da presente carta, é aquele em que as crianças aprendem a ler e a pensar de maneiras que lançam os fundamentos para o resto de suas vidas. Durante esse tempo, o comando passa formalmente para as escolas, onde três investimentos são necessários para assegurar que todas alcancem seu potencial de contribuição como membros da sociedade. São eles: uma avaliação abrangente e contínua desde o início; métodos de ensino de qualidade e bem informados; e ênfase coordenada com o envolvimento de todos os professores, no desenvolvimento, em todos os anos escolares, da leitura e das habilidades linguísticas. Cada passo desses requer formas diferentes de investimento.

INVESTIR DESDE CEDO NUM ACOMPANHAMENTO CONTÍNUO DOS ESTUDANTES

Quando as crianças chegam aos anos finais da educação infantil, chegam com tamanhos, habilidades, línguas, dialetos e culturas diferentes. A primeira tarefa da escola é descobrir quem está pronto para aprender e quem não está, e o que se pode fazer a respeito. Desde o primeiríssimo dia, as escolas precisam ser capazes de avaliar do que necessitam aquelas crianças que não tiveram uma experiência de pré-escola de qualidade, e podem muito bem estar atrasadas no desenvolvimento da linguagem e em outros pré-requisitos da leitura. Desde o segundo dia, os professores precisam saber se as crianças que tiveram a experiência de uma pré-escola de qualidade têm diferentes potencialidades ou fraquezas que requerem atenções especiais antes que sejam ensinadas a ler mais formalmente. No que acontece a partir daí, todos os envolvidos precisam ter conhecimento de algumas das novas pesquisas importantes, bem como de algumas pesquisas mais antigas e já consolidadas, nenhuma das quais é suficientemente conhecida ou implementada em muitas escolas.

Um excelente estudo recém-terminado poderia mudar as coisas nos dois primeiros dias de aula. Minhas estudantes de doutorado Ola Ozeernov-Palchik e Elizbeth Norton, juntamente com John Gabrieli e seus colegas do McGovern Institute for Brain Research do MIT e Nadine Gaab do Boston Children's Hospital acabam de completar um dos mais abrangentes estudos preditivos já realizados sobre leitura.[13] Estudos como esse nos ajudam a predizer quem continuará fazendo progressos em campos tão importantes como a leitura e a matemática e por que, e quem precisará ser acompanhado cuidadosamente.

Nosso grupo estudou mais de mil crianças dos anos finais do ensino infantil provenientes de todos os contextos econômicos e de todos os cantos da Nova Inglaterra. Cada criança foi testada por meio de uma ampla bateria de medidores educacionais. Os resultados deram destaque a dois fatos, um deles esperado e outro com potencial de transformação. Em primeiro lugar, as crianças americanas trazem consigo profundas diferenças linguísticas e cognitivas no primeiro dia de escolarização formal. Em segundo lugar, essas diferenças se distribuem por agrupamentos bastante específicos que prenunciam o que elas conseguirão fazer em matéria de leitura mais tarde na escola. Isso poderia mudar a trajetória de muitas delas.

Especificamente, apareceram seis perfis de desenvolvimento que podem ajudar os pais e professores a entender do que cada grupo precisa e como cada grupo aprende melhor a ler desde o começo. Dois dos perfis incluem crianças que estão na média ou muito acima da média e precisarão somente de um bom ensino para se sobressaírem. Outro grupo tem dificuldades com letras e sons e é possível que provenha de ambientes em que há pouca exposição ao alfabeto ou à língua inglesa. Podemos remediar esses problemas de maneira bastante direta. Algumas crianças desse grupo, porém, podem ter dificuldades menos comuns de origem visual, que precisam de mais testagem.

Três dos perfis compreendem crianças que, sabemos, serão diagnosticadas como sofrendo de algum tipo de incapacidade de leitura ou de dislexia. A organização cerebral dá às crianças disléxicas,[14] mais tarde em suas vidas, vantagens significativas em áreas como arte e arquitetura, reconhecimento de padrões na radiologia, finanças e empreendedorismo, mas as desfavorece durante seus primeiros anos de aprendizado. Para quem estuda a dislexia, há poucas descobertas mais importantes do que ser capaz de prever essa condição, poupando a criança de humilhações e fracassos públicos diários diante dos colegas, parentes e professores. Na verdade, não há nada mais destrutivo para uma criança de 6 anos do que se achar estúpida porque os colegas sabem ler e ela não, seja por uma razão biológica, por causa do ambiente ou pelos dois motivos.

Avaliando desde cedo as dificuldades, podemos antecipar-nos a alguns dos estragos emocionais que frequentemente caracterizam suas experiências de leitura. Nesse processo, podemos poupar para a sociedade grandes dispêndios, evitando a necessidade de algumas vagas nas prisões e preservando o espírito das crianças disléxicas, que podem ir em frente e se tornar alguns de nossos concidadãos mais criativos e empreendedores bem-sucedidos.

O ponto crucial aqui é que estamos agora no limiar de poder predizer trajetórias de leitura altamente específicas das crianças pequenas, antes mesmo que comecem a ler. Pesquisadores da Escola de Medicina da UCSF,[15] liderados por Fumiko Hoeft e Maria Luisa Gorno-Tampini, estão trabalhando para refinar nossas baterias de testes e nossos perfis, mas, desde já, essas informações, nas mãos de professores treinados, poderiam evitar alguns problemas de leitura, melhorar outros e permitir uma intervenção intensiva, aplicável desde a primeira hora, para crianças com maior tendência para a dislexia. Nada na aquisição da leitura é mais importante do que começar tão cedo quanto possível uma intervenção sistemática e dirigida.

Essa pesquisa ajuda todas as crianças, não apenas aquelas com desafios de aprendizado mais evidentes. A bateria de testes preditivos também demonstrou a enorme variação que há no progresso, nessa idade, no grupo maior de crianças que se desenvolvem da maneira mais típica. Algumas, particularmente meninos, não apresentam áreas óbvias de fragilidade em seus perfis, mas simplesmente não estão ainda prontos. Compreender esse grupo requer uma avaliação feita em maior profundidade (para garantir que não haja fraquezas subjacentes) e também expectativas mais razoáveis do que costuma acontecer. Grande número de escolas têm administradores que trabalham sob tamanha pressão para que as crianças se saiam bem nos anos seguintes em testes oficiais divulgados ao público que pressionam os professores a iniciar a aquisição da leitura cada vez mais cedo na educação infantil. A neurologista infantil Martha Denckla afirma veementemente que podemos estar criando muitos obstáculos para a leitura, em vez de preveni-los, com essa pressão de conseguir que a criança leia antes de sair da educação infantil.

A pesquisadora britânica da leitura Usha Goswami reforçou essa conclusão num estudo sobre as práticas de leitura na Europa, que visava a estabelecer quando o ensino da leitura deveria começar idealmente. Descobriu que, nos países que a introduziam mais tarde, a leitura se desenvolvia com menos problemas[16] para as crianças. Em outras palavras, as crianças europeias que começavam a receber este tipo de ensino na fase correspondente ao nosso primeiro ano, adquiriam a leitura mais facilmente do que as que começavam um ano antes.

Esses resultados são desconcertantes, porque há mais regularidade ortográfica nos idiomas dos países que introduzem a leitura um ano mais tarde do que nós. Todavia há boas razões fisiológicas e comportamentais[17] pelas quais algumas crianças podem simplesmente não estar preparadas, em termos de desenvolvimento, quando estão nos últimos anos do ensino infantil. No final das contas, os receios quanto aos resultados encontrados nos Estados Unidos para o terceiro ano não deveriam determinar quando classes de educação infantil como um todo deveriam receber o ensino da leitura. Algumas crianças são forçadas de maneira dura demais a ler muito cedo – antes de estarem preparadas do ponto de vista de seu desenvolvimento. Algumas crianças leem bem antes de terminar o ensino infantil, ou mesmo no meio dele. Outras são mandadas para o primeiro ano e sofrem a intervenção *du jour** da escola, que é imprópria para seus perfis de aprendizado. Professores sensíveis e bem treinados, boas práticas de antecipar problemas com base na experiência e intervenções mais bem orientadas, baseadas em evidências, são nossas melhores defesas contra qualquer um desses erros tão comuns que fazem descarrilar o desenvolvimento das crianças.

INVESTIMENTO EM NOSSOS PROFESSORES

No último meio século, nossa sociedade transferiu gradualmente para os professores – talvez seus membros mais idealistas – todos os males para os quais a própria sociedade não tinha "conserto", particularmente os efeitos perniciosos da pobreza e de ambientes estressantes sobre o desenvolvimento das crianças pequenas. Toda comunidade de escola deveria assistir ao documentário *The Raising of America*,[18] da cineasta Christine Herbes-Sommers, para ter um retrato cortante e honesto de como esses efeitos duram a vida toda. A maioria dos professores, contudo, não recebe nem uma preparação adequada nos cursos universitários, nem o desenvolvimento profissional posterior necessário para enfrentar a escalada de desafios com que se deparam diariamente nas classes de hoje, que vão desde um leque de problemas de atenção e aprendizado até as necessidades particulares do número crescente de alunos bilíngues e multilíngues, passando pelo uso da tecnologia nas classes.

Saber introduzir todas as crianças com suas múltiplas diferenças na vida da leitura hoje requer um conjunto tão complexo de conhecimentos[19] como o que se exige de qualquer engenheiro, cientista de foguetes ou santo. Os professores de hoje precisam estar preparados por conhecimentos novos, particularmente a res-

* N.T.: *"do dia"*, em francês no original.

peito do cérebro leitor e suas implicações para a formação de professores e o ensino das crianças. Como ressaltou Stanislas Dehaene, aquilo que conhecemos sobre o circuito do cérebro leitor pode enriquecer o desenvolvimento da compreensão dos professores, especialmente no que diz respeito ao mérito das diferentes formas de ensinar a leitura. Pode, em última análise, mediar um dos mais intransigentes debates sobre métodos de ensino, as assim chamadas Guerras dos Métodos.[20]

O debate que nunca deveria ter existido. De modo geral, os educadores do século XX se formaram em uma de duas abordagens totalmente diferentes do ensino da leitura. Na abordagem chamada *fônica,* o ensino da leitura começa com as crianças aprendendo os rudimentos básicos subjacentes ao princípio alfabético: que as palavras consistem em sons ou fonemas e que esses sons correspondem a letras do alfabeto, com regras que têm que ser aprendidas a título de introdução à leitura. O ensino é explícito e a ênfase passa das noções fundamentais sobre os fonemas e as letras do inglês para regras sistemáticas sobre como conectar as letras e os sons, e sobre como decodificar diferentes tipos de palavras.

No método da *linguagem total,** o aprendizado tem que ser implícito: as regras têm que ser inferidas ou descobertas pela criança, com pouca ou nenhuma instrução explícita sobre decodificação ou ênfase nos fonemas da língua. A ênfase que se busca é o envolvimento nas histórias, na literatura de verdade, no sentido das palavras e na imaginação da criança, excluídos os princípios fônicos. Na verdade, inicialmente, alguns professores de educação chamaram erroneamente o método fônico de *"kill and drill"* ("mate e treine") e caracterizaram os professores do método fônico como mais retrógrados e menos centrados nos alunos.

Ambos os métodos chegaram a ser adotados por professores muito bons, muitos dos quais mantêm até hoje uma fé, às vezes devocional, ao método em que foram originalmente treinados. Que cada uma dessas abordagens tenha chegado a excluir a importância

* N.T.: *whole language* em inglês.

da outra é um dos grandes e deploráveis erros do século XX. Erro que infelizmente continua. Embora exista um movimento que advoga uma "leitura balanceada", a realidade frequente é uma variante finamente disfarçada do método da linguagem total, com uma referência superficial e assistemática aos princípios fônicos. Isso é compreensível, mas lastimável.

Estudos extensos, baseados em pesquisas financiadas com recursos federais,[21] apoiam sem dar margem a dúvidas a importância de que as crianças leiam através do ensino explícito dos princípios básicos de decodificação. Ao mesmo tempo que apoiam claramente os princípios fônicos, essas conclusões nunca pretendem descartar a ligação com a literatura, como indica a ênfase mais recente aos assim chamados *princípios nucleares comuns* para a educação de nossas crianças. Embora difíceis de implementar, os padrões comuns revistos[22] materializam a importância da ciência e da imaginação para professores e alunos durante os anos de escolarização.

O problema é que nem as evidências fornecidas pela ciência nem a experiência de sermos incapazes de ensinar muitas crianças a alcançar os níveis funcionais do letramento foram suficientes para convencer muitos professores dos Estados Unidos e da Austrália, fiéis aos métodos da linguagem total. Em uma das melhores panorâmicas recentes da pesquisa que relaciona a leitura a esse tópico, Mark Seidenberg descreveu de maneira marcante esses métodos como "zumbis teóricos que não podem ser detidos por armas convencionais como a refutação empírica, o que os deixa livres para perambular pela paisagem educacional".[23] Essa situação é um duplo desperdício: desperdiça as intenções indiscutivelmente idealistas do professor de "linguagem total" e impede muitas crianças de aprender a ler, especialmente as com questões de leitura e aprendizagem ou com necessidades decorrentes de bilinguismo. Dito isso, nem Seidenberg nem eu gostaríamos de tirar um minuto sequer do investimento do professor de "linguagem total" para proporcionar às crianças palavras, histórias e uma vida de prazer ao ler, caso não inviabilize uma abordagem sistemática e informada do aprendizado dos fonemas da língua, do princípio alfabético e das regras de decodificação.

Desde a perspectiva da neurociência cognitiva, a repetição promovida por esta última abordagem dá às crianças as múltiplas exposições de que precisam para aprender e consolidar as regras para as letras e sons correspondentes, aumentando seu conhecimento de palavras, histórias e literatura. A repetição estimula o crescimento de representações de alta qualidade que vão desde os fonemas e grafemas (letras) até os sentidos das palavras e as formas gramaticais. Como disse certa vez um velho professor, "Na maioria das vezes, os degraus mais baixos de uma escada de parede são os melhores para aprender a subir. Nunca gostei de pedir a uma criança que pule para o degrau do topo sem passar por todos eles". Todos os degraus são importantes se quisermos preparar as crianças para serem leitores fluentes, que usam tanto a imaginação quanto suas capacidades analíticas.

Além disso, o conhecimento sobre o cérebro leitor pode ajudar professores de qualquer método a perceber quais degraus na escada podem estar faltando no modo como ensinam as crianças. O circuito de leitura ativa tudo aquilo que conhece. *Assim deve fazer também nosso ensino durante todo o período dos 5 aos 10 anos.* Nessa perspectiva, quem ensina às crianças entre 5 e 10 anos de idade deve dar uma atenção ampla e explícita a todos os componentes do circuito de leitura: desde os fonemas e sua conexão com as letras, até os significados e funções das palavras e morfemas (por exemplo, as menores unidades de significado) presentes nas sentenças; passando pela imersão em histórias que requerem processos de leitura profunda cada vez mais sofisticados; até a prática de mandar as crianças expor pensamentos e imaginação, oralmente e por escrito.

Por esse caminho nada é esquecido que se relacione à cognição, percepção, língua, afeto e regiões motoras. Em nenhum momento, durante os primeiros anos do ensino fundamental qualquer desses componentes deveria ser negligenciado, nem deveria deixar de receber um amplo espaço no ensino. Aprender os significados e os usos gramaticais das palavras em sentenças cada vez mais complexas é importante no primeiro e no terceiro ano. Aprender acerca de padrões de letras novos, que sempre reaparecem e nos ajudam a adivinhar os sentidos das palavras é importante tanto no primeiro ano como no quarto. Com o tempo – ali pelo terceiro ou quarto ano –, esses componentes de um circuito básico, de nível inferior, deverão estar automatizados a tal ponto que as crianças possam voltar sua atenção para processos de compreensão cada vez mais sofisticados, começando por expandir seu conhecimento de fundo e chegando a produzir *insights* e reflexões.

Esta é a base da fluência,[24] e também a melhor maneira de adquiri-la. A fluência não diz respeito somente à rapidez da decodificação, um pressuposto que tem levado à prática comum, mas insuficiente, de mandar as crianças relerem um trecho mais e mais vezes. Voltemos à imagem do Cirque du Soleil: cada círculo tem que ser rápido o bastante em si e por si para poder passar adiante a informação aos outros círculos. Somente quando cada um dos anéis é rápido o bastante para trabalhar em dupla com os outros é que o tempo pode ser usado para compreender o que é lido gerando sentimentos a respeito.

Temos agora uma ampla evidência de que uma abordagem da leitura que dá atenção a todos esses componentes do circuito de leitura beneficia muitas crianças. Uma década de pesquisas[25] de Robin Morris, Maureen Lovett e meu grupo de estudo foi financiada pelo National Institute of Child Health and Human Development. Este corpo de estudos de controles aleatórios de tratamentos, que estabeleceu um padrão de excelência em medicina e educação, demonstra que, quando os principais componentes do circuito de leitura são objeto de uma atenção explícita – quanto mais cedo melhor –, as crianças se tornam leitores mais proficientes, mesmo quando começam com problemas sérios, como a dislexia.

Além disso, como esclarece uma nova investigação feita no inglês por Melissa Orkin, no hebraico pelo estudioso israelense Tami Katzir e no italiano por Daniela Traficante, a leitura fluente[26] depende de conhecer não só as palavras, mas também como elas nos fazem sentir. A empatia e a adoção de uma perspectiva são parte do complexo conglomerado de sentimentos e pensamentos, cuja convergência gera uma compreensão maior. Todos os jovens leitores precisam ser capazes de olhar para uma pergunta como "É verdade que Horton botou o ovo e sentou nele?" e sorrir carinhosamente com a constatação.

As ênfases nos múltiplos aspectos das palavras não são cruciais somente para garantir uma leitura fluente e proficiente para os dois terços de nossas crianças que estão fracassando neste momento. São também a ponte que conecta a decodificação das palavras com os processos da leitura profunda. Reler inúmeras vezes as mesmas histórias e sentenças é uma prática útil para ganhar rapidez com um texto específico, mas não vai nunca preparar as crianças para conectar conceitos, emoções e reflexões pessoais. A leitura profunda sempre tem a ver com *conexão*: conectar aquilo que sabemos com aquilo que lemos, aquilo que lemos com aquilo que sentimos, aquilo que sentimos com aquilo que pensamos, e o modo como pensamos com o modo como vivemos nossas vidas, num mundo conectado.

A importância de formar essas conexões me foi revelada muitos anos atrás, em *Cultivating Humanity*, de Martha Nussbaum:

> A educação que faz das pessoas cidadãos do mundo precisa começar cedo. Assim que as crianças se envolvem na narrativa de histórias, podem contar histórias sobre outros países e outros povos [...] podem aprender [...] que existem outras religiões além do judaísmo e do cristianismo, que as pessoas têm muitas tradições e modos de pensar [...]. À medida que as crianças exploram histórias, rimas e cantos – especialmente na companhia dos adultos amados –, são levadas a perceber o sofrimento de outras criaturas vivas com um interesse renovado.[27]

As histórias são um dos mais poderosos veículos da humanidade para estabelecer conexões com povos que nunca encontraremos. Sentir o que sentiu Charlotte pelo drama de Wilbur em

*Charlotte's Web,** identificar-se com Martin Luther King Jr., em *Martin's Big Words: The Life of Dr. Martin Luther King, Jr.*, ou com Ruby Bridges em *Through My Eyes,*** prepara as crianças para ter empatia tanto pelos vizinhos quanto por pessoas de outras partes do mundo ou mesmo do lado de lá da ferrovia. Lembremos da transformação de James Carroll depois que leu o *Diário de Anne Frank.**** Pensemos em como você mudou por causa de personagens de ficção como Celie em *The Color Purple* (*A cor púrpura*)**** e *Hamlet*, e diante de vidas reais como a de Eleanor Roosevelt em sua autobiografia, ou a de James Baldwin em *I Am Not Your Negro* (*Eu não sou seu negro*). Em qualquer idade, podemos ser mudados pelas vidas de outros se aprendermos a conectar o todo do circuito de leitura com nossa imaginação moral.

INVESTIMENTO NO ENSINO DA LEITURA AO LONGO DOS ANOS DE ESCOLARIZAÇÃO

Nada disso termina nas classes dos anos iniciais. Se quisermos mudar os resultados irregulares do boletim do NAEP para nosso país e, mais importante, mudar as vidas das multidões de crianças que ficam pelo caminho a partir do quarto ano, os professores das classes mais adiantadas precisam ser ensinados a ensinar para crianças que não leem no nível de sua classe. Fiz referência anteriormente à Linha Maginot de duas vertentes que é o quarto ano. É o momento

* N.T.: *Charlotte's Web*, de E. B. White, é um clássico da literatura infantil em que se conta a história da amizade do porquinho Wilbur e a aranha Charlotte, que o protege de ser morto à faca pelo fazendeiro ao escrever mensagens em sua teia.

** N.T.: Em 1960, com 6 anos, a menina negra Ruby Bridges foi protagonista de um célebre episódio de racismo ocorrido em New Orleans: sua admissão na escola William Franz fez com que os pais dos demais alunos, todos brancos, mantivessem os filhos em casa, para paralisar as atividades do estabelecimento. Por um ano inteiro, só uma professora deu aula à menina, cujo acesso à escola precisou ser garantido por uma escolta enviada pelo presidente Eisenhower. Adulta, Bridges narra em *Through my Eyes* esse episódio, que é emblemático dos problemas da integração racial no Sul dos Estados Unidos.

*** N.T.: O livro já fez menção a esta transformação na Carta 3, p. 63.

**** N.T.: Romance, publicado em 1983 pela escritora Alice Walker, já citado na Carta 3. Sua ação se passa no estado da Geórgia e trata da vida das mulheres afro-americanas e da violência de que são alvo em que a leitura passa por mudanças, e o conteúdo daquilo que tem que ser lido se torna cada vez mais complexo e desafiador. É também o momento em que os professores de séries mais adiantadas inferem que as crianças já foram ensinadas a ler e não precisam mais de ajuda. Essa é uma ideia falsa e prejudicial que precisa ser mudada, a começar por uma alteração no modo como são concebidos os programas de formação de professores.

A maneira como meu filho Ben foi educado ilustra esse ponto de maneira muito triste. Ben era (e é) um disléxico prototípico: criativo, maravilhosamente inteligente e sensível às ofensas diárias de que precisa esquivar-se quando não se é capaz de fazer aquilo que qualquer outra criança sabe fazer, ou seja, ler. O quarto ano foi o pior momento, apesar de que ele e o irmão, David, frequentavam uma Friends School muito acolhedora, que valorizava o princípio da igualdade e imparcialidade como poucas escolas que conheço. Ben estava entre os cinco meninos que não conseguiam ler no mesmo nível que o resto da classe. Eles eram um feixe de problemas, ou assim pensava a professora bem-intencionada e feminista ferrenha, cujo entusiasmo pela formação das meninas e irritação com as brincadeiras dos meninos foi longe demais, ou assim pensavam meu filho e seus amigos.

Com todo o senso de retidão das causas justas que a escola encorajava, Ben e seus coleguinhas organizaram um abaixo-assinado protestando contra a "injustiça sexista" que a professora do quarto ano praticava com os meninos, e contra a avaliação injusta que eles recebiam em seus deveres de casa. Depois que entregaram a petição ao diretor da escola – com um bom número de assinaturas, note-se –, voltaram para a classe antevendo a reparação a que certamente têm direito os que estão certos – até o momento de se defrontar com a realidade de uma professora irada de quarto ano.

Ela se sentiu enganada. Quem estava enganada era ela, por não perceber que aqueles meninos tinham decidido agir porque não conseguiam satisfazer as expectativas dela, por mais corretas que fossem, de alcançar a compreensão fluente da leitura como se esperava de alunos do quarto ano. Como cabia aos primeiros anos o ensino da leitura, ela não atinou para o fato de que podia ser necessário ensinar a eles mais habilidades de leitura. Ela tinha pouca paciência para as coisas que iam além do que lhe haviam pedido. Infelizmente não posso dizer que houve um final feliz. Houve apenas uma decisão dos pais de quatro dos cinco meninos, incluindo Ben, de que as crianças precisariam de escolas mais bem preparadas para lidar com a multiplicidade dos problemas de aprendizado.

O que faltava a essa professora de quarto ano não era solidariedade; era o tipo de conhecimento que permitiria compreender que nem todas as crianças chegam a essa etapa ou saem dela capazes de ler fluentemente; o tipo de preparação que a capacitaria a ensinar exatamente isso a crianças mais velhas; e a motivação para trabalhar até que nenhuma criança fracassasse em sua sala. O ensino da leitura é difícil, cheio de armadilhas, com obstáculos por todo o caminho até que as crianças alcancem o nível de proficiência que lhes permitirá, qualquer que seja sua trajetória de aprendizado, passar do texto para seus próprios pensamentos e voltar enriquecidos. Em meu mundo ideal, isso acontece no terceiro ou quarto ano. No mundo de leitura real das escolas dos Estados Unidos, não acontece.

Mas poderia. Não há soluções simples, devido particularmente às necessidades cada vez mais complicadas, próprias das salas de aula de hoje. Junto com um conhecimento maior, uma preparação melhor e uma adesão que envolva o conjunto dos professores e administradores de nossas escolas primárias e elementares, podemos nos aproximar de uma vida de leitura ideal para muitas crianças não proficientes. Mas temos que pensar fora da caixa. Uma iniciativa em curso, abrangente, do Strategic Education Research Partnership (SERP) é um caso relevante.[28] Dirigida por um antigo editor de *Science*, Bruce Alberts, por filantropos como Cynthia Coletti e universitários como Catherine Snow, essa iniciativa multidisciplinar ajuda professores de diferentes áreas disseminados pelas escolas médias do país. Um aspecto notável desse trabalho é que ele auxilia as escolas a preparar os estudantes valendo-se de um *corpus* compartilhado de palavras e conceitos que favorecem o letramento e o pensamento crítico, cruzando as disciplinas. Essas palavras são reforçadas e elaboradas por cada professor em cada ano: por exemplo, por meio de histórias nas aulas de artes da linguagem, por meio de acontecimentos históricos nas aulas de estudos sociais e de novos significados nas aulas de matemática ou de ciências. Ao se formarem, os estudantes terão adquirido um repertório de conceitos e palavras-chave que lhes servirão de fundamento para o resto de seu aprendizado.

Precisamos investir em dotar os professores do final do ensino infantil até o fim do fundamental 1 de novos conhecimentos – desde os que foram elaborados pela pesquisa sobre as implicações do cérebro leitor para a avaliação precoce, a previsão e métodos multidimensionais mais individualizados de ensinar a leitura, passando por iniciativas sobre leitura e linguagem que alcancem a escola como um todo, até chegar às ferramentas de aprendizado de base digital. Nossas crianças do século XXI precisam desenvolver hábitos mentais que possam ser usados em vários meios e mídias. Portanto, nossos professores também precisam de muito mais conhecimento do que têm atualmente sobre como o aprendizado digital pode contribuir para resolver a presente crise de nossos estudantes – sem exacerbar os crescentes problemas de atenção, conhecimento de fundo e memória. Isso requer uma carta à parte, e pode talvez surpreender aqueles de vocês que neste momento, em seu íntimo, me veem como uma ludita* disfarçada. Mas apertem os cintos. Estamos todos na iminência de uma jornada selvagem.

Sinceramente,

Sua Autora

* N.T.: O movimento ludita data dos inícios da Primeira Revolução Industrial e foi iniciativa de operários que culpavam as máquinas por suas péssimas condições de vida. O nome do movimento vem de um líder chamado Ned Ludd, que teria comandado a destruição de máquinas em manufaturas escocesas, por volta de 1810, num episódio que teve grande repercussão e resultou em condenações à morte. Hoje o termo *ludita* indica qualquer indivíduo que se opõe ao desenvolvimento tecnológico e industrial.

NOTAS

[1] S. Deheane, *Reading in the Brain: The New Science of How We Read,* New York, Penguin, 2009, p. 326.

[2] M. Dirda, *Book by Book,* New York, Henry Holt, p. 70.

[3] W. James, citado em M. Wolf, "'As Birds Fly': Fluency in Children's Reading", New York, Scholastic Publishing, 2001.

[4] H. Collins , "On Turning Ten", *The Art of Drowning,* Pittsburgh, University of Pittsburg Press, 1995, p.48

[5] Ver resultados confiáveis sobre crianças americanas e sua comparação com crianças de outros países no Programme for International Student Assessment (PISA), em http://www.occd.org/PISA; e a discussão de Amanda Ripley sobre as comparações do PISA em *The Smartest Kids in the World And How They Got That Way,* New York, Simon and Schuster, 2013. Ver também M. Seidenberg, *Language at the Speed of Sight: How We Read, Why So Many Can't, and What Can Be Done About it,* New York, Baste Books, 2017. Ver também os resultados do National Assessment of Adult Literacy de 2003, que verificou que 93 milhões de pessoas nos Estados Unidos leem no nível básico ou abaixo dele.

[6] Ver os resultados também confiáveis do NAEP em http://www.nationsreportcard.gov, onde mais da metade das crianças estavam nos níveis básicos ou abaixo deles em cada teste, discutidos também em Seidenberg, *Language at the Speed of Sight.* Ver também "Children, Teens, and Reading: A Common Sense Research Brief", 12 de maio de 2014, em http://www.commonsenemedia.org/rescarch/children-teens-and-reading. Esses dados foram objeto de uma reportagem em C. Alter, "Study: The Number of Teens Reading for Fun Keeps Declining", *Time,* 12 de maio de 2014.

[7] Ver C. Coletti, *Blueprint for a Literate Nation: How You Can Help,* Xlibris, 2013.

[8] Citado em Council on Foreign Relations, *U.S. Education Reform and National Security,*New York, Council on Foreign Relations, 2012; ver também Seidenberg, *Language at the Speed of Sight.*

[9] B. Hart e T. R. Risley, "The Early Catastrophe: The 30 Million Word Gap", *American Educator* 27, nº 1, primavera de 2003, pp. 4-9; B. Hart e T. R. Risley, *Meaningful Differences in the Everyday Experience of Young American Children,* Baltimore, Brookes Publishing, 1995.

[10] J. Heckman, *Giving Kids a Fair Chance (A Strategy That Works),* Cambridge, MA, MIT Press, 2013. Ver também uma descrição fascinante dos resultados de Heckman e da pesquisa a eles relacionada no documentário produzido por Christine Herbes-Sommers, *The Raising af America,* 2016.

[11] Ver J. P. Shonkoff e D. A. Phillips, eds., *From Neurons to Neighborhoods: The Science of Early Childhood Development,* Washington, DC, National Academy Press, 2000; D. Stipek, "Benefits of Preschool Are Clearly Documented", *Mercury News,* 6 de agosto de 2013; D. Stipek, "No Child Left Behind Comes to Preschool", *The Elementary School Journal* 106, n. 5, maio de 2006, pp. 455-66.

[12] Ver discussão em L. Guernsey e M. H. Levine, *Tap, Click, Read: Growing Readers in a World of Screens,* San Francisco, Jossey-Bass, 2015, p. 25.

[13] O. Ozernov-Palchik, E. S. Nortoni, G. Sideridis, M. Wolf, N. Gaab, J. Gabrieli et al. (2016), "Longitudinal Stability of Pre-reading Skill Profiles of Kindergarten Children: Implications for Early Screening and Theories of Reading", *Developmental Science* 20, n. 5, setembro de 2017, pp. 1-18. Ver também O. Ozernov-Palchik e N. Gaab, "Tackling the 'Dyslexia Paradox': Reading Brain and Behavior for Early Markers of Developmental Dyslexia", *WIREs Cognitive Science* 7, n. 2, março-abril de 2016, pp. 156-76; Z. M. Saygin, E. S. Norton, D. E. Osher et al., "Tracking the Roots of Reading Ability: White Matter Volume and Integrity Correlate with Phonological Awareness in Prereading and Early-Reading Kindergarten Children", *The Journal of Neuroscience* 33, nº 33, 14 de agosto de 2013, pp. 13251-58.

[14] Ver os capítulos 7 e 8 de meu livro *Proust and the Squid: The Story and Science of the Reading Brain*, New York, HarperCollins, 2007, para uma visão panorâmica da dislexia, com ênfases na criatividade frequentemente encontrada nos indivíduos disléxicos e nos motivos pelos quais esses modos desviantes de pensar são frequentemente fonte de sucesso entre os empreendedores.

[15] Ver seu trabalho em andamento no Centro de Dislexia da Escola de Medicina da Universidade da Califórnia em São Francisco, por exemplo na correspondência pessoal da neurologista infantil Martha Denckla, da Universidade John Hopkins, correspondência pessoal, outono de 2015.

[16] U. Goswami, "How to Beat Dyslexia", *The Psychologist* 16, n. 9, 2003, pp. 462-65.

[17] Ver Wolf, *Proust and the Squid*, capítulos 4 e 5.

[18] Este importante documentário sobre o assunto, *The Raising of America*, 2016, produzido por Christine Herbes-Sommers, mostra os efeitos deletérios de longo prazo das carências vividas na infância, assim como os efeitos benéficos de uma boa assistência nesse mesmo período.

[19] Veja o comentário em L. C. Moats, *Teaching Reading* Is *Rocket Science*, Washington, DC, American Federation of Teachers, 1999.

[20] Veja-se J. Chall, *Learning to Read: The Great Debate*, New York, McGraw-Hill, 1967, que analisou o mais amplo *corpus* de dados disponível sobre os diferentes métodos de leitura e concluiu que os métodos baseados no código (fônicos) eram melhores para a maioria das crianças. O debate sobre esses métodos nunca arrefeceu e foi frequentemente referido como *reading wars* [guerras dos métodos].

[21] Muitas resenhas compactas dessas pesquisas foram assunto de vários volumes ao longo dos últimos 15 anos, editados pelo antigo e novo diretores de pesquisa sobre leitura e incapacidades de leitura do National Institute of Child Health and Human Development Peggy McCardle and Brett Miller. Outras sínteses resultaram de reuniões científicas sobre as pesquisas feitas a respeito da intervenção organizadas pela Dyslexia Foundation. Ver K. Pugb e P. McCardle, organizadores, *How Children Learn to Read: Current Issues and New Directions in the Integration of Cognition, Neurobiology and Genetics of Reading and Dyslexia Research and Practice*, New York, Psychology Press, 2009. Ver também P. E. McCardle e V. E. Chhabra, organizadores, *The Voice* of *Evidence in Reading Research*, Baltimore, Brookes Publishing, 2004; B. Miller, P. McCardle e R. Long, organizadores, *Teaching Reading and Writing: Improving Instruction and Student Achievement*, Baltimore, Brookes Publishing, 2014; B. Miller, L. E. Cutting e P. McCardle, organizadores, *Unraveling Reading Comprehension: Behavioral, Neurobiological, and Genetic Components*, Baltimore, Brookes Publishing, 2013.

[22] Este tópico é imensamente importante e complexo e mereceria muito mais do que uma rápida nota de rodapé. Ver o importante trabalho feito sobre ele em certos estados, por exemplo na Califórnia e o em Connecticut, em California Common Core State Standards e Connecticut Common Core State Standards.

[23] Seidenberg, *Language at the Speed of Sight*, p. 271.

[24] Ver balanços mais abrangentes sobre fluência em M. Wolf e T. Katzir-Cohen, "Reading Fluency and Its Intervention", *Scientific Studies of Reading* 5, nº 3, 2001, pp. 211-38; T. Katzir, Y. Kim, M. Wolf et al., "Reading Fluency: The Whole Is More than the Parts", *Annals of Dyslexia* 56, nº 1, março de 2006, pp. 51-82.

[25] R. D. Morris, M. W. Lovett, M. Wolf et al., "Multiple-Component Remediation for Developmental Reading Disabilities: IQ, Socioeconomic Status, and Race as Factors in Remedial Outcome", *Journal of Learning Disabilities* 45, nº 2, março-abril de 2012, pp. 99-127; M. W. Lovett, J. C. Frijters, M. Wolf et al., "Early Intervention for Children at Risk for Reading Disabilities: The Impact of Grade at Intervention and Individual Differences on Intervention Outcomes", *Journal of Educational Psychology* 109, nº 7, outubro de 2017, pp. 889-914. Ver descrições mais completas da intervenção de meu grupo, o programa de leitura RAVE-O, em M. Wolf, C. Ullman-Shade e S. Gottwald, "The Emerging, Evol-

ving Reading Brain in a Digital Culture: Implications for New Readers, Children with Reading Difficulties, and Children Without Schools", *Journal of Cognitive Education and Psychology* 1, nº 3, 2012, pp. 230-40; M. Wolf, M. Barzillai, S. Gottwald et al., "The RAVE-O Intervention: Connecting Neuroscience to the Classroom", *Mind, Brain, and Education* 3, nº 2, junho de 2009, pp. 84-93.

[26] Note, por favor, o extenso trabalho feito para o hebraico sobre os processos de fluência, não somente na leitura, mas também nas emoções, por Tami Katzir e suas colegas em Haifa. Daniela Traficante e sua orientanda Valentina Andolfi fizeram um trabalho notável sobre intervenção para a compreensão fluente do italiano no programa Eureka, criado a partir do programa RAVE-O (este, aplicado ao inglês).

[27] M. C. Nussbaum, *Cultivating Humanity: A Classical Defense of Reform in Liberal Education*, Cambridge, MA, Harvard University Press, 1997, pp. 69, 93.

[28] Ver resenhas em C. E. Snow, "2014 Wallace Foundation Distinguished Lecture: Rigor and Realism: Doing Educational Science in the Real World", *Educational Researcher* 44, nº 9, dezembro de 2015, pp. 460-66; P. Uccelli, C. D. Barr, C. L. Dobbs et al., "Core Academic Language Skills (CALS): An Expanded Operational Construct and a Novel Instrument to Chart School-Relevant Language Proficiency in Preadolescent and Adolescent Learners", *Applied Psycholinguistics* 36, nº 5, setembro de 2015, pp. 1077-1109; P. Uccelli e E. P. Galloway, "Academic Language Across Content Areas: Lessons from an Innovative Assessment and from Students' Reflections About Language", *Journal af Adolescent & Adult Literacy* 60, nº 4, janeiro-fevereiro de 2017, pp. 395-404; P. Uccelli, E. P. Galloway, C. D. Barr et al., "Beyond Vocabulary: Exploring Cross-Disciplinary Academic-Language Proficiency and Its Association with Reading Comprehension", *Reading Research Quarterly* 50, nº 3, julho-setembro de 2015, pp. 337-56.

CARTA NÚMERO 8

CONSTRUINDO UM CÉREBRO DUPLAMENTE LETRADO

Definir potenciais problemas de longo prazo é um grande serviço público. Definir soluções em excesso antes do tempo não é.

Stewart Brand

A profundidade do desafio: não há currículos bem conhecidos, testados e comprovados para ensinar crianças pequenas como usar a informação on-line ou pensar criticamente sobre a informação visual, ao mesmo tempo que aprendem a ler impressos, a ouvir e a falar por sentenças completas. Esse é um terreno inexplorado.

Lisa Guernsey e Michael Levine[1]

Caro Leitor,

Tenho poucas dúvidas de que a próxima geração nos ultrapassará de maneiras que não conseguimos sequer imaginar neste momento. Como escreveu Alec Ross, autor de *The Industries of the Future*,[2] 65% das profissões que nossos atuais pré-escolares ocuparão no futuro ainda não foram sequer inventadas. Suas vidas serão muito mais longas que as nossas. É bem possível que pensem pensamentos diferentes. Eles vão precisar do mais sofisticado arsenal de capacidades que os seres humanos já terão adquirido até aquele momento: processos de leitura profunda, altamente elaborados, compartilhados com e expandidos por habilidades de codificação, planejamento e programação – tudo isso transformado por um futuro que nenhum de nós – nem Stewart Brand, nem Sundar Pichai, nem Susan Wojcicki, nem Juan Enriquez ou Steve Gullans, Craig Venter ou Jeff Bezos* – consegue ainda prever.

Construir o tipo de conjuntos polivalentes de circuitos do cérebro capazes de preparar os membros mais jovens de nossa espécie para pensar com o conhecimento e a flexibilidade cognitiva de que precisarão é uma tarefa à qual nós, seus tutores, podemos nos dedicar no breve tempo em que compartilharemos com eles o planeta. Quaisquer que sejam suas próximas iterações, o futuro do circuito de leitura exigirá uma compreensão dos limites e das possibilidades tanto dos circuitos baseados no letramento, como dos circuitos de base digital. Esse conhecimento inclui examinar as forças e fraquezas frequentemente contraditórias, e às vezes os valores opostos que caracterizam os processos enfatizados pelos diferentes meios e mídias. Precisamos estudar o impacto cognitivo, socioemocional e moral das potencialidades dos meios atuais e trabalhar pela melhor integração possível de suas características em circuitos futuros. Se formos bem-sucedidos, recapitularemos

* N.T.: • Stewart Brand é um dos expoentes da fundação conhecida como Long Term Thinking, que promove seminários periódicos importantes para pensar o futuro do ser humano; • o indiano Sundar Pichai é o atual presidente executivo da Google Inc., empresa na qual começou a trabalhar em 2004, tendo participado de projetos como o Google Chrome e o sistema operacional Android; depois de receber uma formação acadêmica em História e em Letras; • Susan Wojcicki definiu-se pela Economia e pela Administração e participou no desenvolvimento da Google, onde foi responsável pela aquisição do YouTube e do Double Click. Já foi considerada a mulher mais importante na publicidade e uma das mais poderosas em nível mundial; • Juan Enriquez e • Steve Gullans fundaram a Excel Venture Management, criadora de companhias que aplicam os conhecimentos mais avançados da biologia no tratamento da saúde. Enriquez ganhou notoriedade por seus trabalhos sobre a importância dos conhecimentos biológicos para as sociedades modernas; Gullans usou esses conhecimentos no tratamento de doenças como o câncer e o Alzheimer; • o nome do bioquíimico e geneticista Craig Venter é associado ao primeiro sequenciamento completo do genoma humano (2001). Trabalha desde 2005 em pesquisas de genômica sintética destinadas a produzir combustíveis biológicos. É autor do livro *Life at the Speed of Light* sobre programação genética via sequenciamento do DNA; finalmente, • Jeffrey Preston Bezos, ou Jeff Bezos, como é conhecido, fundou e controla a Amazon, uma das maiores empresas de vendas pela internet. Comprou, em 2013, o jornal *Washington Post*, e promove um projeto que deverá dar um caráter comercial ao voo no espaço. É o homem mais rico do mundo.

na fisiologia da próxima geração a grande lição que Shakespeare nos deixou sobre o amor: "Meu e não meu".*

O filósofo Nicolau de Cusa pode nos ajudar. Ele acreditava que a melhor maneira de escolher entre duas perspectivas aparentemente iguais, mas contraditórias – aquilo que ele chamava de "coincidência dos opostos" – consistia em adotar uma posição de *sábia ignorância*,[3] na qual a pessoa se esforça por entender ambas as posições e em seguida se afasta para avaliar e decidir qual caminho adotar. O conhecimento sobre o cérebro leitor e as instruções para suas interações futuras requerem a junção de múltiplas disciplinas – desde a neurociência cognitiva e a tecnologia, até as humanidades e as ciências sociais. Nenhuma dessas disciplinas é suficiente sozinha para tomar o tipo de decisões que temos que tomar; cada uma acrescenta alguma coisa de essencial às combinatórias de conhecimento necessárias para desenvolver a posição de sábia ignorância de Nicolau de Cusa. Neste contexto, eu proponho o desenvolvimento de um cérebro leitor duplamente letrado.

Uma proposta de desenvolvimento

Começamos pela construção de uma infância que não é dividida entre dois meios de comunicação, mas antes, nos termos de Walter Ong, está imersa no melhor de ambos, com mais opções a caminho. Você já sabe o que penso sobre o papel do meio impresso e a introdução gradual de um segundo meio, o digital, nos primeiros cinco anos. Os cinco anos seguintes são nosso real desafio.

Proponho um plano relativamente simples, possivelmente inusitado, para introduzir diferentes formas de leitura e aprendizado de base impressa e de base digital durante o período dos 5 aos 10 anos. Seu arcabouço mais geral baseia-se naquilo que

* N.T.: A frase é uma fala de *Sonho de uma noite de verão* de Shakespeare. Quem a pronuncia é a personagem Helena, que compara o fato de ter-se apaixonado por Demetrius à descoberta de uma joia rara, que, encontrada por obra do acaso e da sorte, ela considera sua e não sua. Maryanne Wolf caracteriza da mesma forma em outras duas passagens deste livro o amor dos pais pelos filhos.

sabemos sobre a criação de aprendizes de duas línguas, cujos pais falam cada um uma língua diferente, sendo que aquele que passa mais tempo com a criança fala a língua menos falada fora de casa. Nessas condições, as crianças bilíngues pequenas aprendem a falar bem as duas línguas. Gradualmente, superam os inevitáveis erros que surgem quando se passa de uma língua para a outra, e, no final, são capazes de explorar seus pensamentos mais profundos em ambas. Um fato muito importante é que, durante esse processo, elas aprendem a alternar habilmente um código e outro. Quando chegam à idade adulta,[4] seus cérebros são obras-primas de flexibilidade cognitiva e linguística, o que podemos observar de maneiras fascinantes.

Muitos anos atrás, ajudada pelos *insights* de meus amigos suíços Thomas e Heidi Bally, criei um teste de velocidade de nomeação chamado Rapid Alternating Stimulus[5] (RAS), que é usado atualmente por neuropsicólogos e educadores para predizer e diagnosticar a dislexia. Basicamente, esse teste pede que a pessoa nomeie uma série de 50 itens bem conhecidos pertencentes a categorias diferentes, especificamente letras, números e cores. A pessoa tem que passar de uma categoria para outra o mais rápido possível, o que exige não só um conhecimento automatizado considerável, mas também uma boa dose de flexibilidade. Uma descoberta inesperada nos vários estudos comparativos foi que os adultos bilíngues eram *mais rápidos* nessas tarefas do que seus pares monolíngues. Os aprendizes falantes de duas línguas tinham adquirido muito mais flexibilidade verbal do que os falantes de uma única língua.

Como mostra o trabalho inovador feito por Claude Goldenberg e Elliott Frielander[6] na Universidade de Stanford e na instituição Save the Children, os falantes bilíngues ou multilíngues passaram anos indo de uma língua para outra. Não só são mais ágeis em recuperar palavras e conceitos, mas há pesquisas indicando que são também mais capazes de abrir mão de seus pontos de vista pessoais, e assumir as perspectivas de outras pessoas.

É isso que quero que se tornem nossos leitores iniciantes: comutadores de código experientes e flexíveis – no presente entre os meios impressos e digitais, e mais tarde entre dois ou múltiplos meios de comunicação. Minhas ideias de como isso funcionaria ao longo do tempo inspiram-se na maneira como o psicólogo russo Lev Vygotsky[7] retrata o desenvolvimento do pensamento e da linguagem na criança pequena: separados no primeiro momento, e depois cada vez mais conectados. Portanto, eu conceituo o desenvolvimento inicial de começar a pensar em cada meio como amplamente separado em domínios distintos nos primeiros anos de escola, até um ponto no tempo em que as características específicas dos dois meios estejam ambas bem desenvolvidas e internalizadas.

Esse ponto é essencial. Quero que a criança tenha o mesmo nível de fluência em cada um dos meios, exatamente como quem é inteiramente fluente ao falar espanhol e inglês. Desse modo, o caráter singular dos processos cognitivos aprimorados por cada meio estaria presente desde o começo. Minha hipótese não confirmada é que esse codesenvolvimento poderia evitar a atrofia que se observa nos adultos quando o processo de ler nas telas "contamina" a leitura de impressos e eclipsa os processos sabidamente mais lentos deste último tipo de leitura. Assim, desde o início, a criança aprenderia que cada meio, como cada língua, tem suas próprias regras e características úteis, o que inclui suas melhores aplicações, andamento e ritmos.

O PAPEL DO IMPRESSO

Nos primeiros anos de escola, os livros físicos e o material impresso seriam usados como o principal meio para aprender a ler e dominariam o tempo dedicado às histórias. Foi essa a lição na Carta Número 6: a leitura a partir de um texto impresso feita por um dos pais e pela criança reforça as dimensões dos núcleos temporal e espacial da leitura, acrescenta importantes associações táteis no jovem circuito de leitura e proporciona a melhor interação social e emocional possível. Sempre que factível, o professor ou um dos pais faria perguntas que levem as crianças a conectar seu próprio conhecimento de fundo com aquilo que estão lendo; que provoquem empatia em relação a uma perspectiva alheia; e que as motivem a fazer inferências e começar a expressar suas próprias análises, reflexões e *insights*.

Aprender a importância de dedicar tempo a seus processos de reflexão nascentes não é nada fácil para crianças criadas numa cultura recheada de distrações. Como observaram Howard Gardner e Margaret Weigel, "guiar essa mente peripatética pode ser o maior desafio dos educadores da era digital".[8] Incentivar explicitamente as habilidades mais iniciais da leitura profunda nos jovens leitores seria um antídoto às tentações incessantes que rondam a cultura digital, como ler por cima e passar rapidamente para a próxima coisa interessante; ser passivo e conceber a leitura como mais um jogo que diverte e acaba; evitar descobrir os próprios pensamentos. Como opinou um estudante: "Os livros me tornam mais lento e me fazem refletir; a internet me acelera". Cada coisa teria seu lugar; e ainda por cima as crianças aprenderiam o que é melhor para diferentes tarefas de aprendizado.

Por exemplo, durante a iniciação à leitura de textos impressos, queremos que as crianças aprendam que a leitura toma tempo e resulta em pensamentos que continuam muito depois que a história terminou. Assim como a tendência natural das crianças de passar em disparada de um pensamento para outro pode ser potencializada pela visualização frequente de materiais digitais, a experiência da leitura profunda pode dar a elas um modo alternativo de lidar com seus pensamentos. Nosso desafio enquanto sociedade é dar às crianças digitais os dois tipos de experiência. Serão necessários esforços coordenados de professores e pais para ter certeza de que leem depressa o bastante para dar atenção às habilidades da leitura profunda e devagar o bastante para formá-las e implantá-las.

Durante o período entre 5 e 10 anos, o objetivo é inculcar nas crianças a expectativa de que, se levarem o tempo necessário, terão ideias próprias. Todas as crianças – particularmente as que se sentem inseguras pelo fato de terem que aprender a ler – saem ganhando alguma coisa no decorrer desse tipo de pensamento que prepara o terreno para o resto de suas vidas. Aprendem a esperar algo importante de si próprias, ao refletir sobre o que leram.

Outro truque para ajudar as crianças a pensar enquanto aprendem a ler pode ser surpreendente. Aprender a escrever à mão as ajuda a explorar seus próprios pensamentos num passo mais próximo do caramujo que da lebre, particularmente se sua capacidade de soletrar ainda oscila na variedade "gnys at wrk".[9]* Há um corpo de pesquisas crescente sobre a escrita à mão, demonstrando que quando as crianças aprendem a escrever seus pensamentos[10] à mão nos primeiros anos, passam a escrever e pensar melhor. Na perspectiva da neurociência cognitiva, as conexões corticais positivas entre redes linguísticas e motoras é algo que os escribas e professores chineses conhecem há séculos.

ENSINANDO A SABEDORIA DIGITAL

Ao mesmo tempo que estiverem aprendendo a pensar e escrever no meio mais lento do texto impresso, as crianças estarão aprendendo a pensar, de um modo diferente, nas telas de movimento rápido. Os dispositivos digitais seriam introduzidos como um meio para codificar e programar, e para aquilo que a pesquisadora da tecnologia de Tufts Marina Bers chama "o parquinho", para aprender uma deslumbrante variedade de habilidades de base digital: desde fazer arte gráfica e programar robôs de legos até criar músicas de banda de garagem. Nenhuma mídia receberia um lugar de destaque na classe. No processo de aprender a codificar, crianças pequenas desenvolvem as capacidades dedutivas, indutivas e analógicas que são usadas em qualquer apren-

* N. T.: Ou seja: *genius at work*, isto é "gênio trabalhando".

dizado STEM* e ao mesmo tempo constituem os processos de "método científico" nucleares no circuito da leitura. Elas começam a entender, por exemplo, que a sequência é importante, principal fraqueza revelada na leitura digital pela pesquisa de Anne Mangen. A importância do sequenciamento e de outros processos STEM é comentada com destaque na introdução ao Scratch, o programa para codificação para crianças pequenas, idealizado pelo diretor do grupo Lifelong Kindergarten no Media Lab do MIT, o especialista em tecnologia Mitchel Resnick, e por Marina Bers. Em uma das melhores descrições da codificação, eles escreveram:

> Cada criança deveria receber a oportunidade de aprender a codificar. Pensa-se às vezes que a atividade de codificar é difícil ou é privilégio de poucos, mas nós a encaramos como uma nova forma de letramento – uma capacidade que deveria ser acessível a qualquer um. Codificar ajuda os alunos a organizar seu pensamento e a expressar suas ideias, exatamente como o faz a escrita.
>
> À medida que as crianças pequenas codificam [...] aprendem como criar e expressar-se por meio do computador, o que é diferente de apenas interagir com um software criado por outros. As crianças aprendem a pensar sequencialmente, a explorar causas e efeitos e a desenvolver a capacidade de planejar e de solucionar problemas. Ao mesmo tempo [...] elas não estão simplesmente aprendendo a codificar, estão codificando para aprender.[11]

Num outro setor do Media Lab do MIT, Cynthia Breazeal ajuda crianças a adquirir uma série de habilidades de codificação por meio de interações pessoais com aqueles que devem ser os robôs mais fofos que uma criança já viu pela frente. Ela e sua equipe demonstram como uma combinação de interações sociais e de habilidades de programação ensina as crianças a construir, desconstruir e programar robôs para que se mexam, rodopiem e apitem.[12] Nesse

* N.T. : STEM é o acróstico de *Science, Technology, Engineering and Mathematics* ("Ciência, Tecnologia, Engenharia e Matemática"); é uma sigla que permite falar em conjunto de várias disciplinas orientadas para as ciências exatas e a tecnologia; essa perspectiva interdisciplinar é hoje praxe em muitas universidades americanas.

processo, as crianças compreendem por que e como as coisas funcionam no mundo digital. Essas formas ativas de conhecimento de base digital dão às crianças *insights* que cruzam quaisquer domínios de aprendizado. Em particular, os processos paralelos, mutuamente complementares, que as crianças aprendem enquanto codificam e criam, complementam os processos usados para aprender a ler num meio impresso.

Em algum momento ainda impossível de prever, haverá uma transição, em que a criança que aprendeu muito nos dois meios e circulou por diferentes mídias estará preparada e talvez ansiosa para ler mais trabalhos escolares nas telas. Quando exatamente isso acontece dependerá das características individuais da criança, de suas habilidades na leitura e também do ambiente. Importa compreender as diferenças individuais. Para algumas crianças, o ensino da leitura on-line não pode começar muito cedo; para outras, tem que ser introduzido gradualmente, e muito mais devagar.

Mirit Barzillai, junto com Jenny Thomson e Anne Mangen da rede europeia E-READ, estão tentando enfrentar os desafios[13] cognitivos inerentes à leitura de crianças nas telas num mundo digital. Tanto elas como eu estamos convencidas de que os processos de leitura profunda da nova geração estarão mais ameaçados pelo meio digital se não ensinarmos bem no início os usos corretos do aprendizado digital e da leitura em telas antes que as crianças criem hábitos digitais mentais do tipo vale-tudo, que são contraproducentes.

Para evitar esses hábitos, seriam ensinadas "contra-habilidades" tão logo a criança comece a ler nas telas. Ênfases especiais seriam dadas à importância de ler pelo sentido, e não pela velocidade; a evitar o estilo bem conhecido que consiste em ler por cima, caçar palavras e ziguezaguear usado por muitos leitores adultos; ao monitoramento regular de sua compreensão enquanto leem (checando a sequência e as "pistas" do enredo e varrendo a memória em busca de detalhes); e às estratégias de aprendizado, para garantir que eles apliquem ao conteúdo on-line as mesmas habilidades analógicas e sensoriais que aprenderam para os textos impressos.

Um exemplo de ferramenta já existente que poderia ajudar as crianças a monitorar sua própria leitura on-line é o programa Thinking Reader,[14] criado por David Rose, Anne Meyer e a equipe do Center for Applied Special Technology (CAST). Baseado nos princípios do Universal Design for Learning (UDL),[15]* uma abordagem que procura criar maneiras mais flexíveis e atraentes de aprender para muitos tipos diferentes de crianças, o programa Thinking Reader incorpora princípios do UDL no texto, oferecendo apoio estratégico em diferentes níveis. Por exemplo, o programa incorpora um hiperlink que fornece conhecimento de fundo para um conceito desconhecido ou oferece estratégias de leitura específicas (do tipo: quando visualizar, resumir, predizer ou perguntar), mas apenas quando isso é necessário.[16]

O último ponto é de implementação muito delicada. Um dos cuidados permanentes[17] acerca do uso de tecnologias digitais, particularmente para alunos difíceis, é a tendência das crianças para depender demais de apoios externos, particularmente quando existe a opção de que alguém leia o texto para elas, em vez de lerem sozinhas. O trabalho do CAST e também de um amplo corpo de pesquisas patrocinadas pela MacArthur Foundation Digital Media and Learning Program[18] ilustram como o uso de instrumentos guiados teoricamente, em particular no momento correto na tela e com o apoio correto de professores, pode promover o aprendizado em vez de impedi-lo. Isso é especialmente útil para crianças com desafios que vão desde dificuldades motoras e sensoriais até a dislexia, passando pelo aprendizado de duas línguas.

Outras ferramentas para a leitura on-line visariam a problemas mais pragmáticos como os melhores usos de mecanismos de busca; a escolha da palavra certa para encontrar a informação e, muito importante, aprender a avaliar a informação nas buscas, de modo a detectar vieses e tentativas de influenciar opiniões e con-

---

* N.T.: O projeto Universal Design for Learning enfoca as redes neurais estudando os objetos, os processos e as razões do aprendizado e desenvolve metodologias de ensino diversificadas no que concerne conteúdos, formulação e motivação do conhecimento.

sumo e reconhecer o potencial de uma informação falsa ou sem fundamento. Ser direto na tomada de decisão, monitorar a atenção e as competências executivas necessárias para uma boa leitura on-line e para bons hábitos de internet é útil para qualquer aprendizado, qualquer que seja o estilo de aprendizado da criança e qualquer que seja a mídia que ela usa.

Nesse contexto, discutir as realidades boas e más, atraentes e potencialmente perigosas do uso da internet deveria se tornar, para esta cultura, a versão dos cursos de educação sexual do passado e uma parte básica do treinamento que não pode faltar na caixa de ferramentas de todo professor de escola elementar. Julie Coiro faz uma observação importante: que precisamos ensinar às crianças uma "sabedoria digital",[19] de modo que aprendam, antes de mais nada, a tomar boas decisões a respeito do conteúdo, e em segundo lugar, a se autorregular e controlar a atenção e a capacidade de lembrar o que leram durante a leitura on-line, na escola e fora dela.

O objetivo final neste plano é o desenvolvimento de um cérebro que seja mesmo duplamente letrado, com a capacidade de dedicar tempo e atenção às habilidades da leitura profunda, independentemente do meio em que ocorrem. As habilidades da leitura profunda não só proporcionam antídotos críticos para efeitos negativos da cultura digital, como a dispersão da atenção e o desgaste da empatia, mas também complementam as influências digitais positivas. Uma criança que combina a leitura de histórias sobre crianças refugiadas com o acesso on-line às filmagens ao vivo de crianças refugiadas que aguardam com suas vidas suspensas na Grécia, na Turquia ou no norte do estado de Nova York, desenvolve mais empatia do que uma criança que lê sobre a situação e só. No nível da superfície, nossas crianças do século XXI parecem ser mais conhecedoras de seu mundo conectado do que já foram em qualquer tempo, mas não estão necessariamente construindo as formas mais profundas de conhecimento sobre os outros que lhes permitiriam sentir o que significa ser outra pessoa e compreender seus sentimentos. Como Sherry Turkle observou em *Alone Together*, nossas crianças frequentemente se saem melhor trocando mensagens de texto sentadas lado a lado do que discutindo em voz alta suas ideias e sentimentos. As habilidades da leitura profunda que envolvem diferentes mídias podem ajudar a construir uma imaginação solidária mais elaborada.

Se tudo correr bem nesta proposta, quando estiverem aproximadamente com 10 ou 12 anos, a maioria das crianças serão proficientes na leitura em dois meios e em múltiplas mídias e capazes de circular sem esforço entre elas em função de diferentes tarefas. Terão começado a aprender por si mesmas qual meio é melhor para cada tipo de conteúdo ou tarefa de aprendizado e saberão ler em profundidade e pensar em profundidade, independentemente do meio usado. Se conseguirmos alcançar esses objetivos para um número cada vez maior de crianças, a sociedade será mais saudável e o mundo mais humano, como escreveu o papa Francisco.

Limitações, obstáculos e motivos para otimismo

Se nós, enquanto sociedade, quisermos construir ambientes de aprendizado que favoreçam o cérebro duplamente letrado, temos que assumir essa iniciativa e enfrentar três grandes questões. Em primeiro lugar, falando da minha perspectiva de cientista, precisamos investir em muito mais pesquisa sobre como os meios impressos e digitais impactam cognitivamente as crianças, particularmente aquelas que têm limitações para a leitura, sejam de origem biológica ou ambiental. Em segundo lugar, a partir de minha perspectiva de educadora, precisamos investir numa preparação profissional mais abrangente, pois a maioria dos professores (nada menos que 82%) nunca recebeu qualquer treinamento[20] para melhores usos da tecnologia com crianças dos anos finais da educação infantil ao quarto ano, e menos ainda no ensino de bons usos da leitura on-line para diferentes tipos de aprendizes. Em terceiro lugar, de meu ponto de vista de cidadã, temos que encarar as restrições de acesso que existem em nossa sociedade e no mundo e trabalhar para que sejam eliminadas.

O PRIMEIRO OBSTÁCULO: PESQUISA SOBRE O IMPACTO

São preciosas, mas poucas, as pesquisas que comparam como diferentes meios afetam o aprendizado da leitura de estudantes com diferenças individuais – os milhares de estudantes que fracassam. A gravidade da realidade de hoje significa que, a ser mantido o ritmo atual, a maioria das crianças de oitavo ano estariam sendo classificadas como analfabetas funcionais em poucos anos. Elas estarão lendo, mas não de maneira proficiente, nem pensando e sentindo de forma desejável o que estiverem lendo.

A abordagem híbrida da construção de um cérebro duplamente letrado precisa ser muito mais cuidadosa no desenvolvimento para os anos K-12,* tendo as crianças não proficientes no foco de nossa atenção. Isso requer uma pesquisa rigorosa, de longo prazo, que comece com estudos voltados para os impactos específicos que os diferentes meios exercem sobre a atenção e a memória das crianças; para os efeitos do tempo exponencialmente crescente gasto com dispositivos digitais, com o aumento concomitante de distração; o potencial desenfreado de dependência entre os jovens; e o declínio da empatia entre mais jovens, que já mencionamos. Precisamos de uma compreensão cabal do que é ideal para aprendizagens distintas em cada fase de seu desenvolvimento. Precisamos que os pais, os educadores e os líderes políticos cobrem esses estudos; precisamos que os editores e os designers criem inovações digitais que sejam cognitivamente tão eficazes quanto atraentes; e precisamos de provas empíricas de que isso funciona mesmo.

---

* N.T.: Nesta sigla, que mantivemos em sua forma original, K está por *Kindergarten* e 12 pela idade de 12 anos. Portanto K-12 é o período da vida que vai desde os anos finais da educação infantil até os 12 anos.

O SEGUNDO OBSTÁCULO: TREINAMENTO E DESENVOLVIMENTO PROFISSIONAL

Se dois terços das crianças americanas estão tendo dificuldades para se tornarem leitores proficientes em apenas um meio, quais são as probabilidades de que isso vá dar certo em dois? O duplo letramento não acabará sendo mais um obstáculo de raízes sociais para seu sucesso? Como atribuir aos professores a responsabilidade de mais uma tarefa impossível?

Há mais razões para sermos otimistas do que em qualquer momento do passado. Em primeiro lugar, sabemos pelas novas pesquisas que há seis ou sete perfis básicos de leitores iniciantes, e isso torna bem mais fácil identificar mais cedo os leitores-problema. Assim, os professores podem planejar um ensino sob medida para as necessidades de crianças diferentes. Num futuro próximo, os meios digitais poderiam mudar toda a trajetória do aprendizado e do ensino como um todo. Por exemplo, a maioria das crianças disléxicas exigem até dez vezes mais exposições às regras de correspondência letra-som e às configurações de letras mais comuns do inglês do que pode oferecer um professor numa classe de 25 crianças, em qualquer ano. Para essas crianças, o uso dos dispositivos digitais mudaria tudo. Pense-se no que aconteceria se essas crianças com dificuldade de aprendizagem de leitura pudessem treinar as regras e os padrões de letras antes das outras crianças, na classe, um dia antes ou na mesma manhã. Dado que as crianças com essa dificuldade tendem a achar que há alguma coisa "errada" com elas, usar um meio digital dessa forma poderia oferecer as múltiplas reiterações de que precisam e, quem sabe, mostrar suas potencialidades geralmente negligenciadas, dissipando a rejeição que sofrem injusta e frequentemente.

Além disso, algumas crianças nunca serão bons leitores de telas e sempre preferirão ler textos impressos, e vice-versa. Num estudo fascinante, Julie Coiro elencou as preferências de leitura de alunos do sétimo ano.[21] Seu resultado mais instigante foi o de que os leitores com melhor desempenho em textos impressos eram frequentemente os piores na leitura on-line, e vice-versa. Se essa descoberta reflete a emergência de dois circuitos de leitura nas crianças mais velhas hoje, ou uma diferença de aprendizado subjacente, é muito possível que algumas crianças disléxicas saiam ganhando se se tornarem leitores digitais desde cedo. Certamente o uso da tecnologia digital para lhes dar maior exposição aos sons, funções gramaticais e sentido das palavras que leem em vários contextos – coisas a serem aprendidas no seu próprio "tempo calmo" – seria muito vantajoso tanto para eles como para os professores.

Para crianças um pouco mais velhas[22] para as quais a aprendizagem da leitura continua sendo uma luta e os livros se tornaram entidades apavorantes, os livros digitais e os áudio-livros ou os livros gravados,[23] assim como alguns videogames[24] cuidadosamente escolhidos, são meios complementares eficazes. Na realidade, as pesquisas em expansão sobre os videogames sugerem que o sucesso de algumas crianças nesses jogos não só aumenta sua atenção visual e habilidades motoras que mobilizam olhos e mãos, mas também ajuda discretamente no domínio da leitura quando ler é necessário para ganhar os jogos.

O neurocientista e diretor de escola Gordon Sherman e sua equipe na Newgrange School usam instrumentos digitais de todo tipo para atrair e manter a atenção de seus alunos mais velhos com uma série de desafios de aprendizado. Quando visitei a escola, Gordon me levou ao laboratório de música, onde tomei contato com uma das mais belas composições de um jovem autor que já ouvi, criada com o programa Garage-Band! Explorar a criatividade interior de nossos diferentes aprendizes pode ser uma das maiores contribuições da tecnologia educacional hoje em dia.

Nada disso é fácil, como tem mostrado a implementação de tecnologia educacional nas salas de aula dos Estados Unidos. As meta-análises[25] dos estudos que investigam o uso integrado de vários dispositivos digitais na sala de aula mostram efeitos positivos significativos, embora modestos nos resultados em leitura, matemática e ciência para os estudantes do ensino básico, quando comparados com as salas de aula tradicionais. Isso não se deve à falta de interesse dos professores. Conforme foi observado pela gerente editorial Rose Else-Mitchell, uma pesquisa-piloto realizada em 2017 sobre o uso da tecnologia educacional indica que dois terços dos professores americanos estão usando ativamente algum tipo de tecnologia em suas classes, mas sentem a necessidade de maior apoio e treinamento.

Ao que tudo indica, a falta de resultados impactantes até este momento no uso de meios digitais na classe reflete uma multiplicidade de fatores: o impacto cognitivo dos meios digitais, que mal começamos a compreender; a falta de treinamento e apoio profissional para nossos professores; e, finalmente, o grande obstáculo* que sempre aparece em todas as pesquisas educacionais envolvendo a tecnologia: a limitação do acesso digital.

O TERCEIRO OBSTÁCULO: A IGUALDADE DE ACESSO

Se quisermos de fato criar oportunidades iguais para os estudantes americanos, precisamos cerrar fileiras diante da complexa relação que existe entre acesso digital e desigualdade. Um segmento significativo das crianças americanas tem muito poucos livros em casa e pouco ou nenhum acesso a recursos digitais, exceto telefones celulares, que usam excessivamente. Segundo Robert Putnam e James Heckman, o número de famílias em regiões carentes está crescendo rapidamente. Elas não podem dar-se ao luxo de se preocupar em saber se há uma exposição exagerada aos meios digitais ou se há um excesso de livros eletrônicos incrementados para os filhos. Eles não têm nem livros nem computadores.

Essas famílias representam certamente uma porção considerável dos dez mil alunos de quarto ano de que trata um estudo do Departamento de Educação dos Estados Unidos que mostra que as crianças nos quartis mais baixos escrevem pior em testes

* N.T.: *lumbering elephant* no original

de computador. O relatório terminava com a afirmação de que "o uso do computador pode ter aumentado a distância entre os desempenhos na escrita".[26] As crianças que ficam menos expostas[27] a livros têm vocabulários e experiências diferentes diante de histórias e enredos que são velhos conhecidos das outras crianças. As crianças que ficam menos expostas aos dispositivos digitais e aos computadores têm mais dificuldade para digitar em teclados e muito menos prática em usar um meio digital para gravar seus pensamentos em testes de computador – testes esses que muitos pais e professores, entre os quais esta autora, abordariam com sentimentos contraditórios. Se queremos modelar para todas as nossas crianças um cérebro leitor capaz de alternar entre códigos, precisamos imaginar como lidaremos com a sempre lembrada lacuna nos resultados e com a lacuna, menos discutida, da cultura digital.

Num brilhante relatório intitulado "Opportunity for All?: Technology and Learning in Lower-Income Families",[28] Victoria Rideout e Vikki Katz fazem um levantamento que enfoca mais de mil famílias na faixa de renda baixa para moderada. Nessas famílias, há dois tipos diferentes de lacunas digitais:[29] uma envolve o *acesso* às ferramentas digitais; a outra, tal como a descreve o pesquisador Henry Jenkins, tem a ver com a *participação*, pois os pais praticamente não têm condições de oferecer nem orientações de uso, nem aplicativos de alta qualidade, o que faz com que as crianças sejam mais entretidas do que ajudadas em suas vidas educativas.

Esse relatório deixou claro que, embora a maioria das famílias investigadas fossem conectadas digitalmente de algum modo, muitas usavam somente telefones celulares, muitos dos quais velhos e desatualizados em termos de memória. Somente 6% das famílias tinham se inscrito para usufruir dos serviços disponíveis com desconto (em princípio) para as famílias de baixa renda. Os autores resumiram suas descobertas dizendo que "o acesso já não é mais apenas uma questão de sim ou não. A qualidade das conexões de internet das famílias e os tipos e capacidades de serviços que elas conseguem acessar têm consideráveis consequências tanto para os pais quanto para os filhos".[30]

Permitam-me sublinhar: o simples fato de ter acesso não garante que a criança será capaz de usar os recursos digitais de maneiras positivas. Susan Neuman e Donna Celano fizeram um dos relatos mais desanimadores[31] sobre acesso digital ao tratar de uma iniciativa das bibliotecas da cidade de Filadélfia. O estudo tinha a nobre intenção de investigar o efeito de oferecer livros e acesso digital a famílias carentes e a seus filhos. Os resultados contrariaram qualquer desfecho desejado: apenas dar acesso aos meios digitais a crianças carentes podia de fato ter efeitos desastrosos, se não houvesse participação dos pais. As crianças que tinham participado desse estudo foram significativamente pior nos testes de letramento do que as outras crianças, e as disparidades entre grupos *aumentaram* depois que foram introduzidos recursos tecnológicos, particularmente quando as crianças os usavam para fins de entretenimento.

Esse estudo põe em destaque um erro central e persistente no uso da tecnologia digital para fins educativos. Os efeitos positivos do aprendizado digital não podem ser reduzidos a questões de acesso e exposição. Uma opinião ainda defendida por muitos tecnólogos competentes e bem-intencionados é que a exposição digital, por si só, levará a grandes avanços sinápticos na aquisição de conhecimentos, incluindo o letramento. Opiniões como essa têm origem na crença bem intencionada, mas em última análise excessivamente romântica, de que a curiosidade inata das crianças basta para impulsionar o aprendizado e o letramento. A curiosidade e a descoberta são maravilhosas, produtivas e necessárias, mas são insuficientes, como sublinhou o trabalho de Neuman e Celano. As crianças podem aprender uma grande quantidade de coisas sobre letramento digital sem aprender muito sobre como tornar-se letrado.

Os objetivos de minha iniciativa Curious Learning,[32] que é um consórcio global de letramento, envolvem a mobilização da curiosidade das crianças, particularmente de crianças analfabetas em partes afastadas do mundo, mediante o uso de recursos digitais com aplicativos teoricamente fundamentados. Baseados em esforços para simular o circuito de leitura, esses aplicativos e as atividades são supervisionados ou planejados com o objetivo de promover o aprendizado da leitura numa plataforma digital, ao mesmo tempo que estimulam a imaginação da criança. Fizemos progressos nessas duas direções, mas há muito mais por fazer. Precisaremos dos esforços coordenados de muitos grupos em nosso país e ao redor do mundo para encontrar soluções que permitam conceber aplicativos eficazes, com resultados comprovados, e compensar as lacunas do acesso digital, particularmente no que diz respeito à participação dos pais.

Todos nós sabemos que o progresso nunca foi simples para nossa espécie, mesmo em tempos muito mais fáceis do que os nossos. Sou uma pessoa realista e otimista, e vejo razões para ser as duas coisas. Em escala global, uma das direções mais animadoras envolve o XPRIZE do empreendedor Peter Diamandis, que premiará, com uma vultosa doação em dinheiro, a equipe de pesquisa que conseguir desenvolver tablets digitais capazes de aumentar as habilidades de leitura e aprendizado das crianças da Tanzânia, tanto em inglês como em suaíli. Se der certo, esse trabalho servirá de modelo para muitas outras tentativas. O compromisso que subjaz a esse prêmio e a números crescentes de outras iniciativas globais a respeito do letramento promoverá o avanço de nosso mundo, se trabalharmos juntos passando por cima de fronteiras disciplinares e geográficas.

Uma biografia recente de Elon Musk, escrita por Ashlee Vance, deixou de mencionar que Musk está fazendo doações vultosas para o Adult Literacy X-Prize[33] sobre letramento, mas lembrou vigorosamente que no dicionário de Musk, a palavra *impossível* é traduzida como *Fase Um*. A proposta de duplo letramento desta carta representa a Fase Um. Com conhecimentos crescentes em neurociência, educação e tecnologia, particularmente sobre diferentes mídias e seu impacto, e com atenção nos bloqueios de acessos em nossa sociedade, alcançaremos a Fase Dois: a formação de um cérebro duplamente letrado capaz de alternar entre códigos, que assimilou as melhores características das duas formas de leitura: a partir de impressos e digital.

Muito importante: à diferença de meu cérebro leitor e do cérebro leitor de quem me lê, que começaram a adotar as características do modo de leitura digital para qualquer coisa, a esperança é que as pessoas da próxima geração possam desenvolver modos claramente diferentes de ler desde o início. Assim, elas poderão aplicar esses modos automaticamente para diferentes objetivos de leitura. Por exemplo, para o e-mail, elas usarão seu modo "luz de leitura", que é mais rápido; para matérias mais sérias, usarão um modo de leitura que vai mais a fundo, quem sabe, imprimindo o texto! Se ficar demonstrado que esta hipótese é correta, haverá menos efeitos de "vazamentos que contaminam" a partir do modo que prevalece, qualquer que ele seja, e, mais importante, menos probabilidades de que os cérebros leitores de nossas crianças sofram curtos-circuitos em seu desenvolvimento. Além disso, se ficar demonstrado que esta hipótese é correta, crianças capazes de alternar entre diferentes mídias[34] como o faz um cérebro plenamente biletrado, levarão adiante o desenvolvimento de nossa espécie e, se Marcelo e Carola Suárez-Orozco estiverem corretos, expandirão também nossas tendências para a solidariedade e para a capacidade de adotar outras perspectivas. "Nosso único mundo"[35] seria duplamente abençoado.

*arcia/tl (attend, remember, connect, infer, analyze/then LEAP!)**

O projeto de biletramento desta carta nos ajuda a visualizar como preparamos as crianças para passar para o outro lado do divisor de águas cultural. Tudo começa e termina com a entrega a nossos jovens de cada um dos processos que caracteriza a leitura profunda em cada meio: ***arcia/tl***. Esse acrônimo é um antídoto meio jocoso contra o fenômeno ***tl; dr***, que caracteriza a leitura de um nú-

* N.T.: A tradução das palavras entre parênteses é "preste atenção, lembre, conecte, infira, analise / e aí PULE!".

mero expressivo de jovens de hoje. Quero recuperar e redirecionar suas capacidades desde a atenção até o *insight*.

Como escreveu a contista Patricia McKillip, "O futuro – qualquer futuro[36] – era somente um passo de cada vez para fora do coração". Assim têm sido para mim os pensamentos nestas três últimas cartas sobre o futuro de nossas crianças: apostando no que precisamos preservar no cérebro leitor atual, para não perder algo que seria insubstituível; mostrando armadilhas a serem evitadas nos efeitos colaterais da mídia digital sobre os jovens e velhos; e dando nome às falhas da sociedade, em particular o acesso ao digital e ao impresso, e o papel dos pais. Juntos, esses pensamentos dão um retrato inacabado dos dilemas digitais que temos pela frente e apontam para um futuro complexo e estimulante para as crianças e para nós. Como Flannery O' Connor, "Consigo, com um olho semicerrado, receber tudo isso como uma bênção".[37]

Seja qual for a promessa que o futuro contém, todavia, o que um ser humano poderia fazer de mais ignorante seria não compreender aquilo que os leitores experientes deste momento possuem. O futuro – qualquer futuro – depende de nosso entendimento do valor verdadeiro do bom leitor e do papel que a leitura profunda tem no modo como vivemos nossas vidas.

Meus melhores pensamentos,

Maryanne Wolf

NOTAS

1 L. Guernsey e M. H. Levine, *Tap, Click, Read: Growing Readers in a World of Screens*, San Francisco, Jossey-Bass, 2015, p. 39.

2 A. Ross, *The Industries of the Future*, New York, Simon and Schuster, 2016.

3 Escrito originalmente em 1440; Ver Nicolas of Cusa, *On Learned Ignorance*, trad. J. Hopkins, Minneapolis, Banning, 1985.

4 Ver as pesquisas de Ellen Bialystok, particularmente E. Bialystok, F. I. M. Craik, D. W. Green, e T. H. Gollan, "Bilingual Minds", *Psychological Science in the Public Interest* 10, no. 3, dezembro de 2009, pp. 89-129.

5 M. Wolf e M. B. Denckla , "RAN/RA5: Rapid Automatized Naming and Rapid Alternating Stimulus Tests", Austin, TX, Pro-Ed, 2005.

[6] Ver C. Goldenberg, "Congress: Bilingualism is Not a Handicap", *Education Week,* 14 de julho de 2015; C. Goldenberg e R. Coleman, *Promoting Academic Achievement Among English Learners: A Guide to the Research,*Thousand Oaks, CA, Corwin, 2(10); A. Y. Durgunoglu e C. Goldenberg, organizadores, *Language and Literacy Development in Bilingual Settings,* New York, Guilford Press, 2011.

[7] Ver L. Vygotsky, *Thought and Language,* Cambridge, MA, MIT Press, 1986.

[8] M. Weigel e H. Gardner, "The Best of Both Literacies", *Educational Leadership* 66, n. 6, março de 2009, pp. 38-41.

[9] G. L. Bissex, *Gnys at Wrk: A Child Learns to Write and Read,* Cambridge, MA, Harvard University Press, 1985.

[10] Ver, por exemplo, S. Graham e T. Santangelo, "A Meta-analysis of the Effectiveness of Teaching and Writing", apresentação, Handwriting in the 21st Century? An Educational Summit, 23 de janeiro de 2012. Ver também os estudos do neurologista William Klemm.

[11] M. U. Bers e M. Resnick, *The Official Scratch Jr Book: Help Your Kids Learn to Code,* San Francisco, No Starch Press, 2015, pp. 2-3.

[12] C. Breazeal, "Emotion and Sociable Humanoid Robots", *International Journal of Human-Computer Studies* 59, nº 1-2, julho de 2003, pp. 119-55.

[13] M. Barzillai, J. Thomson e A. Mangen, "The Influence of E-books on Language and Literacy Development", *Education and New Technologies: Perils and Promises for Learners,* ed. K. Shechy e A. Holliman, London, Routledge, no prelo; M. Wolf e M. Barzillai, "The Importance of Deep Reading", *Educational Leadership* 66, nº 6, março de 2009, pp. 32-35.

[14] B. Dalton e D. Rose, "Scaffolding Digital Comprehension", *Comprehension Instruction: Research-Based Best Practices,* 2ª ed., ed. C. C. Block e S. R. Parris, New York, Guilford Press, 2008, pp. 347-61.

[15] D. H. Rose e A. Meyer, *Teaching Every Student in the Digital Age: Universal Design for Learning,* Alexandria, VA, ASCD, 2002.

[16] Membros da equipe do CAST apresentam um contínuo de formas de apoio que "dão acesso ao conteúdo (por exemplo, uma pessoa com dificuldade de aprendizagem de leitura pode usar o apoio Texto-Fala para que lhe leiam o texto em voz alta por meio de uma voz sintética, ou ver uma definição multimedial) ou informação adicional necessária para compreender o texto, por exemplo, um ELL (*English Language Learner,* isto é, aprendiz da língua inglesa) pode ouvir uma palavra pronunciada, ficar sabendo a tradução em espanhol para essa palavra, e escrever uma associação pessoal com a palavra)". Ver A. Meyer, D. Rose e D. Gordon, *Universal Design for Learning,* Warefield, MA, CAST Professional Publishing, 2014.

[17] Ver S. Lefever-Davis e C. Pearman, "Early Readers and Electronic Texts: CD-ROM Storybook Features That Influence Reading Behaviors", *The Reading Teacher* 58, nº 5, fevereiro de 2015, pp. 446-54.

[18] Ver os extensos relatórios sobre as ferramentas digitais e as atividades patrocinadas pela MacArthur Foundation Reports on Digital Media and Learning; por exemplo, C. N. Davidson e D. T. Goldberg, *The Future of Learning Institutions in a Digital Age,* Cambridge, MA, MIT Press, 2009; J. P. Gee, *New Digital Media and Learning as an Emerging Area and "Worked Examples" as One Way Forward,* Cambridge, MA, MIT Press, 2009; M. lto, H. A. Horst, M. Bitranti et al., *Living and Learning with New Media: Summary* of *findings from the Digital Youth Project,* Cambridge, MA, MIT Press, 2009; C. James, *Young People, Ethics, and the New Digital Media: A Synthesis from the GoodPlay Project* Cambridge, MA, MIT Press, 2009; H. Jenkins, *Confronting the Challenges of Participatory Culture: Media Education for the 21st Century,* Cambridge, MA, MIT Press, 2009.

[19] J. Coiro, "On-line Reading Comprehension: Challenges and Opportunities", *Texto Livre: Linguagem e Tecnologia* 7, n. 2, 2014, pp. 30-43.

[20] L. Guernsey e M. H. Levine, *Tap, Click, Read,* San Francisco, Jossey-Bass, 2015, p. 233.

[21] Como discuto em *Tales of Literacy,* eu me pergunto se os dados de Coiro estão mostrando a emergência de dois circuitos de leitura formados de maneiras diferentes. Ver J. Coiro, "Predicting Reading Comprehension on the Internet: Contributions of Offline Reading Skills, Online Reading Skills, and Prior Knowledge", *Journal of Literacy Research* 43, nº 4, 2011, pp. 352-92.

[22] Ver S. Vaughn, J. Wexler, A. Leroux et al., "Effects of Intensive Reading Intervention for Eighth-Grade Students with Persistently Inadequate Response to Intervention", *Journal of Learning Disabilities* 45, nº 6, novembro-dezembro de 2012, pp. 515-25.

[23] Ver M. Rubery, *The Untold Story of the Talking Book,* Cambridge, MA, Harvard University Press, 2016.

[24] Ver J. Gee, *What Video Games Have to Teach Us About Learning and Literacy,* New York, Palgrave Macmillan, 2003. Ver também os extensos relatórios sobre jogos e atividades digitais patrocinados pela MacArthur Foundation Reports on Digital Media and Learning: por exemplo, J. Gee, *New Digital Media and Learning as an Emerging Area and "Worked Examples" as one Way Forward;* Ito et al., *Living and Learning with the New Media;* C. James, *Young People, Ethics and the New Digital Media;* J. Kahne, E. Middaugh e C. Evans, *The Civic Potential of Video Games,* Cambridge, MA, MIT Press, 2009.

[25] A. C. K. Cheung and R. E. Slavin, "The Effectiveness of Education Technology for Enhancing Reading Achievement: A Meta-analysis", Center for Research and Reform on Education, Johns Hopkins University, maio de 2011; A. C. K. Cheung e R. E. Slavin, "How Features of Educational Technology Applications Affect Student Reading Outcomes: A Meta-analysis", *Educational Research Review* 7, nº 3, dezembro de 2012, pp. 198-215; A. C. K. Cheung e R. E. Slavin, "The Effectiveness of Educational Technology Applications for Enhancing Mathematics Achievement in K-12 Classrooms: A Meta-analysis", *Educational Research Review,* 9 de junho de 2013: 88-113; Y-C. Lan, Y-L. Lo e Y-S. Hsu, "The Effects of Meta-cognitive Instruction on Students' Reading Comprehension in Computerized Reading Contexts: A Quantitative Meta-analysis", *Journal o] Educational Technology & Society* 17, n. 4, outubro de 2014, pp. 186-202; Q. Li e X. MA, "A Meta-analysis of the Effects of Computer Technology on School Students' Mathematics Learning", *Educational Psychology Review* 22, nº 3, setembro de 2010, pp. 215-43.

[26] Ver S. White, Y. Y. Kim, J. Chen e F. Liu, "Performance of Fourth-Grade Students in the 2012 NAEP Computer-Based Writing Pilot Assessment: Scores, Test Length, and Editing Tools", documento de trabalho, Institute of Education Sciences. Washington, DC, outubro de 2015.

[27] Ver a discussão que Stephanie Gottwald e eu mesma fazemos da criança analfabeta no terceiro capítulo de *Tales of Literacy for the 21st Century,* Oxford, Reino Unido, Oxford University Press, 2016.

[28] V. Rideout e V. S. Katz, "Opportunity for All?: Technology and Learning in Lower-Income families", Joan Ganz Cooney Center at Sesame Workshop, New York, 2016.

[29] Ibidem; H. Jenkins, *Confronting the Challenges of Participatory Culture: Media Education for the 21st Century,* Cambridge, MA, MIT Press, 2009.

[30] Rideout e Katz, "Opportunity for All?", 7.

[31] Citado em Guernsey e Levine, *Tap, Click, Read.*

[32] Ver M. Wolf et al., "The Reading Brain, Global Literacy, and the Eradication of Poverty", *Proceedings of Bread and Brain, Education and Poverty,* Cidade do Vaticano, Academia Pontifícia de Ciências Sociais, 2014; M. Wolf et al., "Global Literacy and Socially Excluded Peoples", *Proceedings of the Emergency of the Socially Excluded,* Cidade do Vaticano, Academia Pontifícia de Ciências Sociais, 2013.

[33] Cf. https://adultliteracy.xprize.org

[34] C. Suárez-Orozco, M. M. Abo-Zena e A. K. Marks, eds., *Transitions: The Development of the Children of Immigrants,* New York, New York University Press, 2015. Vejam-se as pesquisas abrangentes citadas na Carta Número 7.

[35] W. Berry, *Our Only World: Ten Essays,* Berkeley, CA, Counterpoint, 2015.

[36] P. A. Mc Killip, *The Moon and the Face,* New York, Berkley, 1985, p. 88.

[37] B. Gooch, *Flannery: A Life of Flannery O'Connor,* New York, Little, Brown and Company, 2009.

DE VOLTA AO LIVRO

Para ler, precisamos de um certo tipo de silêncio [...] que parece cada vez mais difícil encontrar em nossa sociedade, entregue em excesso às comunicações via rede [...] e onde aquilo que se deseja não é a contemplação, mas um estranho tipo de distração, uma distração que se disfarça como busca de informação. Nesse panorama, o conhecimento não tem como não ser vítima da ilusão, ainda que seja uma ilusão profundamente sedutora, com sua promessa de que *a velocidade pode levar-nos à iluminação*, de que é mais importante reagir do que pensar a fundo [...]. Ler é um ato de contemplação [...] um ato de resistência num panorama de distração [...]. Nos faz voltar *a ajustar contas com o tempo.*

David Ulin[1]

Indo além de uma certa dimensão, não há discordância de uma escolha tecnológica [...]. O que [portanto] pode fazer com que reentremos na esfera de nosso ser, que nos une à nossa casa, que nos une uns aos outros e a outras criaturas? [...] Penso que é o amor [...] [um] amor particular [...] que exige atitudes e atos [...]. E isso implica uma responsabilidade [...] brotando da generosidade. Penso que este tipo de amor define o alcance efetivo da inteligência humana.

Wendell Berry[2]

Meu caro Leitor,

Quando era muito jovem, eu pensava que "bom leitor" significava alguém que tivesse lido todos os livros que enchiam duas magras prateleiras no fundo de uma escola com duas salas. Quando fui estudar em lugares em que os livros eram tantos que enchiam muitos prédios de biblioteca com vários andares abaixo do solo, pensei que "bom leitor" devesse significar ler tantos livros quanto possível, apropriando-se do conhecimento que eles continham. Como jovem professora num lugar de onde professores tinham partido há tempos, meu único pensamento era que se eu não pudesse ajudar aquelas crianças a se tornarem "bons leitores", elas nunca ultrapassariam as fronteiras de suas famílias atadas a uma vida de labuta. Assim que me tornei pesquisadora, eu me irritava com os estudos que comparavam "bons leitores" com crianças disléxicas, que se esforçam mais do que ninguém para entender um texto. Finalmente, quando estudei o que faz o cérebro ao recuperar o sentido das palavras, aprendi que todos os sentidos que eu dava para a expressão "bom leitor" eram ativados quando eu pensava nela.

Acrescento agora um novo sentido. Como já comentei, na *Ética a Nicômaco*, Aristóteles escreveu que uma boa sociedade tem três vidas:[3] a vida do conhecimento e da produtividade; a vida do entretenimento, no contexto daquilo que os gregos entendiam por *lazer*;[4] e finalmente a vida da contemplação.[5] Esse é também o caso do "bom leitor".

A primeira vida do bom leitor consiste em juntar informações e adquirir conhecimentos, e nós estamos mergulhados nela.

Existe a segunda vida, na qual as várias formas de entretenimento devem ser encontradas em abundância: a pura distração e o requintado prazer da imersão – em histórias de outras vidas; em artigos sobre exoplanetas misteriosos e recém-descobertos; em poemas que nos tiram o fôlego. Quer escolhamos encontrar um escape em romances de capa e alcova;* entrar nos mundos meticulosamente recriados nos romances de Kazuo Ishiguro, Abraham

* N.T.: Traduzimos por "de capa e alcova" a expressão *bodice-ripping* (literalmente "rasga-espartilhos"), indicativa dos romances e filmes ambientados no passado, que juntam superficialidade psicológica e sexo gratuito. A expressão inglesa é irrealista (com sua armação de ferro, os espartilhos não rasgavam fácil), mas muito evocativa; infelizmente, não encontramos uma expressão equivalente.

Verghese ou Elena Ferrante;* exercitar nossa inteligência nos mistérios de John Irving** ou nas biografias de santos escritas por G. K. Chesterton,*** ou de presidentes, escritas por Doris Kearn Goodwin;**** ou descobrir a épica jornada genética de nossa espécie com Siddhartha Mukherjee ou Yuval Noah Harari,***** lemos para embarcar a baixo custo neste transporte que nos leva para longe de nossas rotinas frenéticas.

A terceira vida do bom leitor é a culminação da leitura e o ponto-final das outras duas vidas: a vida reflexiva, na qual – independentemente do gênero que estejamos lendo – adentramos um reino pessoal, totalmente invisível, nosso solo firme particular,[6] onde podemos contemplar todo tipo de experiência humana e refletir sobre um universo cujos reais mistérios superam qualquer imaginação.

John Dunne escreveu que nossa cultura incorpora de maneira completa as duas primeiras vidas de uma boa sociedade descritas por Aristóteles, mas se afasta cada dia mais da terceira, a vida contemplativa. É o que eu também penso da terceira vida do bom leitor.

---

* N.T.: Kazuo Ishiguro – Escritor inglês de origem japonesa, é autor entre outros de *Os vestígios do dia* e prêmio Nobel de Literatura em 2017; • Abraham Verghese, escritor americano de origem etíope, é autor de *My Own Country, The Tennis Partner* e *Cutting for Stone;* • Elena Ferrante é o pseudônimo de uma ficcionista italiana (ou ficcionista italiano) que mantém segredo a respeito de sua verdadeira identidade a pretexto de que, depois de escritos, os livros devem viver independentemente do autor. Um de seus sucessos é um ciclo de quatro romances publicados entre 2011 e 2014 conhecido como "tetralogia napolitana" (*1.A amiga genial, 2.História do novo sobrenome, 3.História de quem foge e de quem fica, 4.História da menina perdida).*

** N.T.: John Winslow Irving é um romancista e roteirista americano. Sua obra mais conhecida é talvez *O mundo segundo Garp* que deu origem a um filme de sucesso com Robin Williams.

*** N.T.: O escritor inglês Gilbert Keith Chesterton (1874-1936) circulou por vários gêneros literários, explorando figuras de pensamento como o paradoxo. Como teólogo, pesquisou a ortodoxia.

**** N.T.: A escritora Doris H. Kearns Goodwin escreveu as biografias de vários presidentes americanos, entre eles Lincoln, Theodore Roosevelt, J. Kennedy e Lindon Johnson. O livro *No Ordinary Time: Franklin and Eleanor Roosevelt – The Home Front in World War II* valeu-lhe o prêmio Pulitzer de História em 1995.

***** N.T.: Yuval Noah Harari é historiador e professor israelense. Ficou conhecido entre os leitores de língua portuguesa graças à tradução do livro *Sapiens: uma breve história da humanidade* (2014), no qual analisa o processo pelo qual a raça humana chegou à atual posição no universo. É célebre sua afirmação de que o *Homo sapiens* que conhecemos tende a desaparecer nas próximas décadas.

Anos atrás, o filósofo Martin Heidegger percebeu que o grande perigo numa idade de ingenuidade tecnológica como a nossa é que ela poderia gerar uma "indiferença pelo pensamento meditativo [...]. Nesse caso, o homem teria negado e jogado fora a natureza que é própria de sua espécie – o fato de ser um ente que medita. Portanto, a questão é salvar a natureza essencial do homem – manter vivo o pensamento meditativo".[7] Não são poucos os observadores contemporâneos de nossa cultura digital que, como Heidegger, temem que a dimensão meditativa dos seres humanos possa estar ameaçada – por uma ênfase excessiva dada ao materialismo e ao consumismo e por uma relação fragmentária com o tempo. Como escreveu Teddy Wayne no *New York Times*:[8] "A mídia digital nos treina a ser consumidores de banda larga, em vez de pensadores meditativos. Baixamos ou reproduzimos uma canção, um artigo, um livro ou um filme instantaneamente, vamos até o final dele (quando não somos agarrados pela oferta de outros itens disponibilizados) e passamos à próxima coisa irrelevante". Ou, como Steve Wasserman perguntou em *Truthdig*, "O ethos da aceleração valorizado pela internet será que não diminui nossa capacidade de decisão e enfraquece nossa capacidade de reflexão genuína? Será que a avalanche diária de informações não destrói o espaço necessário para a verdadeira sabedoria? [...] Os leitores sabem [...] em seu íntimo algo que esquecemos por nossa conta e risco: que sem livros – na verdade sem letramento – a boa sociedade desaparece, e a barbárie triunfa".[9]

Se quisermos avaliar o que há de verdade nessas descrições de uma cultura digital, precisaremos nos examinar sem hesitação, olhar o que somos atualmente, como leitores e como coabitantes de um planeta compartilhado. Muitas mudanças em nosso pensamento devem tanto ao nosso reflexo biológico de responder a estímulos novos a fim de sobreviver, quanto a uma cultura que nos inunda com estímulos contínuos, contando com nossa cumplicidade. O que conta é o que faremos com nossa consciência crescente dessas mudanças; se exacerbaremos as mudanças negativas ignorando-as ou as compensaremos mediante um conhecimento acrescido, dependerá em parte do que faremos.

É fácil esquecer que a dimensão contemplativa que reside em nós não é dada e requer vontade e tempo para ser sustentada. Como lidamos com o tempo que nos é dado – em milissegundos, horas ou dias – pode ser nossa escolha mais importante, numa era de fluxo contínuo. Em seu belo ensaio "Time", Eva Hoffman nos pede que levemos em conta que "a necessidade de reflexão, de fazer sentido em nossa condição transitória, é a dádiva paradoxal que recebemos do tempo, e possivelmente o melhor consolo".

O apelo de Hoffman chegou até mim inesperadamente durante uma recente entrevista conduzida por Charlie Rose,[10] da qual também participaram Warren Buffett e Bill Gates. Quando Rose perguntou a Gates o que Buffett tinha lhe ensinado, Gates observou cortesmente que Buffett o ensinara a "encher o calendário de espaços em branco". Com um gesto brusco, Buffett puxou do bolso um pequeno calendário de papel, menor que sua mão, e mostrou todos os espaços vazios, dizendo suavemente: "O tempo é a única coisa que ninguém compra". Por um segundo, ninguém disse mais nada e a câmera não tirou o foco daquele rosto indulgente, como se quisesse preservar em filme esse *insight* simplíssimo, mas dificílimo de sustentar.

Sermos ou não capazes de desenvolver nossa capacidade de reflexão nesta época é uma questão de escolha pessoal, com implicações cruciais para nós, enquanto indivíduos e enquanto cidadãos. John Dunne atribuiu a perda dessa dimensão ao crescimento da violência e dos conflitos. Eu considero sua perda gradual mais como um resultado de sequelas imprevistas do nosso meio: a necessidade constante de eficiência, de "ganhar tempo" sem mesmo saber com que objetivos; a diminuição de períodos de atenção, empurrados para além de seus limites cognitivos por restos de distrações e informações que nunca passarão a ser conhecimento; e os usos cada vez mais manipulados e superficiais do conhecimento, que nunca chegarão a ser sabedoria.

Na primeira metade do século XX, T. S. Eliot escreveu em *Four quartets*, "Onde está a sabedoria que perdemos no conhecimento? Onde está o conhecimento que perdemos na informação?"[11] No primeiro quartel de nosso século, misturamos diariamente informação com conhecimento, e conhecimento com sabedoria – tendo como resultado a diminuição dos três. Tomando como exemplo a dinâmica interativa que rege nossos processos de leitura profunda, somente a alocação de tempo às nossas funções analíticas inferenciais e críticas conseguirá transformar as informações que lemos em conhecimento capaz de ser consolidado em nossa memória. Somente esse conhecimento internalizado, por sua vez, nos permitirá traçar analogias com (e inferências a partir de) informações novas. O discernimento da verdade e do valor das informações novas depende dessa alocação de tempo. Mas as recompensas são muitas, incluindo, paradoxalmente, o próprio tempo – para usos que de outro modo poderiam ser deixados à margem em nossas vidas sem que percebêssemos –, meu gancho para passar às colheitas invisíveis que decorrem da terceira vida, a contemplativa.

A vida contemplativa

TEMPO PARA A ALEGRIA

Não é possível acompanhar visualmente tudo aquilo que acontece durante os últimos nanossegundos quando lemos; isso fica além dos limites atuais da representação do cérebro por imagem. Quero seguir com você rastros menos visíveis que levam à terceira vida do leitor, na qual percebemos conscientemente o tempo de maneiras diferentes, começando pela alegria.

Durante estes últimos momentos juntos, portanto, peço que você experimente aquilo que Calvino descreveu como um "ritmo do tempo que passa com o único objetivo de deixar que os sentimentos e os pensamentos assentem, amadureçam e abandonem toda impaciência ou contingência efêmera".[12] Ele usou a expressão latina *festina lente,* que se traduz "apresse-se devagar", para sublinhar a necessidade do escritor de retardar o tempo. Uso essa expressão aqui para ajudar você, leitor, a vivenciar a terceira vida de maneira mais consciente: conhecendo como acalmar o olho e permitir que seus pensamentos assentem e se aquietem, preparados para aquilo que está por vir.

Eu quero que as crianças aprendam a ser capazes dessa paciência cognitiva, e peço que agora você recupere aquilo que possa ter perdido. O *festina lente* liberta das maneiras redutoras como a maioria de nós lê hoje em dia: depressa se puder, devagar se precisar. Dispor de paciência cognitiva é recuperar um ritmo de tempo que permite prestar atenção consciente e intencionalmente. Você lê depressa (*festina*) até tornar-se consciente (*lente*) dos pensamentos que cabe compreender, da beleza que cabe apreciar, das questões que cabe lembrar e, com sorte, dos *insights* que cabe revelar.

Nessa perspectiva, *festina lente* oferece duas metáforas para todos os pensamentos deste livro sobre as mudanças na leitura. Num nível macro, nos orienta a percorrer a transição para uma cultura digital: devemos nos apressar ao encontro com o futuro, mas examinar esse futuro lentamente, lançando mão de nossas melhores reflexões. Num nível micro, é uma metáfora para o arco inteiro do circuito de leitura do bom leitor: decodificamos automaticamente até que a percepção se transforme em conceitos, estágio em que o tempo fica conscientemente mais lento, e todo o nosso ser fica tomado pela correnteza em que o pensamento e o sentimento se juntam. Podemos nos apressar a entrar nesse espaço interior, mas devemos reaprender a parar, a imobilizar nossas vidas e só sair dessa morada do ser obedecendo a nosso próprio tempo.

Tenho sido muito parcimoniosa em usar a palavra *self*. Mas estamos chegando ao cerne da terceira vida de leitura, a casa em que o *self* e, talvez, a alma jazem lado a lado, e onde podemos olhar para nós mesmos com mais conhecimento, pela lente dos pensamentos dos outros. Poucas tentativas de retratar esse habitat invisível do *self* interior do leitor são melhores do que a descrição que Virginia Woolf faz da senhora Ramsey[13] em *To the Lighthouse* (*Ao farol*). À medida que lê poemas de Shakespeare, a senhora Ramsey começa a conectar seus *insights* sobre os sonetos ao conjunto de sua vida e à vida de sua família. Todo o seu ser é tomado por ondas de novas compreensões e por novos sentimentos de alegria, enquanto seu marido observa com essa condescendência peculiar da longa convivência que circunscreve a pessoa amada, e assim deixa de perceber o turbilhão de pensamentos e sentimentos que tomou conta dela.

Para você que, como a senhora Ramsey, conhece o lugar onde entramos quando deixamos para trás a superfície de nossa individualidade e somos liberados do tempo, há uma alegria em suspenso sem paralelo. Essa alegria não é um acontecimento aleatório que se alcança por um feliz acaso ou devido a um temperamento predisposto à felicidade; ao contrário, é a conquista de pensamentos e sentimentos que são fruto do esforço da pessoa que cria o espaço e o tempo para eles.

Poucas personagens históricas lançam uma luz mais clara[14] do que Dietrich Bonhoeffer sobre a importância da alegria modificadora da vida proporcionada pela leitura, mesmo nas piores circunstâncias. Já mencionado na Carta Número 3, Bonhoeffer escreveu um dos livros mais comoventes que já li, *Letters and Papers from Prison*, depois de jogado em campos de concentração por suas opiniões sobre a Alemanha nazista. As cartas retratam um espírito combativo e inabalável, mantido vivo em grande parte pelo que lhe era permitido ler, para si próprio (o único luxo que sua ilustre família conseguiu lhe proporcionar), para seus companheiros de cárcere e – tão revelador de sua natureza quanto seus escritos – para seus carcereiros.

O que mais impressiona nas cartas de Bonhoeffer é a felicidade irrestrita que ele tirava de tudo aquilo que lia, e então passava para os outros, a despeito de seu profundo desespero. Em uma carta à sua jovem noiva, ele escreveu: "Tuas orações e carinhosos pensamentos,[15] as passagens da Bíblia [...], peças de música, livros, tudo isso está cheio de vida e de realidade como nunca antes. Vivo num grande reino nunca visto sobre cuja existência real não tenho a menor dúvida". Eu acho que foi o santuário invisível que reside no ato de ler que o amparou até o fim, em meio a todas as privações.

Quando passou de Buchenwald a Flössenburg, onde seria executado apenas alguns dias antes da libertação pelos americanos e do suicídio de Hitler, Bonhoeffer levou a Bíblia, Goethe e Plutarco para acompanhá-lo. Estes, os livros de sua fé em Deus e os símbolos de sua persistente esperança no mais profundo bem da natureza e da vida humana, preservaram-no até a morte. Nas palavras de outro prisioneiro, um oficial do serviço secreto inglês, "ele sempre me pareceu espalhar uma atmosfera de felicidade, de alegria em cada um dos menores acontecimentos da vida [...]. Ele era uma das raras pessoas que encontrei para quem Deus foi real e sempre próximo [...]. Era, sem restrições, a melhor e mais amável pessoa que já encontrei".[16] Minha esperança para meus filhos e os filhos de meus filhos e os de todos os meus leitores é que eles, como Bonhoeffer, saberão onde encontrar as muitas formas de alegria que residem nos lugares secretos e seguros da vida da leitura e no santuário que ela proporciona a todos os que procurarem por ela.

Um exemplo inesperado e contemporâneo desta poderosa natureza da dimensão presente no ato da leitura me alcançou há pouco tempo. O filósofo Bernard Stiegler, diretor do Institut de Recherche et Innovation do Museu Pompidou de Paris, convidou-me para apresentar minha pesquisa numa reunião científica. Era um evento estressante para mim, que terminaria num jantar com a participação de nada menos que 15 homens e eu, a única mulher e a única pessoa que não falava francês. Sentada perto do Professor Stiegler, e determinada a não deixar transparecer meu acanhamento pela situação, eu fazia o possível para entender a conversa e perguntei a ele como tinha se tornado um filósofo. Depois de uma pausa breve, mas perceptível, ele disse: "Na cadeia". Depois de outra pausa, igualmente breve, uma pausa que eu torci para conseguir encaixar minha tentativa de ser gentil, fiz a pergunta que não queria se calar: "Mas por quê?". À qual ele respondeu: "Assalto à mão armada. Estive na cadeia por alguns anos".

Soltei logo a hipótese mais imediata: "Você fazia política [...] fazia parte de alguma Brigada Vermelha francesa?". Foi esse o começo do diálogo que o professor Stiegler e eu entabulamos sobre aquilo que acontece na vida das pessoas que ficam presas, tanto por motivo de consciência, como por crime. Assim como Nelson Mandela, que relatou sua experiência em *Long Walk to Freedom*, e Malcolm X em sua autobiografia, Stiegler dedicou-se à leitura, de início, para encontrar um escape da realidade de sua prisão, e depois pelo que se tornou um desejo de aprender quase insaciável. Ele descobriu a filosofia em livros que um grupo de voluntários lhe levava semanalmente, um trabalho altruísta semelhante ao da Reader Organisation britânica.[17] Em seu último ano de cadeia, ele lia de dez a doze horas por dia, com aquilo que descreveu como "um contentamento e alegria sem igual",[18] em sua vida, quer antes, quer depois. O resto da história faz parte da lenda de Paris. O eminente filósofo francês Jacques Derrida pediu para encontrar Stiegler quando ele foi solto. Depois do encontro, Stiegler reingressou na universidade, completou sua dissertação com o próprio Derrida e tornou-se um dos filósofos mais instigantes, ainda que controvertido, na França. O trabalho de sua vida passou a ser uma série de esforços para dar uma nova perspectiva ao modo como os seres humanos podem viver vidas significativas numa cultura tecnológica. Elaborado alhures, seu sugestivo conceito de *pharmacon*, ou seja, "remédio que contém um veneno dotado de propriedades terapêuticas", tem-me ajudado a tornar mais aguda minha concepção das complexas contribuições que a tecnologia faz à sociedade. Mas não foram somente suas complicadas contribuições dialéticas ao pensamento moderno que eu trouxe comigo de Paris, foi também e principalmente seu exemplo vivo dos aportes que a leitura realiza quando apoia o indivíduo diante das dificuldades e quando redireciona pensamentos para além do próprio indivíduo, em direção ao bem dos outros.

TEMPO PARA O BEM SOCIAL

> Estamos tão distraídos com (e tragados pelas) tecnologias que criamos, e pelo fogo de barragem constante das assim chamadas informações que chegam na nossa direção que, mais do que nunca, parece socialmente útil mergulhar num livro envolvente [...]. O lugar de calma para onde você precisa ir para escrever, mas também para ler a sério, é o lugar onde você pode, de verdade, tomar decisões responsáveis, onde é possível envolver-se produtivamente num mundo que de outro modo seria assustador e incontrolável...
>
> Jonathan Franzen

Bonhoeffer e Stiegler foram dois seres humanos para os quais a terceira vida da leitura sustentou o ser em circunstâncias dramáticas, experiência que se tornou a base de um apoio que estenderam a outros. O "lugar de calma"[19] que Jonathan Franzen descreve é o domínio reflexivo em que o ato de ler nos permite pensar criticamente por nós mesmos e tomar decisões responsáveis que, na sequência, se tornam atos socialmente úteis.

Num ensaio recente sobre nossos valores enquanto nação, Marilynne Robinson escreveu "Eu acredito que nos encontramos num limite, como já se encontrou Bonhoeffer, e que o exemplo de sua vida me obriga a falar sobre a gravidade de nosso momento histórico, tal como o vejo, sabendo que nenhuma sociedade está imune em momento algum à catástrofe moral. [...]. Devemos isso a ele para tomar conhecimento de uma lição amarga que ele aprendeu antes de nós: que esses desafios podem vir a ser compreendidos tarde demais".[20]

Vivemos num momento histórico de inflexão,[21] como diria Robert Darnton,* a caminho de novas formas de comunicação, cognição e escolhas que são, em última análise, profundamente éticas. À diferença do que aconteceu durante outras grandes transições, temos a ciência, a tecnologia e a imaginação ética necessárias para entender os desafios que nos esperam antes que seja tarde demais – se quisermos fazê-lo. Conforme descrito antes, precisamos encarar o fato de que, ao sermos bombardeados por demasiadas opções, nossa tendência pode ser confiar em informações que exigem pouco do pensamento. É crescente o número de pessoas que se considera informada, sendo que a informação veio de fonte ligada a seu modo de pensar antes. E então, embora estejamos aparentemente bem preparados, há cada vez menos motivação para pensar mais profundamente, e muito menos experimentar enfoques diferentes dos nossos. Pensamos saber o suficiente, esse estado mental enganador que nos acalma, lançando-nos numa complacência cognitiva passiva que inviabiliza mais reflexão e escancara a porta para que outros pensem por nós.

* N.T.: Historiador da cultura e ex-diretor da Biblioteca da Universidade de Harvard, Robert Darnton escreveu entre outros assuntos sobre Cultura Francesa e sobre a História do Livro.

Essa é uma receita antiga para a negligência intelectual, social e moral e para o desgaste da ordem social. O que está em jogo aqui é a última mensagem deste livro: qualquer versão da hipótese da cadeia digital, fraca ou forte que seja, ameaça o uso de nossas capacidades mais reflexivas se ficarmos inconscientes de seu potencial, com implicações profundas para o futuro de uma sociedade democrática. A atrofia e o gradual desuso de nossas capacidades reflexivas e analíticas como indivíduos são os piores inimigos de uma sociedade verdadeiramente democrática, qualquer que seja a razão, o meio ou a época.

Vinte anos atrás, Martha Nussbaum escreveu sobre a vulnerabilidade e a tomada de decisão de cidadãos que cederam a outros seu pensar:

> Seria catastrófico nos tornar uma nação de pessoas tecnicamente competentes que perderam a capacidade de pensar criticamente, de se autoexaminar e de respeitar a humanidade e a diversidade. A menos que apoiemos esses esforços, é numa nação assim que podemos acabar vivendo. Portanto, é muito urgente apoiar desde logo os esforços curriculares voltados para produzir cidadãos capazes de responder por seu próprio raciocínio, enxergar os diferentes e os estrangeiros não como uma ameaça à qual resistir, mas como um convite para explorar e entender, expandindo a mente e a aptidão para a cidadania.[22]

O apelo de Nussbaum por uma cidadania diferente, mais refletida e solidária, não poderia ser mais urgente nem mais oportuno. Se perdermos gradualmente a capacidade de examinar como pensamos, perderemos também a possibilidade de examinar serenamente o que pensam aqueles que nos governariam. As maiores atrocidades do século XX exemplificam tragicamente o que acontece quando uma sociedade deixa de examinar suas próprias ações e cede seus poderes analíticos àqueles que lhe dizem como deve pensar e o que deve temer. Bonhoeffer descreve esse velho cenário a partir da cela de seu cárcere:

> Se olharmos mais de perto, veremos que qualquer demonstração violenta de poder político ou religioso produz um surto de loucura numa grande parte da humanidade; na verdade, isso parece ser de fato uma lei psicológica e sociológica: o poder de alguns precisa da loucura de outros. Não é que certas capacidades humanas, por exemplo as capacidades intelectuais, fiquem atrofiadas ou destruídas, mas sim que o recrudescimento do poder cria uma impressão tão avassaladora que os homens ficam privados de seu juízo independente e [...] desistem de tentar avaliar o novo estado de coisas por si mesmos.[23]

Dois dos grandes erros do século XXI seriam, portanto, ignorar os do século XX e desconsiderar se já estamos entregando a outros nossas capacidades analíticas e críticas e nosso juízo independente, nessa nossa sociedade cada vez mais cheia de fissuras. Poucas pessoas, se pressionadas, contestariam que essa diminuição de nossas faculdades críticas coletivas já tenha começado. O que seria contestado é em quem e por quê.

Eu nunca poderia ter imaginado que a pesquisa sobre as mudanças no cérebro leitor, que refletem em grande parte adaptações progressivas à cultura digital, teria implicações para uma sociedade democrática. Mas é essa minha conclusão. Num diálogo entre Umberto Eco e o cardeal Carlo Maria Martini, o cardeal reiterou uma opinião atemporal do processo democrático que é pertinente para esta conclusão: "O jogo delicado da democracia proporciona uma dialética de opiniões e crenças na esperança de que essa troca expandirá a consciência moral coletiva que é a base de uma convivência ordeira".[24]

A contribuição mais importante da invenção da escrita para nossa espécie é um fundamento democrático para o raciocínio crítico inferencial e as capacidades reflexivas. Isso é a base para uma consciência coletiva. Se nós, no século XXI, quisermos preservar uma consciência vital coletiva, precisamos garantir que todos os membros de nossa sociedade sejam capazes de ler e pensar bem e em profundidade. Fracassaremos como sociedade se não educarmos nossas crianças e não reeducarmos os cidadãos para a responsabilidade de processar as informações de maneira vigilante, crítica e criteriosa, em todas as mídias. E falharemos inevitavelmente como sociedade, como falharam as sociedades do século XX, se não reconhecermos e aceitarmos que aqueles que discordam de nós têm a capacidade de raciocinar reflexivamente.

Como Nadine Strossen afirma convincentemente em seu novo livro, *Hate: Why We Should Resist It with Free Speech, Not Censorship*, uma democracia só dá certo quando os direitos, pensamentos e aspirações de todos os cidadãos são respeitados e podem ser expressos, e os cidadãos acreditam que isso é verdade, independentemente de seu ponto de vista.[25] O grande perigo – insuficientemente discutido – para uma democracia não provém da expressão de pontos de vista diferentes, mas da incapacidade de garantir que todos os cidadãos sejam educados para usar plenamente suas capacidades intelectuais ao formar esses pontos de vista. O vácuo que ocorre quando isso não é percebido leva inevitavelmente à vulnerabilidade diante da demagogia, na qual esperanças e medos criados falsamente desbaratam a razão, e a capacidade de pensar reflexivamente regride, junto com a tomada de decisão racional e solidária.[26]

A maioria das pessoas nunca toma consciência disso. Como ilustra meu falso experimento recente de leitura do *Magister Ludi* de Herman Hesse, a consciência pessoal (mais do que a consciência social) do desuso gradual de nossas faculdades reflexivas é uma coisa fraca e porosa – a ser avaliada, não presumida. Assim como me preocupa que os jovens, por sua confiança excessiva em fontes externas de informação, possam não ter noção do que não sabem, preocupa-me que nós, seus guias, não percebamos o insidioso estreitamento de nosso pensar, o encurtamento imperceptível da atenção que damos a questões complexas, a insuspeitada diminuição de nossa capacidade de escrever, ler ou pensar para além de 140 caracteres. Precisamos todos fazer um balanço de quem somos como leitores, escritores e pensadores.

Os bons leitores de uma sociedade são ao mesmo tempo seus canários – que detectam a presença de perigo para seus membros – e os guardiães de nossa humanidade comum. A grande prerrogativa da terceira vida de leitura é a possibilidade de transformar a informação em conhecimento e o conhecimento em sabedoria. Na realidade, exatamente como Margaret Levi propôs como base do altruísmo, a combinação de nossas melhores forças intelectuais e solidárias com nossa propensão à virtude pode muito bem ser a razão da continuidade de nossa espécie.[27] Se essas capacidades estiverem em perigo, se os bons leitores estiverem em perigo, todos também estaremos. Se elas receberem apoio, teremos não só um antídoto para a fragilidade de uma cultura digital, mas também a chave para ampliar o potencial de nossa cultura no futuro: uma ação sábia.

TEMPO PARA A SABEDORIA

> A sabedoria, em conclusão, não é somente contemplação, nem somente ação, mas contemplação na ação.
>
> John Dunne[28]

De todas as dádivas que a terceira vida do bom leitor concede, a sabedoria, forma mais elevada da cognição, é sua expressão máxima. No livro *The Language Animal,* o filósofo Charles Taylor iniciou uma passagem luminosa sobre a linguagem com uma citação tirada de Wilhelm von Humboldt que traz à vida a "tendência" humana "para articular" que subjaz à busca pela sabedoria: "Fica sempre uma 'sensação' de que há alguma coisa que a linguagem não contém diretamente, mas que a [mente/alma], instigada pela linguagem, precisa suprir; e, reciprocamente, a tendência para acoplar tudo que é sentido pela alma com uma fala".[29] Na perspectiva de Taylor, a própria natureza de "possuir uma linguagem é estar continuamente envolvido em tentar estender seus poderes de articulação".

Assim também é a experiência na terceira vida do bom leitor: estar continuamente engajado em tentar alcançar e expressar nossos melhores pensamentos, de modo a expandir uma compreensão cada vez mais autêntica e mais bela do universo, e liderar vidas baseadas nessa visão. Embarcar numa busca desse tipo é o objetivo último da leitura profunda, e o começo da sabedoria, mas não é seu fim. Exatamente como formulou Proust anos atrás, "o fim da sabedoria [do autor] é apenas o começo da nossa".[30] Há alguns anos, essas palavras têm sido meu *aide mémoire* para saber quando está na hora de parar e preparar o bom leitor – que é você, meu caro leitor – para assumir o trabalho que todos nós temos pela frente.

O futuro da leitura e dos bons leitores

> O trabalho com a palavra é sublime [...] porque é fecundo; cria o significado, que garante nossa diferença, nossa diferença enquanto humanos – nosso modo de ser como nenhum outro vivente. Morremos. Pode ser esse o sentido da vida. Mas fazemos linguagem. Pode ser essa a medida de nossas vidas.
>
> Toni Morrison[31]

Da primeira à última, as páginas deste livro celebram a conquista humana que é o cérebro leitor. No desenrolar das cartas, tive a esperança de me envolver num diálogo com você, leitor, a respeito de minhas preocupações. Em primeiro lugar: será que a própria plasticidade de um cérebro leitor, que reflete as características dos meios digitais, precipitará a atrofia de nossos processos de pensamento mais essenciais – a análise crítica, a solidariedade e a reflexão – em detrimento de nossa sociedade democrática? Em segundo lugar, estará a formação desses mesmos processos ameaçada em nossos jovens? Com certeza, cada um desses processos humanos está sempre ameaçado. Mas cada um foi acelerado no decorrer dos séculos. É um consolo.

Minha terceira preocupação traz um consolo menor, porque também beneficia nosso desenvolvimento. Nós, seres humanos, nascemos com uma tendência irresistível para aumentar nossas capacidades e ultrapassar as nossas limitações conhecidas. Quando não conseguimos, criamos ferramentas e tecnologias que o fazem por nós. Na verdade, a própria plasticidade do cérebro humano nos permite isso e nos prepara para isso. Mas essa plasticidade também tem uma sabedoria própria que consiste em alterar algumas capacidades (como a atenção e a memória) quando tentamos contrariar nossos limites perceptivos e intelectuais com novas ferramentas da tecnologia. Assim como houve "perdas" na evolução em que espécies inteiras, traços ou capacidades desapareceram porque o ambiente prescindia de sua preservação, pode haver perdas nas mudanças epigenéticas para nossas capacidades cognitivas, à medida que adquirimos entusiasticamente habilidades de repente essenciais que nos preparam para um futuro cujos parâmetros mal conseguimos imaginar.

É este o dilema digital que está sendo vivido e ao mesmo tempo ameaçado nos processos cognitivos, afetivos e éticos ora conectados no conjunto atual de circuitos de leitura. Quão fácil seria dar um curto-circuito nesses processos que nos tornaram o que temos sido como leitores até este momento. Quão simples seria pular para novos modos de adquirir mais conhecimentos mais rapidamente e ignorar as lacunas que vão se aprofundando entre as informações que lemos e a análise e reflexão que aplicamos a elas. Será um "ato de resistência",[32] usando a expressão de David Ulin, parar por um momento e examinar com toda a nossa inteligência quem queremos ser no futuro e qual será a melhor combinatória de faculdades nos cérebros leitores das gerações que virão.

Por enquanto, você percebe que o cérebro que lê em profundidade é ao mesmo tempo uma realidade "concreta" de carne e osso e uma metáfora para a expansão contínua da inteligência e da virtude humana. Ainda que às vezes eu fique demasiado temerosa quanto à ocorrência de um curto-circuito nas gerações futuras, também torço e confio nas capacidades desse circuito polivalente para incorporar todas as faculdades intelectuais, afetivas e morais de nossa espécie, que crescem exponencialmente.

Este é o momento de inflexão de nossa geração: o momento em que decidimos tomar a verdadeira medida de nossas vidas. Se agirmos sabiamente nesta encruzilhada cultural e cognitiva, acredito que, como anteviu Charles Darwin para o futuro de nossa espécie, forjaremos circuitos de cérebros leitores cada vez mais aprimorados, capazes de "infinitas formas mais belas".[33]

* * *

Festina lente, caro e bom leitor. Volte ao livro.

Boa sorte e sucesso,

Maryanne

NOTAS

[1] D. L. Ulin, *The Lost Art of Reading: Why Books Matter in a Distracted Time*, Seattle, WA, Sasquatch Books, 2010, pp. 34, 16, 150.

[2] W. Berry, *Standing by Wards: Essays*, Washington, DC, Shoemaker & Hoard, 2005, pp. 60-61.

[3] Aristotle, *The Nicomachean Ethics*, trans. H. Rackham, New York, William Heinemann, 1926.

[4] J. Pieper, *Leisure: The Basis of Culture*, San Francisco, Ignatius Press, 2009.

[5] Estes pensamentos foram elaborados no século passado pelo teólogo John Dunne. Ver, por exemplo, J. S. Dunne, *Love's Mind: An Essay on Contemplative Life*, Notre Dame, IN, University of Notre Dame Press, 1993.

[6] O termo *Solo firme* (*"holding ground"*) é usado por Philip Davis em *Reading and the Reader*, Oxford, Reino Unido, Oxford University Press, 2013.

[7] M. Heidegger, *Discourse on Thinking*, New York, Harper, 1966, p. 56.

[8] T. Wayne, "Our (Bare) Shelves, Our Selves", *New York Times*, 5 de dezembro de 2015.

[9] S. Wasserman, "The Fate of 1300ks After the Age of Print", *Truthdig*, 5 de março de 2010, em http://www.truthdig.com/arts_culture/item/steve_wasserman_on_thefate_of-books_after_the_age_of_print_20100305/. Ver uma versão diferente em *Columbia Journalism Review*.

[10] Charlie Rose, Entrevista, PBS, janeiro de 2017.

[11] T. S. Eliot, *Four Quartets*, New York, Harcourt, Brace & Company, 1943, p. 59.

[12] I. Calvino, *Six Memos for the Next Millennium*, Cambridge, MA, Harvard University Press, 1988, p. 54.

[13] Agradeço a Andrew Piper que, pelo livro *Book Was There*, me lembrou o poderoso exemplo de leitura que há no romance *To the Ligbthouse* (*Ao farol*) de Virginia Woolf, London, Hogarth Press, 1927.

[14] Incluo aqui também o nome de Etty Hillesum, cuja descrição de um campo de concentração é extraordinária; ver *An Interrupted Life: The Diaries and Letters of Etty Hillesum*, 1941-1943, Introdução de J. G. Caarlandt, tradução para o inglês de A. J. Pomerans, New York, Pantheon Books, 1984.

[15] Citado em E. Metaxas, *Bonhoeffer: Pastor, Martyr, Prophet, Spy*, Nashville, Tomas Nelson, 2010, p. 496.

[16] Ibidem, pp. 514, 528.

[17] Penso nas poderosas contribuições feitas por voluntários que atuam nas prisões, como os da Reader Organization na Inglaterra, que se dedicam à tarefa de reabilitar presos que nossa sociedade não costuma fazer, além de ajudar idosos e estudantes em dificuldade.

[18] Entrevista pessoal, Providence, RI, 2014. Ver também B. Stiegler, Goldsmith Lectures, Lecture 1, 2013.

[19] Citado em L. Grossman, "Jonathan Franzen: Great American Novelist", *Time*, 12 de agosto de 2010.

[20] M. Robinson, *The Givenness of Things: Essays*, New York, Farrar, Straus and Giroux, 2015, pp. 176, 187.

[21] Citado em S. Wasserman's, "The Fate of Books after the Age of Print", *Truthdig*, 5 de março de 2010.

[22] M. Nussbaum, *Cultivating Humanity: A Classical Defense of Reform in Liberal Education*, Cambridge, MA, Harvard University Press, 1997, pp. 300-01.

[23] De *Letters and Papers from Prison*. Publicado pela primeira vez em 1951; a tradução inglesa foi editada por Touchstone Press em 1997. É importante notar que as três primeiras palavras do título original alemão, *Widerstand und Ergebung: Briefe und Aufzeichnungen aus der Haft*, foram mantidas na tradução inglesa e descrevem a importância de tomar partido contra a depravação moral durante o nazismo. Traduzi essas palavras como *Resistance and Resolution*, embora *Ergebung* conote também aquilo que resulta ou se desenvolve a partir de uma tomada de posição contrária ou de resistência.

[24] U. Eco e C. M. Martini, *Belief or Nonbelief? A Confrontation*, New York, Arcade Publishing, 2012, p. 71.

[25] N. Strossen, *Hate: Why We Should Resist It by Free Speech, Not Censorship*, New York, Oxford University Press, 2018.

[26] Ao longo do tempo, os demagogos e seus legalistas têm tido o poder de instilar o medo naqueles que temem escolhas irracionais diante de medos irracionais. Veja-se o ensaio "Fear", *New York Review of Books*, 24 de setembro de 2015, no qual Marylinne Robinson escreveu que o medo pode tornar-se uma forma de dependência. No processo de Nuremberg, Hermann Goring contou à corte que tudo aquilo que alguém teria que fazer para controlar uma nação o tempo todo era, num primeiro momento, instilar o medo na população e depois chamar de traidor quem discordasse. Em nosso tempo, pessoas demais chamam de mentiroso qualquer um que ameace seus pontos de vista. Quer seja no século XX, no XXI ou em qualquer outro, quando posições contrárias de pensamento são silenciadas, a "consciência coletiva" é eliminada aos poucos.

[27] Veja-se sobre a solidariedade uma direção de trabalho diferente, baseada na perspectiva do "altruísmo recíproco" de Margaret Levi em "Reciprocal Altruism", Edge.org, 5 de fevereiro de 2017, https://www.edge.org/response-detail/27170. Ela conclui: "O reconhecimento da importância do altruísmo recíproco para a sobrevivência de uma cultura nos torna conscientes do quanto dependemos uns dos outros. Os sacrifícios e a dádiva, que fazem parte do altruísmo, são ingredientes necessários para a cooperação humana, que é por sua vez a base das sociedades prósperas e eficientes." Ver também seu livro com John Ahlquist, *In the Interest of Others*, Princeton, NJ, Princeton University Press, 2013.

[28] J. S. Dunne, *The House of Wisdom: A Pilgrimage*, New York, Harper &Row, 1985, p. 77. Encaro esta passagem como o complemento moderno da linha do Salmo 90: "Ensina-nos a contar os nossos dias que podem voltar nossos corações para a sabedoria".

[29] C. Taylor, *The Language Animal: The Full Shape of the Human Linguistic Capacity*, Cambridge, MA, Belknap Press, 2016, p. 177. Note, por favor, que mudei a tradução da palavra *Laut* que está em Taylor. Embora seja correto traduzi-las como "som", acredito que "fala" esteja mais próximo da intenção de Humboldt.

[30] M. Proust, On reading, Ed. J. Autret, tradução de W. Burford, New York, MacMillan, 1971; publicado originalmente em 1906, p. 35.

[31] T. Morrison, "Nobel lecture", 7 dezembro de 1993, em https://www.nobelprize.org/nobel_prizes/literature/laureates/1993/morrison-lecture.html.

[32] Ulin, *The Lost Art of Reading*, p. 150.

[33] Retomado desta maravilhosa passagem de *On the Origin of Species* (*A origem das espécies*) (1859): "There is grandeur in this view of life; with several powers, having been originally breathed into a few forms or into one; and that, whilst the planet has gone cycling on according to the fixed law of gravity, from so simple a beginning endless forms most beautiful and most wonderful have been, and are being evolved", p. 490. [N.T.: Em tradução livre: "Há grandiosidade nesta imagem da vida; com várias forças que originalmente foram emanadas em poucas formas ou em uma forma só; e tal que, infinitas formas extemamente belas e surpreendentes evoluíram e continuam se desenvolvendo a partir de um começo tão simples, enquanto o planeta continua girando sem parar, obediente à lei imutável da gravidade."]

AGRADECIMENTOS

"Todo livro tem uma história própria." Essas foram as palavras que minha clarividente editora na Harper Collins, Gail Winston, me disse quando terminei meu primeiro livro, dez anos atrás. Penso nisso porque nada poderia ser mais verdadeiro para este livro, devido às pessoas que contribuíram para sua gestação e desenvolvimento, a começar por minha mãe, Mary Elizabeth Beckman Wolf. Aparentemente uma mulher comum, foi uma autodidata extraordinária, talvez mesmo brilhante, que nunca parou de ler livros e de educar todos os filhos, netos e mesmo bisnetos, até a última semana de vida. Dois dias antes de sua morte, consegui lhe contar que este livro seria dedicado a ela, minha melhor amiga. Tenho certeza de que me ouviu. Ela sempre ouvia, e se tenho sorte ainda ouve.

Meus dois filhos, Ben Wolf Noam no mundo da arte e David Wolf Noam no Google, às vezes parecem não ouvir, quando estão ocupados com textos ou multitarefas, mas eu sei que me ouvem. Seus *insights* cada vez mais sábios me guiam agora como espero que os meus os guiem. Se os títulos que sugeriram para este livro (por exemplo, *tl;dr!*) não foram usados, suas numerosas reflexões sobre seus temas centrais são parte do diálogo que se passou na minha mente enquanto eu o escrevia. Não poderia amá-los mais nem ser-lhes mais agradecida.

A verdade é que não tenho como agradecer suficientemente muitas pessoas pelas diferentes maneiras como contribuíram para que este livro fosse escrito. Gail Winston, minha editora, e Anne Edelstein, minha agente literária, praticamente compartilharam comigo a maternidade deste trabalho. Ninguém poderia ter-me dado uma ajuda mais atenta e mais pertinente, à medida que as versões se sucediam. Lá pelas tantas, inspirando-me em Dante, as representei como minha Beatriz; mas acabei pensando nelas como as minhas indispensáveis células da glia, as células especiais que sustentam, curam, enxertam e guiam os primeiros neurônios do cérebro para sua meta final. Foi assim o apoio que recebi de Anne e Gail durante a migração deste livro para sua versão final. Se alguém achar essa metáfora difícil de compreender, saiba que para mim ela é um enorme e sincero elogio para essas duas profissionais extraordinárias, que me sinto grata por poder chamar de amigas. Também sou muito grata a dois outros amigos, o Dr. Aurelio Maria Mottola, diretor da editora italiana Vita e Pensiero, por seus poderosos *insights* a respeito de língua e literatura que incorporei nas Cartas 1 a 4; e à dramaturga Cathy Tempelsman por sua ajuda com o título.

Nenhum livro, artigo ou ensaio meu poderia ter sido escrito sem os anos de trabalho de meus colegas pesquisadores e meus alunos de pós-graduação do Centro de Pesquisa de Língua e Literatura da Universidade Tufts. A lista sempre começa com minha antiga diretora associada Stephanie Gottwald, cuja dedicação às crianças só é igualada pela dedicação das pessoas com que trabalhou no CRLR durante anos, entre elas Katharine Donnelly Adams, Maya Alivisatos, Mirit Barzillai, Surina Basho, Terry Joffe Benaryeh, Kathleen Biddle, Ellen Boiselle, Patricia Bowers, Joanna Christodoulou, Colleen Cunningham, Terry Deeney, Patrick Donnelly, Wendy Galante, Yvonne Gil, Eric Glickman-Tondreau, Anneli Hershman, Tami Katzir, Cynthia Krug, Lynne Tomer Miller, Maya Misra, Cathy Moritz, Elizabeth Norton, Beth O'Brien, Melissa Orkin, Alyssa O'Rourke, Ola Ozernov-Palchik, Catherine Stoodley, Catherine Ullman Shade, Laura Vanderburg, além de muitas outras que precisariam ser mencionadas, e só não o serão por uma questão de espaço. Neste livro, quero ainda agradecer Mirit Barzillai por sua ajuda e ideias sobre tecnologia e crianças; Tami Katzir e Melissa Orkin pelos importantes e inovadores insights sobre fluência e afeto; Ola Ozernov-Palchik pela excepcional pesquisa sobre predição e música na leitura; e Daniela Traficante e Valentina Andolfi pelo trabalho sobre uma versão italiana da intervenção RAVE-O.

No último ano, Niermala Singh-Mohan ajudou tanto a coordenar as atividades do Centro em colaboração com os doutores Gottwald e Orkin quanto a preparar este manuscrito para publicação, um trabalho pelo qual merece uma medalha de honra! Com igual mérito, Catherine Stoodley, uma prolífica neurocientista da American University, acaba de ilustrar três de meus livros com suas representações caprichosas e únicas do cérebro leitor. Ela é duplamente dotada.

Três outros grupos de colegas fortaleceram e expandiram meu programa de pesquisa durante os últimos anos. Meus parceiros de pesquisa e caros amigos do National Institute of Child Health and Human Development Robin Morris, Maureen Lovett e eu temos trabalhado em conjunto por mais de duas décadas sobre as maneiras de atuar junto a crianças com dislexia e outros desafios da leitura. Somos especialmente gratos pelo enorme apoio dado a esse trabalho pelo NICHD, sob a direção de Reid Lyon e Peggy McCardle. Considero Maureen e Robin meus melhores neurônios glias de pesquisa e os melhores colegas que alguém poderia ter. Ambos também participam de nossa mais recente pesquisa sobre letramento global (Curious Learning) com Stephanie Gottwald (sim, ela atua em muitas frentes), Tinsley Galyean, e minha colega do Laboratório de Mídia do MIT, a especialista em robótica social Cynthia Breazeal, e também Eric Glickman-Tondreau e Taylor Thompson.

Mais recentemente, devo agradecimentos a meus colegas e amigos da UCLA Carola e Marcelo Suárez-Orozco por seu estudo crítico sobre justiça social e crianças, tanto pela pesquisa que realizam sobre a vida das crianças imigrantes, quanto pela nossa parceria no trabalho sobre aprendizes diferentes e complexos. Devo a eles, ao neurologista Antonio Battro e a Monsenhor Marcelo Sánchez Sorondo, chanceler da Pontifícia Academia das Ciências, a oportunidade de apresentar minha pesquisa sobre letramento em vários encontros no Vaticano dedicados às crianças marginalizadas do mundo. Em atividades correlatas, quero agradecer meus colegas da UCSF na Escola de Medicina, Fumiko Hoeft e Maria Luisa Gorno-Tempini do Centro para a Dislexia, por sua pesquisa de ponta em neurociência da dislexia e pelo empenho em favor da aplicação desse tipo de pesquisa em nossas escolas. Juntos, esses colegas sediados em vários pontos da Califórnia e eu esperamos coordenar esforços nas universidades, clínicas e escolas – públicas ou particulares – para proporcionar o letramento ao maior número possível de crianças, especialmente aquelas que sofrem com problemas de leitura.

Embora nunca tenham trabalhado em pesquisa comigo, minhas amigas de Cambridge me deram o tipo de convivência necessária a qualquer mulher escritora: com outras escritoras e artistas mulheres. Serei sempre grata às maravilhosas romancistas Gish Jen e Allegra Goodman, à arquiteta bostoniana Maryann Thompson e à especialista harvardiana de lepidópteros Naomi Pierce (que provou que Vladimir Nabokov estava certo em seu estudo dos padrões migratórios das borboletas!), por seu inimitável incentivo e amizade em mais de cem cafés da manhã. Grata também a Jacqueline Olds, amiga em outras tantas pausas para lanche, e a Deborah Dumaine, Lenore Dickinson e Christine Herbes-Somrners, grandes companheiras em jantares de amizade.

Eu não teria conseguido fazer a presente pesquisa sem o apoio magnânimo dos administradores da Universidade Tufts, particularmente o decano James Glaser, o decano Joe Auner e o reitor Anthony Monaco. Eles me autorizaram e na verdade incentivaram a ficar afastada por dois anos para escrever este livro no Centro para o Estudo Avançado em Ciências do Comportamento (CASBS) da Universidade de Stanford, pelo que serei sempre grata. Meus colegas no Departamento de Estudos da Criança e Desenvolvimento Humano no programa de Ciências Cognitivas também foram uma fonte de muito apoio, particularmente Chip Gidney, Ray Jackendoff, Fran Jacobs, Gina Kuperberg e meu chefe de departamento, David Henry Feldman. Sentirei sempre a falta de meu caro amigo e notável colega em Tufts, o falecido Jerry Meldon, como todos aqueles que o conheceram.

O CASBS ocupa um lugar especial na vida deste livro e também de meus outros livros. Sob a sábia e perspicaz direção de Margaret Levi (veja-se, na Carta Número 9, a nota 27, na página 239, sobre seu estudo do "altruísmo recíproco"), o CASBS proporcionou, a mim e a meus companheiros de pesquisa um "santuário intelectual", que nos permitiu dispor de um momento fora do tempo para escrever, discutir entre nós cruzando as fronteiras disciplinares e, no processo, gerar novas orientações de pensamento. Toda a diretoria do CASBS – desde Margaret e a diretora associada Sally Schroeder até meu perito em tecnologia favorito, Ravi Shivana – criaram um espaço sem igual para a reflexão e seus frutos. A vida deste livro começou nesse espaço.

E continuou nos verões em uma das mais bonitas aldeias do mundo, Talloires, França, onde a Tufts tem seu centro internacional e sua escola de verão à margem do Lago de Annecy. Graças à generosidade e amabilidade de Gabriella Goldstein, a diretora do programa Talloires, passei aí parte dos meus últimos verões, escrevendo este livro no ateliê da artista francesa Laure Tesnière. Sou muito grata a essas duas mulheres incríveis.

Outra mulher incrível a quem agradeço em toda ocasião possível, juntamente com seu marido Brad, tornou possível minha última década de pesquisa participante sobre leitura e letramento global: Barbara Evans. Ela e Brad apoiaram financeiramente grande parte de minha pesquisa participante e a formação de muitos alunos pós-graduados, que depois se tornaram professores ou fazem pesquisa sobre letramento e dislexia.

Acima de tudo, Barbara tem sido uma fonte de bondade e inspiração para mim, apoiando-me sempre, incentivando gentilmente a mim e a todos que conhece a dar o melhor de si, no sentido de ajudar crianças de qualquer lugar. Barbara e Brad são duas das melhores pessoas que conheço.

Quero encerrar estes pensamentos de gratidão por onde comecei, com minha mãe, minha família e meus amigos. Minha mãe e meu pai foram os melhores pais que alguém poderia imaginar, nunca abriram mão de dar o melhor de si para apoiar cada um de seus filhos, Joe, Karen, Greg e eu, de todas as maneiras que conheciam. Tive sorte com meus irmãos e seus cônjuges, Barbara, Barry e Jeanne, como tive com meus pais. Não há nisso nenhuma coincidência, apenas uma grande sorte e um trabalho duro por parte de todos nós para preservar o legado físico, moral e espiritual de Frank e Mary Wolf.

Sinto o mesmo por meus amigos vivos mais caros: minha irmã Karen, Heidi e Thomas Bally, Cinthia Coletti Steward, Christine Herbes-Sommers, Sigi Rotmensch, Aurelio Maria Mottola e Lotte Noam, e por aqueles que se foram, Ulli Kesper Grossman, Ken Sokoloff, David Swinney, Tammy Unger e o reverendo John S. Dunne, meu professor e amigo, cujo trabalho acompanhou meus pensamentos ao longo deste livro.

Sou grata a vocês todos. Não poderia nunca ter escrito este livro sem cada um de vocês. Este é o sentido profundo de "Cada livro tem uma história própria".

CRÉDITOS

Excerto de *A Manual for Cleaning Women*, de Lucia Berlin. Copyright © 2015 pertencente ao Literary Estate of Lucia Berlin LP. Reimpresso por autorização de Farrar, Straus and Giraux, LLC.

Copyright © 1983 pertencente a Wendell Berry de *Standing by Words*. Reimpresso mediante autorização de Counterpoint.

Extraído de *Bonhoeffer: Pastor, Martyr, Prophet, Spy* de Eric Metaxes. Copyright © 2010 pertencente a Eric Metaxes. Usado com autorização de Thomas Nelson, thomasnelson.com. Dietrich Bonhoeffer, excerto de *Letters and Papers from Prison, The Enlarged Edition*, editado por Eberhard Bethge. Copyright © 1953, 1967, 1971 de SCM Press, Ltd. Reimpresso com autorização de Simon & Schuster, Inc., and SCM-Canterbury Press, Ltd.

Stewart Brand, excerto tal como foi encontrado em Steven Johnson, "Superintelligence Now", extraído de *How We Get to Next* (28 out. 2015), https://howwe gettonext.com/superintelligence-now-eb824f57f487. Reimpresso com permissão do autor.

Italo Calvino, excertos de *Six Memos to the Next Millennium*, traduzido por Patrick Creagh. Copyright © 1988 pertencente aos Bens de Italo Calvino. Reimpresso mediante a autorização da Wylie Agency, LLC.

De: *Discourse on Thinking: A Translation of "Gelassheit"* de Martin Heidegger. Tradução de M. Anderson e E. Hans Freund. Copyright © 1959 pertencente a Verlag Gunther Neske. Copyright © 1966 em tradução inglesa pertencente a Harper & Row, Publishers, Inc. Cortesia de Harper Collins Publishers.

Retirado de "For Sale, Baby Shoes, Never Worn", de Ernest Hemingway. Copyright © pertencente ao Hemingway Foreign Rights Trust. Reimpresso graças à autorização de Scribner, divisão da Simon & Schuster, Inc. Todos os direitos reservados.

Excerto de *Surfaces and Essences: Analogy as the Fuel and Fire of Thinking* de Douglas Hofstadter e Emmanuel Sander, copyright © 2013. Reimpresso com autorização de Basic Books, um *imprint* do Hachette Book Group, Inc.

Jennifer Howard, excerto de "The Internet of Stings" a partir do *Times Literary Supplement* (30 nov. 2016). Reimpresso com autorização.

Jonah Lehrer, extraído de "The Eureka Hunt" a partir do *New Yorker*, 28 de julho de 2008). Copyright © 2008. Reimpresso com autorização de Condé Nast Publications, Inc.

Trecho da "Nobel Lecture in Literature" de 1993, de Toni Morrison, publicado em 1993 pela Fundação do Nobel. Usado com autorização de Alfred A. Knopf, um *imprint* do Knopf Doubleday Publishing Group, da Penguin Random House LLC. Todos os direitos reservados.

Andrew Piper, excertos de *Book Was There*. Copyright © 2012 pertencente a Andrew Piper. Reimpresso graças à permissão da University of Chicago Press.

Excertos tirados de *The Giveness af Things: Essays by Marilynne Robinson*. Copyright © 2015 pertencente a Marilynne Robinson. Reimpresso com autorização de Farrar, Straus and Giroux, LLC.

A AUTORA

Maryanne Wolf é pesquisadora, professora e defensora de crianças e letramento ao redor do mundo. Ela é diretora do Center for Dyslexia, Diverse Learners, and Social Justice na UCLA Graduate School of Education and Information Studies. Foi titular da cátedra John DiBiaggio of Citizenship and Public Service e diretora do Center for Reading and Language Research no Eliot-Pearson Department of Child Study and Human Development da Universidade Tufts. Autora de *Proust and the Squid: The Story and Science of the Reading Brain* (HarperCollins, 2007), *Tales of Literacy for the 21st Century* (Oxford University Press, 2016) e de mais de 160 publicações científicas, além de ter sido organizadora da obra *Dyslexia, Fluency, and the Brain* (Pro Ed, 2001).

GUIA DE ESCRITA

como conceber um texto com clareza, precisão e elegância

Steven Pinker

Por que há tantos textos ruins? O que se pode fazer para mudar essa realidade? É verdade que a língua está se deteriorando devido às mensagens eletrônicas e às redes sociais?

Neste livro divertido e instrutivo, o autor Steven Pinker repensa o manual de uso da língua, trazendo-o para o século XXI. Em vez de lamentar a decadência do idioma, listar seus motivos de irritação preferidos ou reciclar regras que povoam os manuais de cem anos atrás, ele traz ideias da Linguística e das Ciências Cognitivas como auxílio no desafio de se construir uma prosa clara, coerente e elegante.

Guia de escrita destina-se tanto àqueles que escrevem (e deveriam melhorar muito), como aos que ainda têm medo de escrever e têm curiosidade em saber como as ciências da mente podem esclarecer melhor o funcionamento da linguagem.

GRÁFICA PAYM
Tel. [11] 4392-3344
paym@graficapaym.com.br